"十三五"国家重点出版物出版规划项目
可靠性新技术丛书

航空关键部件
维修与评估技术

Repair and Evaluation Technology of
Aeronautical Parts

张学军　郭孟秋　马　瑞　等编著

国防工业出版社
·北京·

内 容 简 介

本书介绍了航空关键部件修复及可靠性评估的技术和应用。全书共9章。本书中介绍的修复对象主要为服役后的损伤部件、到寿部件和新品制造过程中的超差报废部件;涉及的修复技术主要为:零部件尺寸和形状恢复技术、到寿部件延寿技术,表面涂层恢复技术、焊接修复技术等以及相关的无损检测、失效分析、可靠性评估和寿命预测技术等学科和专业。此外本书还介绍了多种在役的橡胶、涂料、密封材料等的性能及使用工艺,吸波等功能材料的失效行为与修复等,同时介绍了国内外修复技术的发展和应用。

本书紧密联系航空器关键部件的损伤评价、修复技术及可靠性评估,针对性强,对修复质量与可靠性评估,修复过程中的技术应用,及部附件延寿修理等具有重要的参考价值。

图书在版编目(CIP)数据

航空关键部件维修与评估技术/张学军等编著. ——
北京:国防工业出版社,2020.9
(可靠性新技术丛书)
ISBN 978-7-118-12136-0

Ⅰ. ①航… Ⅱ. ①张… Ⅲ. ①航空设备–零部件–维
修 Ⅳ. ①V241

中国版本图书馆 CIP 数据核字(2020)第 159226 号

※

*国防工业出版社*出版发行
(北京市海淀区紫竹院南路 23 号 邮政编码 100048)
北京龙世杰印刷有限公司
新华书店经售
*
开本 710×1000 1/16 印张 22¾ 字数 420 千字
2020 年 9 月第 1 版第 1 次印刷 印数 1—2000 册 定价 98.00 元

(本书如有印装错误,我社负责调换)

国防书店:(010)88540777 书店传真:(010)88540776
发行业务:(010)88540717 发行传真:(010)88540762

可靠性新技术丛书
编审委员会

主 任 委 员：康　锐

副主任委员：周东华　　左明健　　王少萍　　林　京

委　　　员（按姓氏笔画排序）：

朱晓燕　　任占勇　　任立明　　李　想

李大庆　　李建军　　李彦夫　　杨立兴

宋笔锋　　苗　强　　胡昌华　　姜　潮

陶春虎　　姬广振　　翟国富　　魏发远

丛书序

可靠性理论与技术发源于 20 世纪 50 年代,在西方工业化先进国家得到了学术界、工业界广泛持续的关注,在理论、技术和实践上均取得了显著的成就。20 世纪 60 年代,我国开始在学术界和电子、航天等工业领域关注可靠性理论研究和技术应用,但是由于众所周知的原因,这一时期进展并不顺利。直到 20 世纪 80 年代,国内才开始系统化地研究和应用可靠性理论与技术,但在发展初期,主要以引进吸收国外的成熟理论与技术进行转化应用为主,原创性的研究成果不多,这一局面直到 20 世纪 90 年代才开始逐渐转变。1995 年以来,在航空航天及国防工业领域开始设立可靠性技术的国家级专项研究计划,标志着国内可靠性理论与技术研究的起步;2005 年,以国家 863 计划为代表,开始在非军工领域设立可靠性技术专项研究计划;2010 年以来,在国家自然科学基金的资助项目中,各领域的可靠性基础研究项目数量也大幅增加。同时,进入 21 世纪以来,在国内若干单位先后建立了国家级、省部级的可靠性技术重点实验室。上述工作全方位地推动了国内可靠性理论与技术研究工作。当然,随着中国制造业的快速发展,特别是《中国制造 2025》的颁布,中国正从制造大国向制造强国的目标迈进,在这一进程中,中国工业界对可靠性理论与技术的迫切需求也越来越强烈。工业界的需求与学术界的研究相互促进,使得国内可靠性理论与技术自主成果层出不穷,极大地丰富和充实了已有的可靠性理论与技术体系。

在上述背景下,我们组织撰写了这套可靠性新技术丛书,以集中展示近 5 年国内可靠性技术领域最新的原创性研究和应用成果。在组织撰写丛书过程中,坚持了以下几个原则:

一是**坚持原创**。丛书选题的征集,要求每一本图书反映的成果都要依托国家级科研项目或重大工程实践,确保图书内容反映理论、技术和应用创新成果,力求做到每一本图书达到专著或编著水平。

二是**体系科学**。丛书框架的设计,按照可靠性系统工程管理、可靠性设计与试验、故障诊断预测与维修决策、可靠性物理与失效分析 4 个板块组织丛书的选题,基本上反映了可靠性技术作为一门新兴交叉学科的主要内容,也能在一定时期内保证本套丛书的开放性。

三是**保证权威**。丛书作者的遴选，汇聚了一支由国内可靠性技术领域长江学者特聘教授、千人计划专家、国家杰出青年基金获得者、973项目首席科学家、国家级奖获得者、大型企业质量总师、首席可靠性专家等领衔的高水平作者队伍，这些高层次专家的加盟奠定了丛书的权威性地位。

四是**覆盖全面**。丛书选题内容不仅覆盖了航空航天、国防军工行业，还涉及了轨道交通、装备制造、通信网络等非军工行业。

这套丛书成功入选"十三五"国家重点出版物出版规划项目，主要著作同时获得国家科学技术学术著作出版基金、国防科技图书出版基金以及其他专项基金等的资助。为了保证这套丛书的出版质量，国防工业出版社专门成立了由总编辑挂帅的丛书出版工作领导小组和由可靠性领域权威专家组成的丛书编审委员会，从选题征集、大纲审定、初稿协调、终稿审查等若干环节设置评审点，依托领域专家逐一对入选丛书的创新性、实用性、协调性进行审查把关。

我们相信，本套丛书的出版将推动我国可靠性理论与技术的学术研究跃上一个新台阶，引领我国工业界可靠性技术应用的新方向，并最终为"中国制造2025"目标的实现做出积极的贡献。

康锐

2018 年 5 月 20 日

前言

飞机是典型的航空装备,飞机的修理主要包括飞机机体、发动机及其机载设备的维修,是飞机长期并安全使用的前提和必要条件,也是航空机务特别是航空修理工厂的重要工作。在传统的飞机维修体系中,飞机因机械零部件的长时间使用和疲劳磨损易引发单一模式故障,维修技术和方法主要针对飞机出现的故障和失效件开展。然而传统的飞机故障维修中定期检查和维修保养已不再能保证飞机的安全可靠性需求,利用现代材料、工艺、可靠性等技术对飞机的故障进行维修和检测变得越来越重要。目前,国内维修行业的航空产品包括民用航空部件维修多以更换件为主,深度维修能力建设仍存在较大的技术问题,关键部件的维修技术能力与国际先进水平比较尚有较大差距。

随着维修模式的增加,维修技术已从单一的损伤修复工艺向可靠性评估、预防性评估及修复一体化解决方案的方向转变和发展。收集、分析零部件的损伤模式和性能数据等,诊断故障产生原因,针对性的开展故障修复和预防技术研究,配合不同的维修方式与工作时机已成为目前航空产品维修的主要工作模式。

本书中介绍的修复对象主要为服役后的损伤部件、到寿部件和新品制造过程中的超差报废部件;涉及的修复技术主要为零部件尺寸和形状恢复技术、到寿部件延寿技术、表面涂层恢复技术、焊接修复技术等以及相关的无损检测、失效分析、可靠性评估和寿命预测技术等,此外本书收录了多种在役的橡胶、涂料、密封材料等的性能及使用工艺。本书将为从事航空装备关键部件维修人员提供指导和帮助,也可为材料研制与生产以及航空装备设计制造技术人员提供参考。

本书共9章。第1章由马瑞撰稿,第2章由何方成撰稿,第3章由刘昌奎撰稿,第4章、第5章由张学军撰稿,第6章由郭孟秋撰稿,第7章由汤智慧撰稿,第8章由范金娟撰稿,第9章由王彦撰稿,全书由张学军、马瑞统稿和审校,陶春虎审定。刘颖韬、王树志、王铮、杨党刚、王倩妮、陈星、潘晖、赵海生、刘永超、程耀永、毛唯、李能、孙兵兵、秦仁耀、唐思熠、李万青、陈冰清、郭绍庆、宋颖刚、王强、王欣、罗学昆、吴凌飞、陈新文、计臣、冯志立、刘平桂、张桐、张有为、罗文等参与了资料收集。

由于作者水平有限,书中难免存在谬误,恳请读者批评指正。

作　者

2020 年 1 月

目录

第1章

概　　论

1.1　维修与修复技术的基本内涵

1.1.1　航空维修

航空维修与修复(有时简称修理)是指对使用到规定时限或出现损伤的飞机及其上的技术装备进行维护或恢复其规定技术状态的各种技术活动,使其保持并提高飞行可靠性,确保飞机安全,即为修复或保持飞机及其技术装备处于可使用状态所要求的那些措施,包括养护、修理、改装、大修、检查以及状态确定等。维修(maintenance)是飞机维护修理的简称,是为了使飞机保持并恢复到规定状态所进行的维护、修理和管理工作,保持状态、性能不消失、不衰竭、相对稳定;维护(servicing)是保持飞机处于规定状态的活动,也称为保养,如润滑、检查、清洁、添加油料等;修理或修复(repair)是使处于故障、损坏或失调状态的飞机恢复到规定状态所采取的措施,如调整、更换、原件修复等。大部分情况下,维护和修理不能决然分开,维护过程往往伴随必要的修理,修理过程必然伴随着维护,所以统称为维修。

飞机是典型的航空装备,飞机的修理主要包括飞机机体及其发动机、机载设备的维修,属于航空维修的范畴,是飞机长期并安全使用的前提和必要条件,是航空机务工作的重要组成部分。民用飞机维修目的在于恢复其各种使用状态,满足适航要求;军用飞机维修目的在于恢复其技术战术性能,满足作战和训练要求。

飞机维修工作按照维修方式分类为原位维修和离位维修。原位维修即直接在飞机上进行的维修,适用于故障较简单和具有可更换单元的维修。航空装备发生故障时,首先要进行分析、判断,确定是否可通过原位维修恢复装备的正常工作状态,在原位维修不能恢复装备正常工作状态的情况下,应采取离位维修。离位维修即在相对规定的场地和维修条件下拆离飞机进行的维修,虽然存在一些不利因素,如耗费人力、物力和时间,有时甚至可能会造成人为故障,但它是维修工作中必不可少的,尤其在飞机给定的服役时间后进行的大修,其优点是具有良好的维修环境和条件,可采用更为充分和有效的全面维修手段。

根据飞机维修程度分为小修、中修和大修。小修是在飞机使用过程中,为了排除故障和轻度损伤开展的修理活动,是保证飞机经常处于良好状态的重要手段,通常由基层级修理即外场修理机构完成。小修主要是根据故障缺陷的具体情况,按照有关技术标准和工艺规程,有限地拆开相关部位,排除故障,更换或修复个别零部件。中修也称为定检,即通常进行的定时局部检修,是在飞机使用寿命内每使用一定飞行小时或日历时间后所进行的局部分解检查、换件等预防性修理,或结构件中度损伤的修理以及局部结构或系统达不到正常大修所需要的服役时间。中修是保证飞机能正常可靠用完规定寿命的重要手段。主要是按照各型飞机规定的使用时限、修理范围和要求,将飞机的主要系统、部件进行分解、检查、修复和更换不合格的零部件,然后进行装配、调整和试验,使其达到规定的技术标准。大修即在飞机使用完规定的飞行小时或日历时间后,或发生了无法排除的故障,结构件有严重损伤时所进行的修理。大修是技术最复杂、范围最广的预防性维修措施,是恢复飞机技术性能,保证使用寿命的主要手段,通常由基地级修理机构即大修企业完成,个别的由国内飞机制造厂或国外飞机制造厂完成。大修要按飞机修理技术标准和工艺规程,将飞机分解,对所有零部件进行检查、修复,更换不符合要求的零部件,排除故障,恢复原有的精度、性能、技术指标和可靠性,经过大修的飞机须给定下一次大修的时限。

1.1.2 维修技术

无论是军用、民用或通用飞机,维修工作都具有不可替代的作用,对飞机及其维修进行有效的监督、控制和管理,经常保持、恢复和持续改善飞机的可靠性,使最大数量的飞机处于良好状态,发挥其最大效能,保证飞行安全和各项任务的遂行。

然而传统的飞机维修体系中,飞机因机械零部件的长时间使用和疲劳磨损易引发单一模式故障,维修技术和方法主要针对飞机出现的故障和失效件开展。但随着在役或民航运营飞机的功能不断增多,机载设备和各种零部件的配合等因素,故障类型已呈现多元化趋势,故障原因也不再是单一性因机械原因而引发的疲劳和磨损类故障。在传统的飞机故障维修中定期检查和维修保养已不再能保证飞机的安全可靠性需求,利用现代材料、工艺、可靠性等技术对飞机的故障进行维修和检测变得越来越重要。

飞机修理的主要任务是通过故障点定位,恢复或更换故障零部件,并检测有关性能,恢复原有性能指标与可靠性,满足飞机的各项功能、指标要求。飞机修理的技术活动是为完成修理任务而进行的各项技术工作及操作过程,包括:

(1) 检测:确定飞机的技术状况或参数量值的有关活动。

(2) 保养:为了保持飞机处于规定状态所进行的活动。

(3) 拆卸:为了便于接近飞机的某一部分或便于进行某项修理活动而对飞机部分进行分解的有关活动。

(4) 故障定位:确定故障部位有关活动。

(5) 更换:将不宜使用的零部件(元器件)拆下,安装上合格零部件(元器件)的活动。

(6) 修复:对飞机的某些故障进行修理,以恢复其功能的活动。

(7) 装配:把分解拆下的各零部件重新组装的活动。

(8) 调校:对飞机内部某些失谐、失配的部位进行调整或校正,使其恢复到规定技术状态的活动。

(9) 检验:为检查飞机修理效果,保证能达到规定状态而进行的试验运行的活动。

飞机修理活动中的深度修复工作主要指用先进材料和制造技术,对损伤的部件进行修复或改造,使其至少满足一个翻修周期的使用要求,与通常恢复尺寸的单一性维修区别在于:采用先进的材料和制造技术对到寿或报废的零部件进行处理后,还需进行无损检测、失效分析、组织和力学性能分析、可靠性评估和寿命预测等评价,使经过修复的部件性能达到或超过新品或满足一个使用周期的要求,安全可靠。本书中涉及修复的主要对象包括服役后的损伤部件、到寿部件和新品制造过程中的超差报废部件;修复技术主要研究内容包括零部件尺寸和形状恢复技术、表面涂层恢复技术、到寿部件延寿技术,以及相关的无损检测、失效分析、可靠性评估和寿命预测技术等多个学科和专业。

1.2 修复技术与战斗力

由于修复可以最大限度地保留军用装备的附加值,军用装备的维修技术能力和水平一定程度上决定战争的胜败,成吉思汗骑兵的随行马蹄钉掌队及时有效地保障了部队的战斗力,对当时的战争胜利起到了至关重要的作用;反之,北洋水师则由于舰艇修理不及时,武器装备无法发挥最大战斗力,间接导致了甲午海战的失败。随着现代武器装备的价值越来越高,装备再制造、低能经济、可持续发展等特性已成为各国武器装备设计生产和使用的长远目标,修复技术对保障军队战斗力及可持续发展起到非常重要的作用,因此高效能的修复技术越来越被军方重视。

我国早在抗日战争时期就注意培养和聚集航空技术人才。1946 年组建了东北民主联军航空学校及其修理厂、机械厂、材料厂,收集并修复日军留下的残破飞机供航校训练飞行用;1949 年中国人民解放军空军正式成立后,各地的航空装备修理工厂归空军统管;1951 年,根据中央军委和政务院的决定,除中、小修理仍由空军部队修理厂承担外,空军将所属的 16 个航空装备修理工厂和 2 个航材仓库全部移交给国家航空工业局。空军的飞机、航空发动机由航空工业局所属工厂负责大修;为使航空工业集中力量研制生产新型装备,从 1954 年开始,航空工业局陆续将飞机、航空发动机的修理工作转交给空军负责。2000 年后,中国人民解放军空军陆续装备了新型飞机、直升机及其配套的发动机,航空装备修理工厂也基本建立完成各型装备完整的修理能力,为部队作战、训练提供完备的保障。

维修技术水平以及对装备损伤的分析和评估能力,直接或间接地影响着装备的使用效能和战斗力。不可否认目前我国航空装备部分来源于进口,鉴于国际关系、产品停产、进口渠道不通畅、周期漫长等诸多复杂原因,进口装备更换、修理等存在一定困难。为了确保战时航空装备使用和维修的可靠性,冲破国际技术封锁,攻关装备及部件的先进维修技术,建设国内修复技术团队,形成完整的进口和国产装备修复能力,尤为重要和关键。航空装备及部件的修复技术是保障军队战斗力的重要方法,特别针对战场抢修需求,国内修复技术水平将极大地提高航空装备作战效率和效能。

美军一直坚定地认为,在现代高技术战争中航空装备的使用可靠性和可维修性是影响其作战效能、作战适用性和寿命周期费用的关键。据报道,美国空军 B-52 战略轰炸机,自 1962 年生产以来,分别于 1980 年、1996 年开展两次大修工作,到 1997 年时飞机平均自然寿命还有 13000 飞行小时,可服役到 2030 年。以直升机为例,海湾战争之后,为了满足现代高技术战争的需要,要求装备具有快速出动能力和极高的战备完好性,降低装备的寿命周期费用,要求具有低维修工时、少量维修人力、少量备件和良好测试性和保障性,截至 2005 年,美国空军已完成了 269 架阿帕奇直升机的修复工作。美军通过收集、分析装备维修的信息和数据,分析影响可靠性的主要原因和部件,并随后开展航空装备的改进改型,将装备使用平均故障间隔时间提高 1 倍。

1.3　修复技术与产品可靠性

可靠性是产品的一种能力,是在规定的条件和规定的时间周期内持续地完成规定功能的能力,为了使产品达到规定的可靠性要求,而进行的一套设计、研制、生产和试验工作。实际上,可靠性还应当包含产品使用、储存、维修过程中的各种保持和提高可靠性的活动。

产品的维修工作在日常应遵守以最小的经济代价来保持与恢复产品的固有可靠性与安全性的原则;战时装备的维修应采取应急保障措施,以最快速度保持并恢复产品的固有可靠性与安全性。产品的固有可靠性由设计决定、制造实现,是产品某种条件下所能达到的固有可靠性的最高水平;维修的任务和目的是提高产品的使用可靠性,或防止固有可靠性水平大幅降低。针对航空产品高技术水平的维修工作应保证其接近或达到其原设计要求,但不能超越它。

航空产品的维修工作是保证产品各系统或设备在丧失工作能力之前,及时发现潜在故障的征候,采取有效的预防性措施,使产品具有规定的安全性及可靠性水平;当产品各系统或设备发生故障或严重的性能下降之后,迅速采取有效的修理措施,使之恢复到规定的安全性及可靠性水平,保证航空产品具有连续适航性的重要措施。以可靠性为核心的维修,则是以最少维修资源消耗为基础,以保持产品固有可靠性和安全性为原则,应用逻辑决断方法确定装备预防性维修要求的过程。

随着维修工作的不断深入,维修技术发展已从单一的损伤修复工艺研发向可靠性评估、预防性评估与修复一体化的方向转变,做到把故障消灭在萌芽状态,防患于未然。航空产品在使用过程中发生的故障、规律、成因均不相同,维修时收集、分析零部件的损伤模式和性能数据等,诊断故障产生原因,针对性地开展故障修复和预防技术研究,配合不同的维修方式与工作时机已成为目前航空产品维修的主要工作模式。预防维修工作可在很大程度上预防和减少功能故障频次,但不能改变故障后果,故障后果是由设计特性决定的,只有更改设计才能彻底杜绝故障隐患。维修者应是产品可靠性的检验者和控制者,不断向设计制造方反馈故障模式、成因分析结果,对装备可靠性的持续提升和产品设计制造水平的持续发展是最有效的途径。

1.4 维修技术现状

目前,国内维修行业的航空产品部件维修能力与国际先进水平比较尚有较大差距,一些重要系统的关键部件的维修能力欠缺。在工程设计能力要求高、产品附加值较高的维修项目中,国内维修企业的市场占有率较低,我国国内维修单位仅具有29%的部件维修能力,全行业承担的维修产值不足市场总产值的25%,民用航空中70%以上的发动机需送国外维修厂家进行翻修工作,或核心部件的深度维修送修国外。此外,以维修方案、质量管理、技能培训、生产计划管理为标志的维修工程管理能力也均与国际水平存在较大差距。

由于维修能力的不足,国内维修单位存在一定程度的低层次维修能力重复建设的现象,国内维修单位在飞机机体维修方面的能力建设相对集中,但深度维修能力建设不足,往往处于低层次的成本竞争状态,国内维修机库的利用率与国际发达国家存在一定差距。此外,国内民航维修企业规模普遍较小,技术研发与创新能力不强,维修服务的市场意识、服务质量等方面也有待进一步提高。以民用飞机为例,截至2010年底,国内共拥有各类运输飞机1639架(各类运行及备份发动机3600余台),通用航空器1010架。2010年中国民航维修市场总量达到23.2亿美元,占世界航空MRO(maintenance,repair,overhaul)市场的5%;其中发动机维修约占总量的40%,航线维护、飞机大修及改装、附件修理及翻修各占20%左右。

1.4.1 国外维修技术研究和应用现状

国外民航维修市场中飞机、发动机大修和深度维修市场基本属于垄断状态,制造商和运营商利用技术垄断实现维修产品丰厚的利润,国外各大飞机和发动机制造公司、航空公司如美国波音公司、法国空中客车公司、美国通用电气公司(GE)、加拿大普拉特·惠特尼集团公司(P&W)、德国西门子股份公司(简称西门子)等,均有自己的整机维修和部件维修的部门。专业从事航空产品维修的公司包括德国摩天宇航空发动机有限公司(MTU)、美国汉诺威航空发动机维修公司、法国斯奈克玛公司等,均具备先进的深度修复技术和完善的维修技术体系,尤其对发动机的叶片、涡轮盘、燃烧室等热端部件具备足够的维修能力和丰富的维修经验。

为了打破制造商的垄断,美国建立了维修行业的联邦航空管理局(Federal Aviation Administration,FAA)认证机制,由此考查申请公司针对具体机型或部件的维修是否具备相关技术和过程控制能力,并给予认可和授权,获得授权后方可从事相关项目的维修工作。因此,美欧等国家除了制造商进行发动机部件维修,也出现了一些如加拿大的保利地、法国阿尔斯通等公司。

1. 发动机/燃机叶片生产与维修技术

国外航空发动机/燃机叶片生产主要集中在GE、英国罗尔斯·罗伊斯公司(RR)、P&W、法国斯奈克玛(Snecma)公司等发动机/燃机研制、生产的主机厂和美国精密铸件公司(PCC)、美国Howmet公司等专业化精铸公司,后续的维修服务由美国Chromalloy等专业维修公司负责。生产的产品主要用来制造大型、复杂的结构熔模铸件、机翼铸件、锻制零部件、飞机结构构件及工艺先进的紧固件。主要市场为航空航天、能源及一般工业。航空航天客户包括波音公司、空中客车公司、通用电气航空集团、美国古德里奇公司、普拉特·惠特尼集团公司、罗尔斯·罗伊斯公司等。能源主要客户包括法国阿尔斯通公司、中国国家电力公司、印度沿海古吉拉特公司、美国通用电气能源集团、德国西门子股份公司、美国索拉透平(Solar turbines)公司等。

如:Howmet公司生产飞机发动机和工业燃气轮机零件,拥有的热等静压(HIP)设备是世界上最大、压力最高(200MPa)的热等静压设备,其定向单晶技术、细晶铸造技术、雾化喷射技术都处于领先地位,尤其是细晶铸造技术,在全世界处于垄断地位;瑞士Precicast公司是欧洲最大的精密铸造企业,80%的业务是地面燃机和航空发动机的高温合金热端部件的铸件生产。

磨损、裂纹、打伤是发动机叶片、整体叶盘常见损伤,通常采用激光3D打印、氩弧焊、真空钎焊修复。如:美国阿尔伯克基公司(Optomec)利用激光熔覆技术对AM355钢整体叶盘进气沿侵蚀进行维修;德国弗朗霍夫研究所采用激光3D打印对发动机结构件进行维修,并对Ti6246整体叶盘维修进行了研究,通过多层激光沉积,恢复了叶片的几何尺寸;德国弗朗霍夫研究院激光技术研究所(ILT)、法国阿尔斯通公司正在开展燃气轮机单晶叶片损伤维修研究;加拿大利保地公司采用粉末冶金真空钎焊修复发动机导向叶片裂纹。国外,叶片、整体叶盘损伤缺陷焊接维修技术成熟,在军用、民用航空发动机上大量应用,并形成了产业化。

燃气轮机叶片损伤形式与航空发动机大体相同,采用的维修方法也主要是激光3D打印、氩弧焊、真空钎焊。西门子公司、GE、日本三菱集团(简称三菱)等国际知名燃气轮机制造企业都有自己的专业维修机构,镍基铸造高温合金等轴晶、定向凝固叶片叶尖补焊、导向叶片裂纹的真空钎焊等补焊技术均已成熟,并且已经批量生产,如GE在我国秦皇岛建立了燃机叶片维修企业等。目前,西门子等正在研究单晶叶片叶尖补焊技术,还未应用。

2. 航空零部件焊接维修技术

航空发动机和飞机的各类机匣、安装环、滑轨、起落架作动筒等部件经常出现磨损、腐蚀、烧蚀等缺陷,主要采用激光3D打印、氩弧焊方法开展维修。国外飞机及发动机部件早期主要采用氩弧焊、等离子弧焊修复,如RB211支撑环、PW4000的扩散机匣,为了减小焊接变形,以及减小对材料的影响,目前更多地采用激光3D打印修复技术,如RR、MTU都广泛采用该技术修复机匣类部件。

3. 航空密封剂制品的维修技术

国外在橡胶、密封材料、约束阻尼材料、减振器方面,材料和制件供应系统完备,品种规格齐全,均已商品化和系列化,相关材料技术已很成熟,并形成了较为完整的技术体系,产品在航空航天领域广泛应用。约束阻尼材料未来将向温宽频、复合化、多功能化和轻量化方向发展。

高阻尼橡胶材料减振器方面,美国哈金森公司和法国 Load 公司已有超过 30 年的研发过程及技术储备,高阻尼硅橡胶的损耗因子已超过 0.60,远高于国内水平,并且其具备新材料研发实力、完善的模拟设计能力、优良的制品成型工艺及成熟的生产管理方法,近年来在材料使用的宽温域环境和抗疲劳性等方面均有较大突破。

4. 航空零部件表面防护维修技术

防护涂层的破坏、零部件的轻微腐蚀以及微量磨损等均可通过表面工程技术进行维修,恢复其尺寸和功能。目前在欧美等发达国家,表面工程被广泛应用于航空维修领域,已经形成了巨大的产业。主要包括热喷涂维修技术、冷喷涂维修技术、物理和化学气相沉积、电镀等。热喷涂技术在零件维修和涂层维修领域应用最为广泛。20 世纪 90 年代开始,美国海军实验室组织开展了超声速火焰喷涂维修技术研究,所获得的涂层结合强度、防护性能以及气密性均优于电镀硬铬镀层,已经逐渐取代了电镀硬铬在零件尺寸维修中的地位,加拿大 Vac Aero、GE、RR、Snecma 公司均已采用该技术。冷喷涂技术在铝镁合金零件的维修以及现场维修方面具有极大的潜力。美国陆军研究实验室采用冷喷涂对阿帕奇直升机铝合金桅杆支座的磨损部位进行维修,还对 H-60 变速箱(ZE41A)的维修进行了应用研究。

5. 隐身材料的维修技术

由于隐身材料及相关技术的保密性高,无法确切得知国外在隐身材料修复领域的研究状况,但从目前发表的文献及报道中可以得知,国外在雷达吸波材料的维修方面有一套完善的工艺流程,具备相应的修复材料、修补设备及测试设备。

雷达罩、天线罩及复合材料机身、机翼为飞机关键功能结构件,其外表面一般采用抗静电、抗雨蚀及防护性涂料进行涂装。外表面涂层系统由于服役环境恶劣,一般不可能与飞机同寿命,随着飞行器的外场服役,涂层系统会发生不同程度的粉化、磨损、脱落、开裂等涂层损伤失效问题,需要进行及时维修。国外雷达罩、天线罩及复合材料制件的涂装与防护,以及配套维修工艺与技术发展比较成熟,但相关工艺和技术细节未见披露。

6. 维修评价表征及寿命预测技术

国外对维修件在修复前首先进行可维修性评价:针对正常维修件,可维修性评价主要是维修工艺可行性的评价;针对故障件,则需要先进行失效分析,确定故障件发生的原因后,在失效分析的基础上开展可维修性评价。维修后的评价,则包括工艺维修件性能评价、对使用寿命的表征与评价以及维修件使用可靠性的安全评估,其中,维修件使用可靠性安全评估尤为关键。当工艺维修评价通过后,对于产品维修件的检测,则主要依靠无损检测手段,研究适合于维修件的检测使用的表面检测和内部检测技术与工艺,一般涉及荧光渗透检测、超声检测、红外检测和激光散斑检测等。另外,国外正在针对激光 3D 打印、整体叶盘、功能涂层、焊接维修、涂层维修等新的维修技术,采用快速成像、荧光渗透检测、超声检测、金属零件微裂纹的红外检测、机身锈蚀的红外检测定量测量、表面涂层脱粘的红外检测和激光散斑检测等先进检测方法,开展了检测技术的研究。

1.4.2　国内维修修复技术研究和应用现状

军用飞机和发动机大修企业的损伤部件修复主要以更换件为主,少数部件修复采取合作修复方式进行,未开展部件的深度修复研发和修理工作。目前除了大修企业外,西北工业大学、哈尔滨工业大学、沈阳金属研究所、沈阳大陆激光集团有限公司、北京航空材料研究院、中航工业制造院等单位也承接损伤部件维修任务,部分单位修复方法单一,修复技术不系统,不具备焊接材料设计和制造能力,失效分析、无损检测、可靠性分析和评价技术也很薄弱。国内从事民用飞机和发动机、燃气轮机大修和部件修复的企业较多,但总体技术水平较低,不掌握关键维修或修复技术,损伤部件以更换为主,同时重要、高价值部件,如发动机热端部件的维修大多依靠国外企业开展维修或修复工作,国外大型飞机、发动机公司也垄断了我国维修企业对于其型号装备产品热端部件的维修或修复权限。

1. 发动机/燃机叶片维修技术

国内采用激光 3D 打印修复涡轮工作叶片叶尖,开展一些研究工作,在少数发动机等轴镍基高温合金叶片上已经应用,但研究起步较晚,技术不够成熟,在空军修理厂、航空工厂应用较少。钎焊技术是航空发动机、燃气轮机部件维修的重要技术。北京航空材料研究院于 20 世纪 90 年代中期率先开展了液相烧结粉末冶金维修技术研究,维修了 WP7、斯贝 MK202(FWS9)、Д30、АЛ31Ф、泰山发动机、RB211 等型号叶片。

为中国提供燃气轮机的国外厂商主要有 GE、三菱、西门子,在中国的燃气轮机总数超过 300 台,从国外进口的燃气轮机,叶片修复被国外供应商垄断,其修复技术成熟。国内自行生产的燃气轮机叶片主要是新品制造缺陷的修复,由于修复技术水平有限,只能完成小缺陷或非关键部位缺陷修复,报废率较高。

2. 航空零部件焊接维修技术

国内针对机匣、壳体、封严块、滑轨、起落架等部件,主要采用氩弧焊方法修复,如歼 6、歼 7、歼 8、运 7、运 8 等飞机上钛合金、铝合金、镁合金、不锈钢等易焊材料部件补焊,FWP7、FWP8、FWS9 等涡喷、涡扇发动机以及涡轴、涡桨等发动机易焊材料构件补焊等技术成熟。但激光 3D 打印技术研究和应用才刚起步,应用较少。

3. 航空密封剂制品的维修技术

在飞机、发动机用橡胶密封件、减振器维修方面,主要以材料和制件更换为主,但由于我国引进了大量的俄制飞机和发动机,橡胶、密封材料存在进口困难问题,几乎所有机型都有国产化替代需求。国内已经完成了部分牌号橡胶、密封材料替代研究,并提供了较为完成的系列产品。

4. 航空零部件表面防护维修技术

国内在飞机、发动机等的表面工程维修方面发展较晚,目前主要采用传统的表面处理工艺。在各军种的修理厂中,电镀硬铬、电弧喷涂是零部件恢复尺寸的主要表面处理手段,等离子喷涂是航空发动机零部件防护涂层的主要维修工艺,刷镀是现场维修手段,喷丸强化、孔挤压强化和干涉连接等技术则广泛应用于发动机零件如发动机风扇和压气机叶片、飞机滑轨、起落架以及各种金属零件接头等。近年来国内在超声速火焰喷涂技术、冷喷涂技术开展了深入的研究,成功用于超高强度钢表面喷涂、铝合金表面喷涂,修复的部件已经装机使用。

5. 隐身材料的维修技术

国内在隐身材料领域研究单位较少,均处于起步阶段,并且主要以研究快速修补材料为主,相应的修补设备、修补工艺及表征手段等比较落后,与国外尚有较大的差距。

国内,随着复合材料在各型飞机上用量的逐渐增加,虽然已经形成了较为完善的涂层涂装工艺,但配套维修的工艺技术相对落后,仍然停留在经验为主的阶段,尚未进行过深入的系统研究,需要形成行业内专业化的、工艺先进的功能涂层维修技术体系。

6. 维修评价表征及寿命预测技术

国内对于维修件的评价,在可维修性评价方面主要是针对维修工艺可行性的评价开展较多工作,在维修后的评价方面,主要是对工艺维修件基本性能的检测,全面性能评价和维修后使用寿命评价及安全可靠性评估方面的工作基本还没有开展。失效分析专业不仅包括对待维修件故障性质和原因的分析,还包括对构件进行安全和可靠性评价、寿命预测等研究方向。而这些方向对于航空关键件维修后的安全可靠使用起着至关重要的作用。

目前国内对零部件进行可靠性评估的无损检测技术主要是针对在飞机大修阶段开展的无损检测,对零件使用过程中的可靠性监控较少,对使用过程中零部件进行可靠性评估的无损检测手段和经验积累不足。另外,由于目前维修手段有限,对出现损伤的零件以更换为主,因此,对新的维修技术修补下的零部件的检测方法和检测经验也比较缺乏。

综上所述,我国的维修技术能力与国际先进水平相比,还存在一定差距,特别是先进航空材料及其修复技术的发展和应用,我们还较为落后。在修复技术方面存在差距:激光、电子束焊等先进修复方法的应用研究不足,高强钛合金、超高强度钢等修复基础数据缺乏,专用的自动化修复设备能力不足,给应用带来困难;未掌握叶片裂纹内部氧化膜氟化物去除技术,没有可用于批量清理的设备;定向凝固、单晶合金叶片的钎焊扩散焊修复、激光 3D 打印修复技术有待开发;适用于定向凝固、单晶合金叶片激光 3D 打印、钎焊扩散焊修复,以及其他高温下工作的焊接材料需要研发,材料体系需要完善;零部件内壁的喷涂修理研究较少、性能数据不足,关键技术有待突破;铝镁等轻质合金部件的冷喷涂修复研究尚不成体系,暂时无法实用;零部件喷涂修复强度尚低,急需进行喷涂修复技术与热处理技术的相容性研究;化学气相沉积技术在叶片涂层的修复上研究不足,尚未形成成熟的叶片内腔表面涂层修复能力;激光冲击等新型表面强化技术起步较晚,关键技术尚未突破,无法用于叶片的修复强化;恢复性能热处理技术、热等静压修复技术等成熟度不高。

在评价技术方面存在差距:损伤部件可修复性评估基础工作不足,没有形成指导性标准文件;焊接修复、涂层修复缺陷控制标准主要依据制造标准,评价不够准确、科学;修复区域力学性能损失容限评价主要依靠经验,评价不科学,需要大量的验证试验积累数据;验证试验方法有待进一步研究和设计;缺少寿命预测研究;新构件加工损伤缺陷修复技术研究和寿命评估还未开展;现有的专家评审制度存在漏洞,需要有以试验数据为判据的专业机构把关。

1.5　修复技术发展

现代航空装备在结构设计技术、新材料技术、自动检测技术、先进推进技术、通信技术、电子对抗技术等方面运用了许多新技术,这也为航空装备的维修技术提出了新的要求,故障诊断技术和修理工艺新技术应运而生。修复工艺技术包括机体结构修复技术、零部件修复技术、修复材料设计和制备、表面保护技术等领域,涉及专业有焊接、胶接、热处理、表面处理、表面强化、喷涂、机械加工等。修复技术可以对航空装备整体及其系统零部件进行维护保养,提高使用可靠性,延长使用寿命并对损伤的结构部件、机械零部件、系统元器件实施修复,以恢复其功能和性能。故障诊断技术包括失效分析、可靠性和安全性评估,涉及专业有无损检测、物理检测、失效分析、力学与强度评估等。

修理新技术是伴随着飞机设计、制造和材料、工艺等技术的发展而不断发展进步的,航空部件修复技术体系内涵极其丰富,几乎涵盖了新品制造的全部材料、技术方法,但修复的对象、过程、技术要求又不同于新品设计制造,采用的评价准则也不相同。截至 2015 年,我国航空装备零件维修领域突破了 5 项关键技术,包括:①针对常用高强钛合金、超高强度钢等金属部件激光熔敷、电子束焊接等的修复技术,并实现了对以上金属部件的成功修复;②掌握发动机叶片裂纹内部氧化膜氟化物去除技术,建立了设备条件;③掌握了金属零部件内壁的喷涂修理技术,积累性能数据;④突破铝镁合金部件冷喷涂修复关键技术;⑤全面掌握金属部件恢复性能热处理技术、热等静压修复技术。

预计 2020 年后,我国的航空装备零部件维修领域将在以下技术方向突破,包括:①定向凝固、单晶合金叶片的钎焊修复、激光 3D 打印修复技术,实现叶片修复;②建立完善的定向凝固、单晶合金叶片以及其他高温结构用激光 3D 打印、钎焊扩散修复用焊接材料体系,并能自行制备;③完善喷涂修复技术与热处理技术的形相容性研究,掌握喷涂修复强度提高技术,实现高强度的喷涂修复;④突破化学气相沉积修复关键技术;实现叶片内腔表面涂层修复;⑤基本突破激光冲击强化在叶片修复应用上的关键技术;⑥恢复性能热处理技术、热等静压修复技术成熟并应用。以上修复技术的突破及技术在航空装备部件修复中的成功应用,并形成我国航空装备部件修复的综合能力将达到世界先进水平。

参考文献

[1] 张学军.焊接技术在航空部件修复中的应用[J].航空维修与工程,2014(281):47-48.

[2] 张学军.恢复性能热处理在航空部件修复中的应用[J].航空维修与工程,2014(282):28-32.

[3] 阚艳,郭孟秋,程宗辉,等.冷喷涂技术在航空零件尺寸修复中的应用[J].航空维修与工程,2015(291):111-113.

[4] 郭孟秋,唐斌,范鑫,等.钛合金零件表面爆炸喷涂修复[J].航空维修与工程,2015(291):121-122.

[5] 刘洲,姜涛,张小辉,等.零件表面微裂纹的修复评价[J].航空维修与工程,2015(291):127-128.

[6] 孙立.航空发动机维修市场前景广阔[J].航空维修与工程,2014(282):34-36.

[7] 郭志帅.中国民用航空部附件维修市场发展趋势[J].航空维修与工程,2015(291):16-18.

[8] 陈新峰,杨海涛,韦艺,等.中国民航维修系统资源及行业发展报告[J].航空维修与工程,2014(281):26-31.

第 2 章

损伤与修复的缺陷检测

2.1　损伤与修复的缺陷无损检测内涵

无损检测(nondestructive testing,NDT)是研发和应用各种技术方法,以不损害被检对象未来用途和功能的方式,为探测、定位、测量和评价缺陷,评估完整性、性能和组成,测量几何特征,而对原材料和零部件所进行的检测。航空无损检测技术领域不仅包括飞机(及发动机)部件、零件、原材料制造过程的无损检测,也包括装备后期使用维修过程中的无损检测,用于发现制件中材料、结构的缺陷和异常状态,即在役无损检测。

在役无损检测又包含损伤检测和修复检测。随着飞机的飞行使用,其中安装的制件容易受环境、应力等影响出现缺陷,如金属制件的转角部位由于应力集中容易出现疲劳裂纹,复合材料制件由于疲劳或撞击等因素容易形成脱粘、分层缺陷,蜂窝结构还可能出现积水缺陷等。因此,损伤检测是指对飞机承力结构及易损零部件应用各种物理手段,检测肉眼不能直接观察的处于早期发展阶段中的细微缺陷,然后从飞机飞行安全的角度,对构件的缺陷或损伤修与不修、能修与不能修进行判断。修复检测是为修补前提供制件所需修补面积、深度等质量信息,为修补后提供是否完好的无损检测报告,为评估制件的使用提供参考数据。

与制造阶段检测对象为单个零件不同,在役无损检测的对象多为组装件,受检测环境(温度、光线、耦合等)、装配及检测时间等条件的限制,在选择的检测技术和方法上有其自身特点,主要表现在快速、便捷、非接触等特点。可用于在役检测的无损检测方法主要有超声检测、射线检测、渗透检测、涡流检测、目视检测、敲击检测、红外热像检测、激光散斑检测等。

超声检测是利用检测探头发射的超声波在被检测工件中传播,遇到障碍物后发生反射、衰减或散射,利用探头接收并识别回波特征的方法来检测缺陷。

13

主要检测形式有 A 扫描、B 扫描和 C 扫描三种。在役检测中,受制件安装位置的影响,主要采用 A 扫描和局部 C 扫描的方式进行检测,适用于飞机复合材料蒙皮中分层、脱粘缺陷的检测,发动机叶片、管道的检测,对于某些重要零部件在大修时可拆卸后进行整体 C 扫描检测。

射线检测是通过射线束穿过被检件后能量衰减,表现为底片上的黑度影像来观察缺陷。射线检测结果直观,但由于具有辐射作用,限制了其在在役检测中的使用。近年来,随着直接数字化 X 射线摄影系统(digital radiography,DR)成像技术、电池供电技术等的应用,降低了射线检测的现场辐射强度,提高了检测灵敏度,缩短了曝光时间,使之更加适合外场在役检测。射线检测对复合材料夹层结构中的蜂窝积水、芯材变形等缺陷具有较好的检测效果。

渗透检测是利用毛细作用原理,检测各种金属及非金属材料的表面、近表面缺陷。渗透检测结果显示直观,检测灵敏度高,在役检测中常用于发动机、起落架等关键部件疲劳裂纹的检测,以及缺陷焊接等工艺修复后对修复部位的检测。

涡流检测是一种基于电磁感应原理的检测方法,适用于导电材料表面与近表面裂纹、腐蚀等缺陷的检测。在飞机的维修检查中,涡流检测可用于检查机翼大梁、桁条与机身框架连接的紧固孔,发动机盘、轴、叶片,起落架,旋翼等部位的疲劳裂纹,铝蒙皮铆接处的裂纹及蒙皮的腐蚀损伤等。涡流探伤用于上述部件检测的优点在于,其可以在零件表面带有漆、氧化膜等覆盖层的情况下进行检测,对于深孔(含盲孔)、螺纹槽底等空间狭窄其他检测方法不便实施的部位也有较好检测效果。

目视检测是通过肉眼或结合低倍放大装置观察飞机制件表面结构是否完好,是否存在较明显的损伤。放大装置包含放大镜、袖珍显微镜和内窥镜。目视检测是飞机在役检测中使用最多的一种检测手段,广泛应用于飞机中各种金属、非金属材料的检测。各种制件首先通过目视检测判断损伤情况,如目视检测发现问题,则需进一步采用其他检测技术进行检测或修复。

敲击检测是一种简单、快捷的检测方式,通过敲击被检件后听到的声音判断其中是否存在缺陷,对分层、脱粘缺陷有较好的检测效果。敲击的方式有:硬币敲击法、小锤敲击法和仪器敲击法等。敲击检测受被检件形状、位置影响较小,只要有裸露在外面的部分即可对其进行敲击检测,但敲击检测受零件厚度影响较大,若制件表层厚度较大,则检测灵敏度降低。敲击检测广泛用于复合材料制件的检测,特别在对面积较大的粘接结构制件的检测中,较其他方法具有较大优势。

红外热像检测是基于红外辐射原理,通过扫描记录或观察被检测工件表面上由于缺陷所引起的温度变化来检测表面和近表面缺陷的无损检测方法。红外热像检测的优点是非接触、面积大、快速、结果直观,因而适合于外场快速检测,对复合材料粘接缺陷、蜂窝积水缺陷具有较好的检测效果。但其局限性是检测灵敏度随缺陷埋藏深度的增加而降低,因此,不适于检测表层过厚的制件。

激光散斑检测是基于干涉原理,用于表面变形测量的新型光学检测技术。可用于检测蜂窝、泡沫夹层结构和层板结构等复合材料制件中的分层、脱粘等缺陷。该方法的优点是非接触、无污染,不受工件几何外形、尺寸和材料的限制,可用于产品的在役检测。其局限性是必须对构件加载,检测灵敏度随缺陷埋藏深度增加而降低。

2.2　复合材料损伤与修复的无损检测

2.2.1　复合材料中主要损伤类型

按产生损伤的原因分类,复合材料结构在役损伤可以分为使用损伤和环境损伤,其产生原因见表 2-1。

表 2-1　复合材料常见损伤及产生原因

损伤类型	损 伤 名 称	典 型 原 因
使用损伤	表面划伤	尖锐物划伤
	表面凹陷	践踏、冲击损伤
	分层	工具跌落,设备跌落,维护台架撞击
	脱粘	非设计面外载荷、超载
	边缘损伤	边角受到撞击,可拆卸部件使用不当,开闭引起的磨损和擦伤
	穿透损伤	弹伤,尖锐物冲击
环境损伤	腐蚀坑	沙蚀,雨蚀,腐蚀性溶剂
	分层	冰雹冲击,跑道碎石冲击,鸟撞,热震,声振
	穿透损伤	鸟撞
	表面氧化	高温,雷击
	夹层结构面芯脱粘	蜂窝芯进水,冲击环境

近年来,对于复合材料制件中出现的损伤并不是立即修补,而是通过评估给出损伤是否需要修补、是否可以修补以及何时修补的建议。按可修性分类,损伤可以分为许用损伤、可修损伤以及不可修损伤。

(1)许用损伤。该类损伤不会影响飞机结构的完整性,不需要立即修理,

15

但应在规定的时间内按规定的方法进行永久性修理。

（2）可修损伤。这类损伤将影响飞机结构的完整性或使用功能，必须进行临时性或永久性修理，或先进行临时性修理，再在规定的时间内按规定的方法进行永久性修理。

（3）不可修损伤。这类损伤按现有方法进行修理后无法保持结构完整性或基本的使用功能，或者即使能修理但经济性很差，必须进行更换或返回给制造商。

2.2.2 复合材料常见损伤特点

空军工程大学工程学院的李波等通过对飞机机翼的左右上翼面、左右下翼面，平尾翼左右上翼面、左右下翼面，两垂尾的左右侧翼面等复合材料结构损伤的研究发现，复合材料常见损伤具有如下特点：

（1）分层损伤在外场损伤中所占比例大于90%，因此分层损伤是复合材料结构外场损伤的典型损伤形式；

（2）分层损伤集中于壁板或孔的边缘部位，以及销钉、螺钉、铆钉和螺栓等的连接部位，其中普通铆钉连接处复合材料层压板孔内壁及表面层的损伤较严重，而采用抽芯铆钉的部位层压板开裂现象较少；

（3）80%以上分层损伤的深度在层压板厚度的1/2以内，属于浅表面分层损伤；

（4）长宽比在1~5之间的分层损伤高达90%以上，即分层形状大都为狭长形。

2.2.3 复合材料损伤与修复的无损检测方法

复合材料的损伤检测既是损伤评价的依据，也是复合材料结构修理的前提与基础，在确定是否可修以及确定修理方案以前，必须对损伤部件进行彻底的无损检查，以确定损伤的类型与程度，同时也是修补后质量可靠性验证的手段。飞机复合材料结构常用的无损检测方法有以下几种：

（1）目视检测法。该方法仅能发现肉眼可见的损伤，比如飞鸟或尖锐物撞击引起的穿透损伤，或者大于一定深度的表面凹坑。

（2）敲击检测法。该方法适用于检测夹层结构面芯脱粘、层合板分层、脱胶等损伤，受操作者检测经验影响较大。

（3）射线检测法。该方法适合于检测夹层结构的内部损伤以及复合材料中的夹杂。

（4）超声检测法。该方法可以用于检测孔隙率、分层、脱胶、夹杂、疏松、裂纹等大部分损伤类型。实现对层板、夹层及 R 角结构等的检测,是目前应用最广的复合材料无损检测方法之一。

(5)剪切散斑检测法。该方法是一种非接触式快速原位检测方法,适合于检测厚度较薄的层板及薄蒙皮夹层结构。

(6)红外成像检测法。该方法适合于检测厚度较薄的层板及薄蒙皮夹层结构,并对蜂窝积水具有较好的检测效果。

以上方法各有优缺点,需要根据实际结构及可能的损伤情况选用合适的方法。有时甚至需要采用几种方法联合进行检查,以完整地确定损伤的状态和修复效果。

对复合材料中的结构损伤及修复进行无损检测后,应该出具详细的检测报告,报告应包含现场照片及示意图,以及必要且准确的文字说明。一个完整的损伤及修复描述报告至少应包含以下主要内容:

(1)损伤或修复部件名称,即说明是哪个部件发生了损伤或对损伤进行了修复,比如垂直安定面、水平尾翼等;

(2)损伤或修复位置,描述损伤或修复所在该构件上的具体位置;

(3)损伤类型,即说明损伤或被修复的损伤是表面划伤、分层,还是夹层结构面芯脱粘、墙缘条/蒙皮脱胶等;

(4)损伤程度/修复范围,即描述损伤或修复的形状、外围尺寸、深度等信息;

(5)损伤/修复与其他损伤/修复的关系,即描述损伤/修复的分布情况,包括损伤/修复与周围损伤/修复(含已修复的损伤)之间的距离。

2.2.4　复合材料结构损伤检测应用举例

飞机雷达天线罩是雷达系统的重要组成部分,对保证雷达正常运行具有积极作用。雷达天线罩通常使用蜂窝结构复合材料制作,主要结构形式有 A 夹层、B 夹层、C 夹层等。飞机雷达天线罩在使用中的损伤主要是由雨蚀、外物冲击、雷击和静电烧蚀等引起的分层、脱粘、蜂窝变形和积水等。本节以雷达罩为例,描述复合材料制件结构损伤的无损检测技术应用。

国外对复合材料制件的外场检测方法,最早使用的是硬币敲击法,随后在其基础上衍生出小锤敲击法,这种检测方法方便、快捷,但受人为因素影响较大,因此,多种敲击检测仪器应运而生。波音公司的检测方法中规定可以使用硬币、小锤敲击进行检测,也可使用"啄木鸟"敲击检测仪器进行检测。对于电子仪器检测法,目前应用较多的有超声检测方法、超声谐振检测方法、超声导波检测方法、红外热像检测方法和激光散斑检测方法等。

国内随着雷达天线罩的大量装机使用,其服役过程中的外场检测技术应用越来越广泛,目前主要使用的雷达罩损伤及修补的检测技术主要有:敲击检测技术、超声检测技术、红外热像检测技术和激光散斑检测技术等。

1. 对比试样

各种无损检测方法的应用均需要使用对比试样来调节检测灵敏度和评定缺陷,针对雷达罩结构,设计制作的对比试样如图 2-1 和图 2-2 所示。这两组试样的设计参考了波音公司的标准,分别采用不同的人工缺陷模拟方式制作,验证不同人工缺陷制作方式对检测的影响。

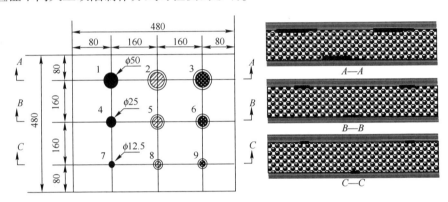

图 2-1 试样 1 的缺陷分布示意图

● 两层脱膜布对粘(脱膜布单层约 0.1mm);

◎ 一层脱膜布,两层无孔膜;⊛ 两层脱膜布,两层无孔膜。

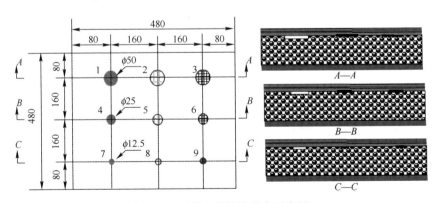

图 2-2 试样 2 的缺陷分布示意图

● 将上层蒙皮与蜂窝间胶膜切除,在切除胶膜位置放置一层无孔膜后固化粘结;

⊙ 将上层蒙皮与蜂窝间胶膜切除后固化粘结;⊞ 将上表面蜂窝向下铣掉 5mm 高度。

试样 2 中的 3、6、9 号人工缺陷为铣蜂窝人工缺陷,模拟明显分层、脱粘缺陷;两个试样中的其他人工缺陷为夹膜或去胶膜人工缺陷,模拟紧贴型缺陷。

2. 雷达罩敲击检测

对上述样件分别使用小锤敲击法和敲击检测仪进行检测,检测结果见表 2-2。

表 2-2　小锤敲击法与敲击检测仪检测结果比较

试样 1				试样 2			
缺陷编号	敲击检测仪		小锤检测	缺陷编号	敲击检测仪		小锤敲击法
	仪器读数	检测结果			仪器读数	检测结果	
无损区域	0.30~0.42	校准点	校准点	无损区域	0.30~0.40	校准点	校准点
1	0.37~0.42	不能识别	不能识别	1	0.35~0.39	不能识别	不能识别
2	0.33~0.38	不能识别	不能识别	2	0.35~0.39	不能识别	不能识别
3	0.36~0.39	不能识别	不能识别	3	0.51~0.63	可以识别	可以识别
4	0.37~0.42	不能识别	不能识别	4	0.36~0.39	不能识别	不能识别
5	0.32~0.36	不能识别	不能识别	5	0.35~0.38	不能识别	不能识别
6	0.35~0.38	不能识别	不能识别	6	0.41~0.48	可以识别	可以识别
7	0.38~0.41	不能识别	不能识别	7	0.35~0.39	不能识别	不能识别
8	0.30~0.33	不能识别	不能识别	8	0.35~0.38	不能识别	不能识别
9	0.36~0.37	不能识别	不能识别	9	0.38~0.40	不能识别	不能识别

由表 2-2 数据可以看到,采用敲击检测仪与小锤敲击检测能力相同,能够检测 $\phi25mm$ 和 $\phi50mm$ 的明显脱粘缺陷,而对 $\phi12.5mm$ 的明显脱粘缺陷和其他尺寸的紧贴型缺陷均不能识别。

敲击检测仪与小锤敲击法两种检测方法对不同类型、不同大小缺陷的识别能力相同,不同之处主要体现在其操作方式和外界对检测的干扰方面,不同点直接影响两种敲击检测方法的检测效率。为了比较两种敲击检测方法的检测效率,在 480mm×480mm 的对比样件上分别进行敲击检测试验,敲击检测仪采用定点式和移动式检测方式,小锤敲击法采用点式敲击,检测间距均为 16mm 左右,表 2-3 给出了各检测方法所用的检测时间。

表 2-3　不同敲击检测方法所用的检测时间

检 测 方 法	敲击检测仪		小锤敲击检测
敲击方式	定点式检测	移动式检测	点式敲击
所用的检测时间	8min34s	2min44s	2min43s

由表 2-3 数据可以看到,在不存在表面粗糙度干扰的平面对比试样上检测,敲击检测仪的定点式检测效率低于移动式检测效率,但敲击检测仪的移动

式检测效率与小锤敲击法的点式敲击检测效率基本相同。

表 2-4 给出了两种敲击检测方法的比较。

表 2-4　仪器敲击检测法与小锤敲击检测法比较

检测方法	相　同　点	不　同　点	
		优　点	缺　点
仪器 敲击法	1. 对蒙皮厚度较大的制件检测能力下降； 2. 对不同类型、不同大小缺陷的识别能力相同	1. 可数字化显示缺陷的信号； 2. 可对检测数据进行存储和传输； 3. 可在噪声环境中使用； 4. 操作简单，人为因素影响小	1. 移动过程中探头角度变化可能使检测信号值产生波动； 2. 表面粗糙度可能使信号值波动； 3. 由于对外界干扰敏感而易导致检测效率降低
小锤 敲击法		1. 检测用设备简单； 2. 检测中敲击响应基本不受表面粗糙度的影响	1. 检测环境不允许有较大噪声干扰； 2. 人为因素影响较大，操作者要求有一定敲击检测经验

综上所述，可以得到敲击检测具有如下特点：

（1）仪器敲击检测法与小锤敲击检测法具有相同的缺陷识别能力，能够识别明显的空隙类缺陷，不能识别紧贴型缺陷。

（2）仪器敲击检测法与小锤敲击检测法各有优缺点，检测时可以互相补充。对表面状态较好、曲率不大的部位或检测环境噪声较大时，优先选用移动式仪器敲击检测方法；当制件表面状态较差或被检部位曲率较大时，优先选用小锤敲击检测方法。

3. 雷达罩超声检测

（1）雷达罩原位超声检测方法。雷达罩原位超声检测方法可以在雷达罩损伤或修补后进行检测，也可以作为雷达罩日常维护和例行检查中的检测方法。在该检测阶段，雷达罩安装在飞机原位上，不易使用复杂的检测方式，主要可行检测方式有超声脉冲反射法和超声脉冲穿透法，检测示意图如图 2-3、图 2-4 所示。

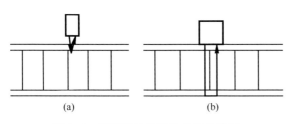

图 2-3　超声脉冲反射法检测示意图

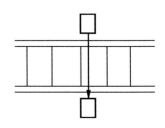

图 2-4　超声脉冲穿透法
检测示意图

在超声脉冲反射法检测中,图 2-3(a)工作方式主要用于检测蒙皮分层和单侧蒙皮与蜂窝脱粘缺陷,图 2-3(b)和图 2-4 工作方式可检测双侧蒙皮分层和蒙皮与蜂窝粘接缺陷,但检测到缺陷后,需要采用图 2-3(a)工作方式进行缺陷位置及性质确认。

以板-芯-板蜂窝夹层结构的超声检测为例,采用图 2-3(a)工作方式检测的典型超声 A 扫描波形如图 2-5 所示,采用图 2-3(b)工作方式检测的典型超声 A 扫描波形如图 2-6 所示。

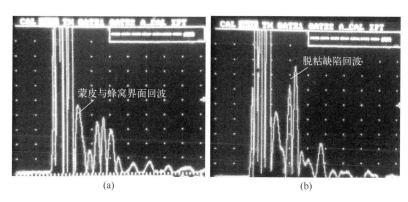

图 2-5　图 2-3(a)工作方式检测的典型超声 A 扫描波形
(a)良好部位波形;(b)脱粘缺陷波形。

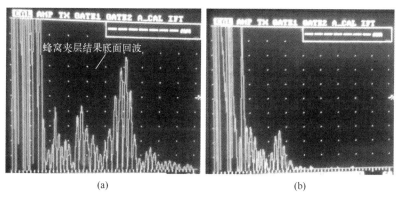

图 2-6　图 2-3(b)工作方式检测的典型超声 A 扫描波形
(a)良好部位波形;(b)脱粘缺陷波形。

采用单探头进行雷达罩原位检测时,还可采用手动 C 扫描装置配合检测实施,手动 C 扫描装置如图 2-7 所示。采用手动 C 扫描装置,可以更加精确地控制扫查间距,保证被检部位的全覆盖检测。

（2）雷达罩返厂超声检测方法。雷达罩定期大修或出现严重缺陷等问题时,需要进行返厂超声检测。该阶段,雷达罩由飞机上拆卸下来,可进行全面完整的检测,可选的检测手段较灵活。超声穿透 C 扫描检测方法是蜂窝夹层结构检测最为有效的检测方法,可以一次性检出所有分层、脱粘缺陷,适用于 A 夹层和 C 夹层蜂窝结构制件的检测。

对于形状复杂雷达罩制件,可以通过设计制作检测工装或配套的检测系统,实现复杂形状制件的超声穿透 C 扫描检测。图 2-8 给出了一种预警机雷达天线罩的检测系统,图 2-9 给出了该系统对雷达罩检测的工作方式示意图。

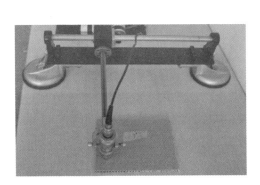

图 2-7　手动 C 扫描装置　　　　　图 2-8　预警机雷达天线罩
　　　　　　　　　　　　　　　　　　　　　的检测系统

图 2-9　自动检测系统对雷达罩检测工作方式示意图

采用上述检测系统可以实现图 2-9 中形状的 A 夹层和 C 夹层雷达罩的检测,最小检测缺陷为 $\phi6mm$ 的分层或脱粘缺陷。其中某 A 夹层结构对比样件的 C 扫描图如图 2-10 所示,对某 A 夹层结构的雷达罩检测 C 扫描图如图 2-11 所示。

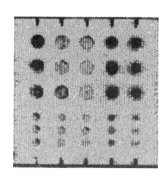

图 2-10　某 A 夹层结构对比样件的 C 扫描图

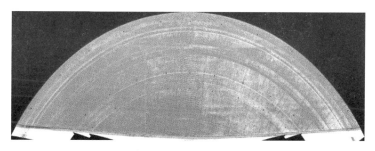

图 2-11　某 A 夹层结构的雷达罩检测 C 扫描图

雷达天线罩原位状态超声检测,可采用手动脉冲反射法或手动穿透法进行检测,返厂状态超声检测,可采用自动 C 扫描成像检测。上述检测方法均可实现分层和脱粘缺陷检测,最小检测缺陷可达 φ6mm。

4. 雷达罩激光散斑检测

激光错位散斑检测系统可在机翼外翼、襟翼、副翼、尾翼、机身壁板、尾锥、舱门、发动机吊舱等各种结构上应用,能检测出铝蜂窝、碳纤维、玻璃钢纤维等材料制件蒙皮内部分层及蒙皮与蜂窝芯之间的脱粘、层压板内部分层、泡沫加芯件蒙皮与芯体之间脱粘等缺陷的检测,可应用于雷达罩、卫星天线金属板、航空轮胎、导弹钛合金桨叶、复合材料等制件的内部质量检测,同时也具有维修检测及外厂快速检测的能力,具有全场、快速、直观的优点。

复合材料制件的检测,由于强度、热导率、发光程度等因素的不同,都会产生一定特殊性,激光错位散斑检测主要是根据加载前后被测物体发生的离面位移来表征内部的分层、脱粘缺陷,因此加载方式非常重要,目前主要有加热、抽真空、振动三种方式。对于不同材料及部位,应做准备性的对比试验,探索加热、抽真空、振动三种方法的适用性和有效性,确定加载方式。

加热可以允许热源与罩体有一定距离;抽真空不允许真空箱与罩体有距离,要求操作者能靠近并接触到罩体;振动则分为非接触式的声振和接触式的机械振动。如果必须用抽真空或接触式机械振动,则操作者和仪器要能够充分靠近罩体。

北京航空材料研究院将激光错位散斑检测应用于了铝蜂窝、玻璃钢层压板及蜂窝、碳纤维层压板及蜂窝等结构件的检测,如图 2-12、图 2-13 为雷达罩激光错位散斑检测结果和雷达罩脱粘激光错位散斑检测结果。

图 2-12　雷达罩激光错位散斑检测结果

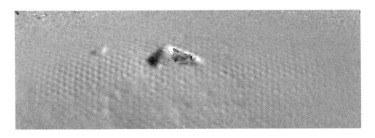

图 2-13　雷达罩脱粘激光错位散斑检测结果

5. 雷达罩红外热像检测

国外,红外热像检测技术已经被美军应用于在役飞机检测,主要检测蜂窝结构件的积水、脱粘和冲击损伤等。空中客车公司也将该方法作为其 A300 系列飞机的检测方法之一,用于蜂窝积水的检测。国内,红外热像检测技术在蜂窝夹层结构件和泡沫夹层结构件上有成功应用,在维修检测时主要用于罩体的蜂窝积水检测,同时可对被检测面一侧的蒙皮进行缺陷检测,如分层、脱粘等。

雷达罩的积水检测,依据罩体的不同结构、不同的表面状态和不同检测方位,所采用的具体检测工艺也有所不同。对于 A 夹层结构的雷达罩,可以进行单面检测;对于 C 夹层结构的雷达罩则需要根据罩体实际使用情况从内、外蒙皮两个面进行检测。

罩体被检测表面漆的颜色和粗糙程度对闪光灯激励的红外检测影响明显。由于采用可见光对表面进行加热,若表面漆层的颜色为白色或其他较浅的颜色,则不利于被检测表面对加热光的吸收。若被检测表面比较光滑,当采用灯加热时,在表面形成近似于镜面反射的状况,则同样不利于被检测表面对加热光的吸收。此外,被检测表面若有污渍和油渍将影响对检测结果的评判,需尽量在检测前清洁表面。

　　为了研究闪光灯激励红外热像法的蜂窝积水检测能力,利用样件进行积水检测试验。样件蒙皮厚度为 0.8mm,注水位置见图 2-14,均为对相邻的 3 个蜂窝格进行注水,各个位置的注水量见表 2-5,样件红外检测结果见图 2-15,可见 0.05mm 高的积水通过近水检测是可以发现的。

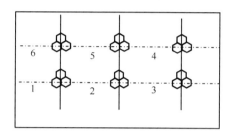

图 2-14　样件注水位置及编号

表 2-5　样件积水高度(蜂窝芯底面积为 8.8mm²)

积 水 区 号	水高 h/mm	每芯水量/mm³
1	0.05	0.45
2	0.1	0.9
3	0.2	1.8
4	0.3	2.6
5	0.5	4.4
6	0.7	6.2

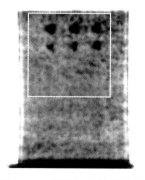

图 2-15　样件红外检测结果

另一样件蒙皮厚度也同为 0.8mm,注水位置见图 2-16,对单个蜂窝格进行注水,各个位置的注水量见表 2-6,样件红外检测结果见图 2-17,可见 0.05mm高的积水通过近水检测是可以发现的。

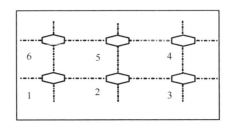

图 2-16 另一样件注水位置及编号

表 2-6 另一样件积水高度(蜂窝芯底面积为 33.2mm²)

积 水 区 号	水高 h/mm	每芯水量/mm³
1	0.05	0.45
2	0.1	0.9
3	0.2	1.8
4	0.3	2.6
5	0.5	4.4
6	0.7	6.2

综上可见,红外热像检测技术检测蜂窝积水具有很高的灵敏度。

为了实现蜂窝积水快速检测的目的,与首都师范大学合作研制了能够对检测区域大面积快速热激励的装置,见图 2-18。

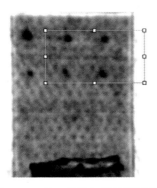

图 2-17 另一样件红外检测结果　　　　图 2-18 蜂窝积水原位检测的
　　　　　　　　　　　　　　　　　　　　　　非接触式热激励装置

　　为了考察该激励装置的使用性能,在某运输机雷达罩上进行了应用实验。该飞机有多个小型雷达罩,均为玻璃纤维蒙皮、纸蜂窝夹层结构,蒙皮厚度0.5～0.6mm,外蒙皮表面喷涂有蓝灰色的防护漆,漆层厚度约为 0.2mm。使用蜂窝积水原位检测的非接触式热激励装置进行了积水检测实验,检测结果见图 2-19 和图 2-20。采用非接触式热激励装置检测时一次检测面积约为闪光灯激励红外热像法的 8～10 倍,检测面积大小约为 0.5～0.6m²。单次检测面积虽然大幅增加了,但是罩体外蒙皮和芯材内部的众多特征清晰可见,如预浸料拼接处、蜂窝芯材的拼接处和蜂窝格孔内的胶黏剂堆积等均在图像上有明显的体现,这说明了研制的非接触式热激励装置在满足检测灵敏度和图像分辨率的情况下,大大提高了检测效率。

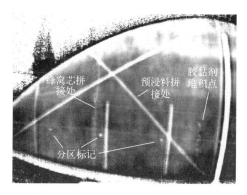

图 2-19　A 型雷达罩的红外检测结果

图 2-20　B 型雷达罩的红外检测结果

　　在某维修基地,对某运输机的天线罩进行了维修前的现场检测。该天线罩为玻璃纤维蒙皮、纸蜂窝、A 夹层结构,蒙皮厚度为 0.6mm。采用闪光灯激励红外热像法进行检测。在部分区域发现了积水,见图 2-21。

图 2-21　某天线罩蜂窝积水红外热像检测结果

对某天线罩进行维修前的现场检测。该雷达罩蒙皮材料为玻璃纤维,蜂窝芯材为 Nomex 纸蜂窝,外蒙皮表面喷有亚光保护漆。检测过程中发现了两处冲击损伤,见图 2-22 和图 2-23。可见,闪光灯激励脉冲热像法可用于这类复合材料构件的在役检测。

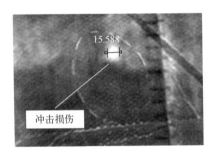

图 2-22　损伤 A 一阶微分热图(mm)

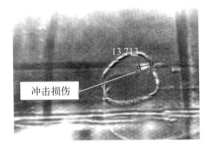

图 2-23　损伤 B 一阶微分热图(mm)

2.3　金属材料损伤与修复的无损检测

2.3.1　金属材料的损伤类型

飞机结构中金属材料的损伤类型包括服役期遭受的意外损伤、环境损伤与疲劳损伤。对于民用飞机中的重要结构,需要对损伤进行量化的损伤等级评定。若重要结构是损伤容限项目,则需进行损伤容限评定,若重要结构是安全寿命项目,则进行安全寿命分析确定疲劳寿命与检查及更换间隔。

金属结构的具体损伤形式有划痕、凹坑、断裂、裂纹、腐蚀、烧伤等。修复过程中产生的缺陷主要包括气孔、夹渣、未焊透以及裂纹等缺陷。

2.3.2　金属材料损伤与修复的无损检测方法

1. 渗透检测技术

渗透检测的过程可分为六个步骤：①对工件表面进行清洗；②干燥后对检测表面施加渗透液，给充分的时间让渗透液渗入被检工件表面开口中；③去除残留在工件表面的渗透液，而不去除缺陷开口部分的渗透液；④施加显像剂，以使开口处的渗透液回渗到表面；⑤对工件表面目视检测，检查在显像剂层上形成的渗透液显示；⑥检验完成后还需要对零件进行后清洗。

金属制件损伤的渗透检测主要针对零件在使用过程中发生的损伤，即疲劳裂纹的产生，裂纹直接会造成零件的失效，需要对带有裂纹的部位进行排除并修复，而裂纹部位的定位以及裂纹的大小尺寸则依靠渗透检测方法来确定，因此疲劳裂纹的渗透检测是零件维修的重要工序，直接影响着修复质量。由于疲劳裂纹开口较小且缺陷中存在一些氧化物、油污等堵塞物，这就需要采用较高的检测灵敏度，目前对发动机关键件疲劳裂纹的渗透检测主要使用超高级灵敏度渗透液，特殊情况下如零件结构复杂或者表面比较粗糙，也可以使用高级灵敏度渗透液，但要确保缺陷充分暴露于表面，必要情况下可采取加载的方式让疲劳裂纹充分打开以保证疲劳裂纹得以检出。

对零件损伤部位的缺陷排除之后，需要对该位置进行修复，主要包括焊接、熔覆、喷涂等修复方法以及与之配合的加工方法。因为修复后的部位要达到或接近其最初制造时的性能指标，因此修复部位的渗透检测工艺与零件制造过程中的渗透检测工艺基本是一致的，但其缺陷类型略有不同，修复过程中产生的缺陷主要包括气孔、夹渣、未焊透以及裂纹等缺陷，而裂纹是修复过程中要严格控制的。对于基体修复的零件可使用高灵敏度渗透液进行检测，而对于涂层修复的零件由于涂层厚度较小所产生的缺陷的深度较浅，因此应该尽量使用高级灵敏度或超高级灵敏度的后乳化型渗透液。

2. 涡流检测技术

金属制件的在役损伤检查中，涡流检测技术主要用于表面、近表面疲劳裂纹的检测，如管材、棒材、盘件等表面、近表面缺陷的检测，该技术的特点：①检测操作对被检对象无污染，且检测设备便于携带，因此适合原位检测；②除表面有一定开口宽度的裂纹外，涡流检测技术还对于紧密闭合的表面裂纹、开口封堵的表面裂纹、近表层裂纹较为敏感；③对位于一定厚度覆盖层以下的金属基体裂纹可检。金属制件修复后，涡流检测还可用于制件表面与近表面气孔、夹杂、裂纹等修复缺陷的检测，评价其修复的质量。

常规涡流探头仅包含一组检测线圈，单次扫查覆盖区域有限，不适合大面积检测,为此实际当中多用于叶片进排气边、涡轮盘螺栓孔内壁、飞机铆钉孔周边裂纹等局部关键区域的检测。新的阵列涡流探头由多组密布的检测线圈组成,一次扫查相当于普通探头的多次扫查,检测效率成倍提高,而且阵列探头可对被检工件表面进行柔性匹配,因此在叶片、盘、轴、管、金属蒙皮等制件的大面积快速检测中有很好应用前景。涡流检测还有利于实现自动化检测,对拆卸的零件如叶片、盘、轴均可采用自动检测方式进行大面积甚至全部表面检测。

3. 射线检测技术

射线检测技术是检测铸件、焊接件、复合材料件内部缺陷的重要手段之一,主要用于检测零件内部的体积型缺陷,如铸件内部的气孔、缩孔、疏松、裂纹、夹杂、偏析等,焊接接头内部的未焊透、未熔合、裂纹、气孔、夹渣等。与其他常规无损检测技术比较,射线检测具有的主要优点是:①射线检测对被检工件的材料、形状、表面状态无特殊要求;②检测结果显示直观,可长期保存;③检测技术和检测工作质量可自我监测。射线检测的局限性有:①射线检测仅能得到零件的二维投影成像,难以判断内部缺陷的深度;②射线的辐射效应可对人体造成损伤,检测时须采取妥善的防护措施。

运用射线检测技术检测内部缺陷的发动机关键件有叶片、机匣等,以上零件均为 I 类件,为了达到较高的检测灵敏度,射线照相检测通常选择较高影像质量要求的照相技术级别,如 GJB 1187A—2001《射线检验》中的 B 级技术。与 A 级技术相比,B 级技术要求使用颗粒度较细的胶片、较严格的黑度范围要求、较大的曝光量、较大的焦距等。叶片类与机匣类铸件均存在变厚度截面,为了减少曝光次数,提高检测效率,在保证有效评定区内黑度及像质计均满足标准要求的前提下,可以采用多胶片透照技术。高温合金零件射线照相检测时,由于材料密度大,透照电压较高,需要特别注意对于散射线的防护。

目前主要运用射线检测技术检测采用焊接方法修复的发动机关键件损伤,检测前的焊缝表面状态应满足焊缝及热影响区表面无焊瘤、焊渣、飞溅等残留物的要求,其他不规则状态在底片上的影像应不掩盖焊缝缺陷或与之相混淆,否则应进行适当的修整或返修,外观检验合格后方可进行射线检测。当焊缝质量要求较高,要求采用 B 级射线照相技术时,须去除焊缝余高。透照时中心射线束应对准被检焊缝区段的中心,并在该点与被检区段的平面或曲面中心点的切面相垂直。应根据检测标准确定最小透照距离、最大透照电压及曝光量。

4. 超声检测技术

超声检测技术主要用于金属结构表面和内部缺陷的检测,对零件的原位检测,可采用表面波、横波及纵波入射的检测方式,若被检测部位可达性差,还需要借助专用设备或工具对其进行检测。对拆卸的零件,可采用水浸或接触检测方式,进行全部位检测。

2.3.3　金属材料损伤与修复检测应用举例

航空发动机关键零件,包括涡轮叶片、动力涡轮等,是热能转换为机械动能的重要的热端部件。基于提高推重比和单位推力的需要,航空关键件使用温度日益提高,特别是涡轮叶片在高压腐蚀性燃气的冲击下高速旋转,除承受巨大的拉应力外,还承受频率、幅值变化都很大的交变拉应力和扭转应力,此外还存在高温氧化、热腐蚀和磨损的问题。如何准确监测涡轮叶片等关键件的结构完整性和状态,以便及时发现并修复零件的损伤,是航空发动机无损检测技术人员努力解决的问题。本节以航空发动机为例,描述金属材料制件结构损伤的无损检测技术应用。

发动机零件在役检测中,首先通过目视检测、涡流检测和渗透检测等方法对损伤进行评判,然后对有缺陷的零件在维修车间采用先进的修理技术对存在缺陷和损伤进行修复,修复时也容易出现修复缺陷,如气孔、夹杂、裂纹等,然后对修复部位采用涡流检测、荧光渗透检测和射线检测等方法进行检测,以评价其修复的质量。

俄罗斯 TB3 二、三、四级涡轮导向器焊接修补后需要进行高灵敏度荧光渗透检测,该项工作已经开展了多年,在涡轮导向器修复之前检测过程中经常发现疲劳裂纹,如图 2-24 所示,对疲劳裂纹部位进行排除并修复后再进行荧光渗透检测以保证修复质量。

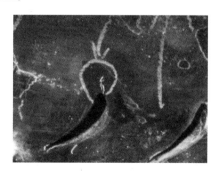

图 2-24　导向器疲劳裂纹的荧光渗透检测

发动机分解后,对叶片、盘件一般采用渗透检测进行疲劳裂纹的检查,一些关键部位如叶片的进、排气边,涡轮盘的盘孔、榫槽等部位还有必要进行涡流检测,以避免紧密闭合的表面裂纹、开口封堵的表面裂纹、近表层裂纹漏检。如通用电气公司、普拉特·惠特尼集团公司等在盘件维修检查中,除渗透检测之外,还对盘件的盘孔、榫槽、螺栓孔部位实施涡流自动检测。常规手动涡流检测对于盘件的曲面适应能力较差,易产生人为干扰,自动涡流检测可有效克服上述缺点。北京航空材料研究院也已完成盘件涡流自动检测系统的研制和相关检测标准的制定,在粉末高温合金、GH4169合金上检测灵敏度可达 1mm×0.2mm×0.05mm(长×宽×深)表面刻槽当量,检测系统和试验结果图 2-25。

(a)

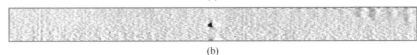

(b)

图 2-25　盘件涡流自动检测

(a) 检测系统;(b) 1mm×0.2mm×0.05mm(长×宽×深)表面刻槽信号显示。

图 2-26 所示的中介机匣管路部分进行了焊接修复,要求使用射线照相检测焊缝内部是否有裂纹。本例中焊接修复区域为单面坡口,通过工艺试验确定透照角度为45°;焊接部分透照厚度变化,采用了双胶片技术;透照焦距 1.5m;曝光量 30mA·min;可有效检测焊接部位内部是否存在裂纹及其他缺陷。

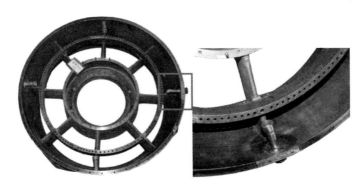

图 2-26　中介机匣的损伤修复

航空用结构钢、不锈钢、高温合金、钛合金等铸件多为复杂薄壁结构,铸件质量控制难度大,导致成本增加,加工周期往往难以保证。对于铸造过程中的冶金缺陷、铸件误加工缺陷以及零件服役过程中形成的损伤缺陷,采用激光成形等 3D 修复技术进行修复是恢复零件使用性能、降低制造成本、缩短交货周期、延长使用寿命、节约能源和资源的有效途径。

采用 3D 打印制造方法制作的零件以及 3D 打印修复方法修复的部位其原理是一致的,因此其缺陷的类型也基本一致,包括气孔、夹杂、未熔合、裂纹、凹坑等。其中凹坑类宏观缺陷一般情况下目视可见,因此可采用目视检测方法对其宏观缺陷进行控制,然后再通过渗透检测方法控制表面微观缺陷,最终达到表面质量控制的目的。如图 2-27 所示为表面凹坑缺陷的目视检测和渗透检测结果对比,可见凹坑缺陷目视可见,而经过荧光渗透检测后其荧光显示并不明显,甚至无显示。而如图 2-28 所示为目视不可见钛合金裂纹缺陷的微观照片和渗透检测结果,可见微观缺陷经荧光渗透检测放大后显示较为清晰判断。因此 3D 打印零件表面缺陷的检测需要目视检测和荧光检测两种方法配合使用,才能更好地保证零件的表面质量。

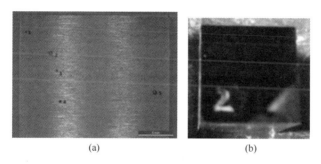

(a)　　　　　　　　　(b)

图 2-27　表面凹坑缺陷的目视检测和渗透检测结果对比
(a) 目视检测结果;(b) 渗透检测结果。

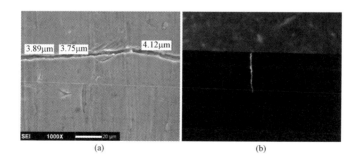

(a)　　　　　　　　　(b)

图 2-28　裂纹缺陷的微观检测和渗透检测结果
(a) 微观检测结果;(b) 渗透检测结果。

2.4 吸波涂层损伤与修复的无损检测

2.4.1 吸波涂层的无损检测

1. 吸波涂层的无损检测问题

吸波涂层作为隐身技术中一种重要的隐身材料被广泛用于航空、航天、兵器、船舶等领域。新一代战机上大面积涂覆该类涂层。在涂层涂覆过程、在役使用期间以及维修后均存在对涂层进行无损检测的迫切需求。

在涂层的使用过程中会出现裂纹和脱粘缺陷,尤其是对于厚度大、韧性差的涂层,更容易出现裂纹,阳光照射下会起气泡,雨水可能进一步造成裂纹和涂层脱落。吸波涂层的脱粘缺陷严重影响其质量,飞机的雷达散射截面积与机体表面情况密切相关,外表的很小缺陷都可能导致隐身性能的严重降低,蒙皮上存在的不连续性也会出现意想不到的散射回波。因此飞机隐身材料涂层的表面完好程度要求比一般防护涂层高,需要采用无损检测技术进行质量监控。

在发现缺陷后需要对涂层进行修补,修补后的涂层同样需要进行检测和厚度测量。吸波涂层的厚度对其性能至关重要,这是因为根据吸波涂层的吸波机制,涂层的吸波性能主要取决于材料的电磁参数、层结构和厚度等。对于单层均质吸波涂层,当其电磁参数(ε_r, μ_r)一定时,影响吸波性能的唯一因素就是材料厚度。对于多层电结构的吸波涂层,每层的厚度也是影响其吸波性能的关键因素之一。也就是说,要保证吸波涂层的吸波性能,必须仔细监控吸波涂层的厚度。吸波涂层的施工过程对厚度测量的精度要求较高。同时,吸波涂层中的填料对电磁波大衰减或各向异性又给厚度测量增加了很大的难度。

总之,在吸波涂层方面面临的无损检测问题有缺陷检测和厚度测量。

2. 吸波涂层的脱粘缺陷检测

由于吸波涂层具有明显的军事用途,因而有关该类涂层的无损检测研究都较为敏感,国内、外具体针对吸波涂层无损检测研究的报道很有限。

目前对吸波涂层采用的无损检测方法有超声检测和微波检测,具体可采用超声 A 扫描、B 扫描和 C 扫描等方式。随着技术进步,对隐身维修提出了更高要求,不仅要降低成本还要提高效率,这势必要提高无损检测的效率,超声 A 扫描采用逐点检测的方式,检测可达性好但是效率低,因而探索大面积、快速、适于外场的检测技术十分必要。

北京航空材料研究院在吸波涂层脱粘缺陷的红外热像检测方面开展了研究,基于不同涂层种类和不同涂层厚度的试块进行了大量检测实验。预制了不同脱粘程度、不同大小的人工缺陷,其中缺陷最小尺寸为 10mm×10mm。涂层厚度分别为 0.5 mm、1.0 mm 和 1.5 mm。通过大量实验验证了红外热像检测方法可用于涂层大面积的缺陷检测。图 2-29、图 2-30 给出部分人工缺陷试块的设计图和红外热像检测结果。

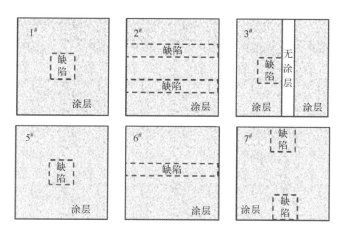

图 2-29 试块的设计图

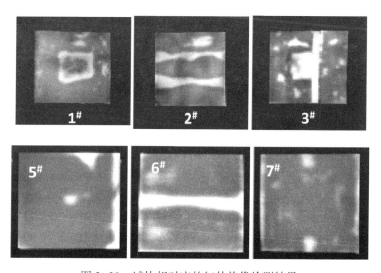

图 2-30 试块相对应的红外热像检测结果

试块 1#、2#、3# 和 5# 的涂层厚度为 1.0mm,试块 6#、7# 的涂层厚度为 1.5mm,预制的最小缺陷尺寸为 10mm×10mm。

图 2-31 为涂层厚度 0.5mm 试块的红外热像检测结果,右边试块内无预制缺陷,左边和中间的试块内预制缺陷最小尺寸为 10mm×10mm。

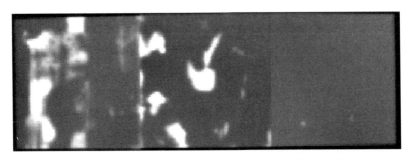

图 2-31　涂层厚度 0.5mm 试块的红外热像检测结果

综上可以得出,吸波涂层厚度小于或等于 1.5mm,其下面预制的 10mm×10mm 的人工脱粘缺陷能够被红外热像检测方法检测出来。

3. 吸波涂层的厚度测量

吸波涂层按结构分为一层结构和多层结构,涂覆在铝基体或钢基体上,通常厚度范围不足 1mm 到几毫米。据报道,以桥式电路为技术的吸波材料厚度测试方法已在美国得到验证和使用,解决了制约现场质量控制的关键技术。国内华中科技大学、中国船舶重工集团公司和上海大学在该方面也有深入研究。北京理工大学、首都师范大学和航天材料及工艺研究所等单位在应用红外热像检测技术对吸波涂层进行厚度测量方面开展了研究,在涂层厚度 2mm 以内的范围内,其精度能够达到±0.1mm。

目前用于吸波涂层测厚较为成熟的技术是涡流检测技术,但是该方法检测范围有限,主要表现为:钢基体难以检测,多层结构吸波涂层难以检测,检测的厚度范围有限,所以积极探索新的检测方法是非常必要的。

北京航空材料研究院与大连理工大学合作,研究了以超声频谱测厚法为主要方法的超声测厚技术。超声频谱测厚法适于解决涂层厚度较薄的测厚问题。当涂层厚度较薄(如几十微米至几百微米),利用常规的超声时域测厚方法难以实现测厚时,可以采用该方法进行厚度测量。

通过理论研究、检测系统搭建、测厚实验、试验验证等研究阶段,使得该方法日趋成熟,最终开发出了便携式、操作简单的测厚仪。研制单位申请了相关专利,并制定了检测标准。该方法在铝基体、钢基体和复合材料层板基体上的单层涂层测厚方面,以及在铝基体多层结构涂层测厚方面得到了验证,并在铝基体和钢基体单层涂层厚度测量上得到了应用,单层结构涂层测厚精度优于±0.05mm。测厚仪和软件操作界面见图 2-32、图 2-33。

图 2-32　UT-FTM-3 型吸波薄膜厚度测量仪

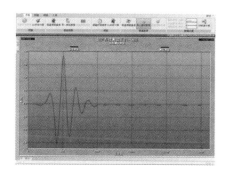

图 2-33　测厚仪软件界面

2.4.2　典型应用

随着吸波涂层的大量应用,吸波涂层的在役检测问题和维修检测问题将不断被提出。通过前期吸波涂层脱粘缺陷的红外热像检测研究已经验证了该方法的可行性和有效性,该方法检测效率更高,但是具体应用时,受限于被检制件的检测部位和可实施检测的空间,如发动机某些部位空间狭小,需要定制尺寸较小的加热和采集部件,被检表面曲率大时则需要增加分区数量,减小单次检测面积。

超声测厚技术已经在单层结构吸波涂层上得到了应用,如飞机机体外表面、发动机部件和某些天线罩外表面的涂层测厚。测厚精度在不低于涡流测厚精度的前提下,该技术不仅可以在铝基体上进行测厚,还可以在钢基体和玻璃纤维复合材料基体上进行涂层测厚。北京航空材料研究院联合大连理工大学研制的测厚仪已经成功应用到产品中,实践证明该仪器能够满足工程测厚要求。

2.5 热障涂层损伤与修复的无损检测

2.5.1 热障涂层的无损检测

1. 热障涂层的无损检测问题

为了满足航空发动机涡轮叶片等热端部件材料更加苛刻的服役环境要求,热障涂层(TBC)技术得到了广泛重视。热障涂层在航空发动机上的应用,将使得高温合金材料能够承受更高的使用环境温度,提高涡轮前进口温度,同时,也可使发动机寿命和可靠性大幅度提高,耗油量降低,动力性能和经济性能得到显著改善。我国在研的多种发动机涡轮叶片已明确要求采用热障涂层,大推动比发动机、商用发动机以及新型先进涡轴发动机对热障涂层的需求也日益迫切。

热障涂层在使用过程中,会产生裂纹,甚至与基体分离,从而威胁到叶片的使用安全,因此对热障涂层的裂纹和脱粘缺陷进行检测非常重要,对涂层的寿命评估也成为需要突破的关键技术。

热障涂层在经历一个大修周期后需要重新喷涂。涂层厚度的均匀性对热障涂层的使用性能和寿命有重要的影响,涂层过薄将影响防护效果,缩短使用寿命,过厚则会造成浪费,增加负荷,并在固化过程中热障涂层有开裂的危险。而且涂层厚薄不匀或未达到规定要求,将会对其多项性能产生不良影响,因此,在涂装施工和质量检验过程中,热障涂层厚度是一项重要的控制指标。

总之,在热障涂层方面面临的无损检测问题有:涂层的裂纹、脱粘等缺陷的检测,涂层的厚度测量和涂层的寿命评估。

2. 热障涂层的缺陷检测

热障涂层缺陷检测方面研究的相关方法有红外热像法、激光错位散斑技术和微波技术。P. G. Bison 对热障涂层进行了红外热像检测研究,内容包括脱粘缺陷的识别和不同涂层厚度的区分。Hua-nan Liu、Michiru Sakamoto 等对涂层的裂纹缺陷检测和厚度不均的识别进行了红外热像检测研究,首先通过建模仿真分析了横向裂纹缺陷的可检性,接着分析了加热的热流密度对检测结果的影响,最后利用人工缺陷样件进行了对比实验。北京航空航天大学的郭兴旺对TBC 脱粘缺陷的红外热像检测进行了建模分析,分析了可检信息参数(如最大温差和最大对比度)与脱粘缺陷半径、深度、涂层厚度的关系。

北京航空材料研究院在热障涂层的红外热像检测方面进行了深入的研究。为了跟踪、记录热障涂层在工作过程中,即不断经历热循环的过程中,缺陷产生、发展直至脱落的变化过程,设计了长×宽×厚为 30mm×30mm×1.5mm 的一组试块,试块上下两面分别制备了 YSZ 热障涂层,分别记为正面和背面。对这组试块分别在热循环实验前和若干次热循环后进行了红外热像检测,成功地记录了缺陷的演化过程。例如表 2-7 所示,试块正面在经历 X 次热循环后左半部分出现黑色异常区,$X+36$ 次热循环后该区域出现微裂纹和脱粘区,同时试块右半部分也出现微裂纹区,$X+88$ 次热循环后,原黑色异常区出现大面积脱粘,右半部分微裂纹区域进一步扩展且出现小面积脱粘。表 2-7 中同时也给出了试块正面在热循环实验前、经历 X 次热循环后、$X+36$ 次热循环后和 $X+88$ 次热循环后的可见光照片。

表 2-7　试块正面经历不同次数热循环后的检测结果

状态	热循环之前	X 次热循环之后	$X+36$ 次热循环之后	$X+88$ 次热循环之后
实物照				
红外热像图				

对黑色异常区、微裂纹区和脱粘区进行了解剖和 SEM 观察验证。所发现的微裂纹是通过表面观测看不到的。对微裂纹的识别将热障涂层的粘接状态由良好、脱粘和脱落进一步细化为良好、微裂纹态、脱粘和脱落等四个状态,见图 2-34~图 2-36。微裂纹态的识别将有助于对热障涂层进行寿命的评估、预测,具有很重要的工程应用价值。

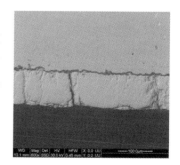

图 2-34　良好区

为了考察闪光灯激励红外热像检测对热障涂层内部缺陷的检测能力,分别利用含自然缺陷的试块和人工缺陷试块进行实验,含自然缺陷的试块来自热循环实验,人工缺陷试块利用在基体背面打孔的方式进行模拟。自然缺陷红外检测结果见表 2-8,表中分别列有该试块 $X+85$ 次热循环后的正面和反面可见光照片,并配以长度标尺和彩色标识,然后给出了对应的红外热像检测结果,对应的缺陷也使用同样的颜色进行标识。

图 2-35　微裂纹区　　　　　　　图 2-36　脱粘区和脱落区

表 2-8　自然缺陷的红外检测结果

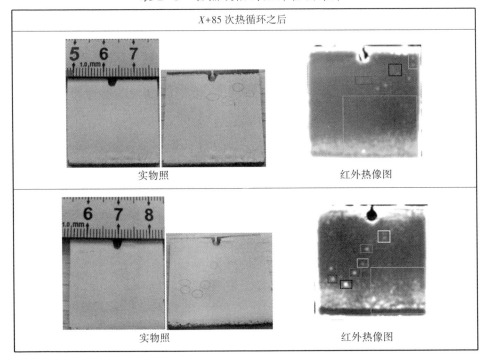

可见,表 2-8 中标识出的微小脱粘缺陷尺寸很小,为亚毫米级,有的直径小于 0.5mm,个别的甚至肉眼难以观测到。

人工缺陷试块尺寸(长×宽×厚)为 30mm×30mm×1.5mm,检测面制备了热障涂层,另一面无涂层,并打有盲孔,用以模拟缺陷,其尺寸及分布见表 2-9 左侧,表中给出的是盲孔直径和深度,对应的红外检测结果见表 2-9 右侧。从结果中可以看出,埋深 0.5mm 左右的 ϕ0.8mm 盲孔能够被检出。

表 2-9　人工缺陷的红外热像检测结果

盲孔尺寸(直径×深度)/(mm×mm)			红外热像图
$\phi3.2\times1.32$	—	$\phi3.2\times1.32$	
$\phi0.8\times1.30$	$\phi1.2\times1.33$	$\phi2.0\times1.33$	
$\phi0.8\times1.30$	$\phi1.2\times1.32$	$\phi2.0\times1.33$	
$\phi3.2\times1.18$	—	$\phi3.2\times1.11$	
$\phi0.8\times1.04$	$\phi1.2\times1.11$	$\phi2.0\times1.11$	
$\phi0.8\times1.02$	$\phi1.2\times1.11$	$\phi2.0\times1.11$	

从自然缺陷试块和人工缺陷试块的红外热像检测结果中可以看出,红外热像可以检测出微小的脱粘缺陷,这些微小缺陷直径甚至小于 0.5mm,肉眼很难发现。

通过以上研究结果表明红外热像检测技术适于热障涂层的缺陷检测。

3. 热障涂层的厚度测量

目前,国内对热障涂层在生产及服役过程中的厚度测量问题尚缺乏有效的手段,多采用抽样破坏性的检测,难以对每个零件进行全面有效检测,不可避免地埋下安全使用隐患。由于用于叶片的热障涂层厚度非常薄,给检测带来了更大的挑战。

北京航空材料研究院分别与大连理工大学、首都师范大学和西安交通大学就热障涂层测厚开展合作研究,采用的方法有超声频谱测厚法、激光脉冲激励红外热像检测法、双高频涡流检测方法和基于系统谐振的高频涡流检测方法。

通过实验研究和验证发现,对于超声频谱测厚法来讲,基体材料的各向异性对热障涂层厚度测量的精度有着重要的影响。针对各向异性及非均匀镍基高温合金基体试块,依据 EBSD 分析结果研究了基体组织结构对超声声压反射系数幅度谱幅值与主频的影响,进而对超声回波信号进行了优选。

在激光脉冲激励红外热像检测法的研究中,TBC 的光谱反射率随波长增加而下降,故激励源的波长应优先考虑可见光或近红外光。现有情况下,线扫描激光加热的方式不能用于 TBC 厚度的红外测量。激光脉冲加热方法中,单次脉冲降温曲线的衰减系数与 TBC 厚度呈现单调下降的关系,可作为 TBC 厚度的红外测量方法,建立二者的关系曲线进行厚度评价。

通过对一系列不同热障涂层厚度的试块进行背对背的盲测,考察了不同测厚方法的测量精度。超声频谱测厚法给出了较高精度的测量结果,稳定在±10μm。激光脉冲激励红外热像检测法在 60~90μm 的范围内精度也能达到±10μm,甚至优于±5μm,但是 100μm 以上厚度的结果很差。双高频涡流检测方法和基于系统谐振的高频涡流检测方法给出的测量结果较差,目前还不如前两种方法,但是基于系统谐振的高频涡流检测方法较双高频涡流检测方法好一些。至此,上述方法的测厚精度都还达不到工程应用的要求,研究工作仍在进行中。

2.5.2 典型应用

国外,Siemens 公司已经将红外热像检测技术应用到燃气轮机叶片热障涂层的在线监测上,用以监测涂层在服役过程中裂纹的产生、扩展和剥落。美国的 TWI(红外热波)公司开发了可用于叶片检测的多功能专用设备,其中包括检测叶片上的热障涂层脱粘和剥落,但是该设备不出售给我国。国内,北京航空材料研究院在热障涂层裂纹和脱粘检测方面进行了多年的研究,形成了初步的检测方法,还需要进行进一步的工程验证和研究。

在涂层测厚方面,美国阿贡国家实验室的孙建刚教授开发了基于闪光灯激励的红外热像检测技术测厚方法,该方法在燃气轮机叶片的热障涂层测厚上精度能够达到±3%,而国内在该方面差距明显,尚不具备可工程应用的检测方法和仪器。

参考文献

[1] 李松,于海涛,郑添水. 一种雷达吸波涂层厚度无损检测的方法[J]. 材料开发与应用,2012,27(5):42-45.

[2] 蔡禹舜. 民用飞机金属与复合材料结构损伤评定差异性研究[J]. 航空科学技术,2016,27(8):21-26.

[3] 乔海燕,任学冬,史亦韦,等. GH4169 高温合金涡轮盘表面径轴向裂纹的渗透检测可行性[J]. 航空材料学报,2016,36(6):92-96.

[4] 王东升,徐可北,陈星,等. 金属薄壁管材涡流检测中异常信号的产生原因[J]. 无损检测,2014,36(7):52-55.

[5] 王树志,刘广华,王本志,等. IC10 单晶高温合金叶片荧光渗透检测的缺陷显示[J]. 无损检测,2017,39(1):35-37.

[6] 杨青,王东升,徐可北. 盘轴件涡流扫查系统的研制[J]. 计测技术,2012(2):33-35.

[7] 许占显. 隐身飞机的质量探测与维修技术研究[J]. 航空维修与工程,2012(1):68-70.

[8] SAYAR M,SEO D,OGAWA K. Non-destructive microwave detection of layer thickness in degraded thermal barrier coatings using K- and W-band frequency range[J]. NDT&E In-

ternational,2009,42(5):398-403.

[9]　BISON P G,MARINETTI S,GRINZATO E,et al. Inspecting thermal barrier coatings by IR thermography[C]. Thermosense XXV Proceedings of SPIE,2003,5073:318-327.

[10]　HUANAN LIU,MICHIRU SAKAMOTO,KAZUSHI KISHI,et al. Detection of defects in thermal barrier coatings by thermography analysis[J]. Materials Transactions,2003,44(9):1845-1850.

[11]　郭兴旺,丁蒙蒙. 热障涂层红外热无损检测的建模和有限元分析[J]. 北京航空航天大学学报,2009,35(2):174-178.

[12]　UMARAMZ,VAVILOVB V,ABDULLAHA H,et al. Ultrasonic infrared thermography in non-destructive testing:a review [J]. Russian Journal of Nondestructive Testing,2016,52(4):212-219.

[13]　MARK MCNEELY. Simple,Yet Sophisticated Component Testing[J]. Diesel & Gas Turbine Worldwide,April 2008:22-23.

第3章

金属损伤模式与修复评估技术

3.1　金属构件常见损伤模式

飞机和发动机结构的损伤,按损伤程度可分为可允许损伤、可修理损伤和不可修理损伤。常见的损伤模式包括疲劳损伤、腐蚀损伤、脆性损伤(氢脆、液态金属致脆等)、磨损损伤、机械划伤、变形、烧蚀、连接件松动等,本章主要对可修复类损伤,如疲劳损伤、腐蚀损伤、磨损损伤进行介绍。

3.1.1　疲劳损伤

疲劳断裂是构件在交变应力反复作用下发生的断裂。飞机和发动机上的多数零部件均承受周期性变动的应力(称为循环交变应力)。如各种轴、齿轮、弹簧、叶片、螺旋桨、轴承、框梁等。这些构件的失效,据统计60%~80%是属于疲劳断裂失效。疲劳破坏时,循环交变应力中的最高应力一般远低于材料的屈服极限。零件的疲劳断裂不仅取决于材质,而且对零件的形状、尺寸、表面状态、使用条件、外界环境等非常敏感。很大一部分构件承受弯曲扭转应力,这种构件的应力分布都是表面应力最大,而表面情况,如切口、刀痕、粗糙度、氧化、腐蚀及脱碳等都对疲劳抗力有显著的影响。

1. 疲劳断裂的分类

根据构件所受载荷的类型与大小、加载频率的高低及环境条件等的不同,可将疲劳断裂分为如图3-1所示的类别。

由于各类疲劳断裂寿命均是以循环周次计算,因此,工程上也常根据疲劳循环周次的不同,一般分为高周疲劳和低周疲劳。

2. 疲劳断裂机理

疲劳断裂过程可分为疲劳裂纹的萌生、稳定扩展以及失稳扩展断裂三个阶段。

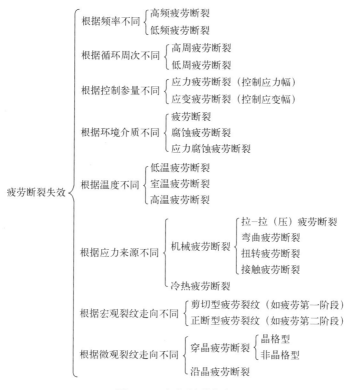

图 3-1　疲劳断裂分类

1）疲劳裂纹萌生

疲劳裂纹萌生主要有疲劳裂纹沿驻留滑移带（PSB）萌生和沿晶界萌生等机制，详细介绍请参阅相关文献。

实际工程构件，由于可能存在表面或内部不同尺度、不同形式的缺陷，如孔洞、夹杂、擦伤、折叠、微观组织结构和化学成分的不均匀区等，疲劳裂纹往往在构件表面或内部缺陷、晶界、第二相粒子等处萌生。

2）疲劳裂纹稳定扩展

疲劳裂纹扩展的微观模式受材料的滑移特性、显微组织特征尺寸、应力水平及裂纹尖端塑性区尺寸等的强烈影响。疲劳裂纹的稳定扩展按其形成机理与特征的不同可分为两个阶段。

疲劳裂纹萌生后，裂纹在交变应力作用下沿着滑移带的主滑移面向金属内部扩展。此滑移面的取向大致与正应力成45°，这时裂纹的扩展主要是由于切应力的作用，这是疲劳裂纹扩展第一阶段。对于大多数合金而言，第一阶段裂纹扩展的深度很浅，大约2~5个晶粒。

对于体心立方晶系及密堆六方晶系材料，这一阶段的断口面积极小，又因断面之间相互摩擦等原因,使得这个区域的显微特征难以分辨。而对于面心立方晶系材料,例如镍基高温合金在高温下的疲劳断裂,这一阶段发展得较为充分,主要有两种类型的断裂形貌特征:第一种是类解理断裂小平面(图 3-2);第二种是平行锯齿状断面(图 3-3)。

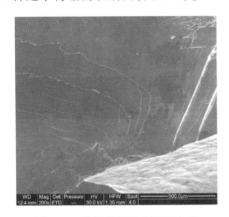 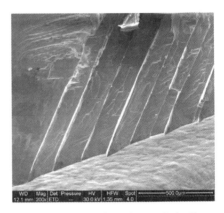

图 3-2　类解理断裂小平面上的
滑移台阶、河流花样

图 3-3　镍基高温合金疲劳断裂
的平行锯齿状断面

疲劳裂纹稳定扩展第二阶段是在第一阶段的基础上,沿着与正应力相垂直的方向继续扩展并改变方向。此时正应力对裂纹的扩展产生重大影响。疲劳裂纹扩展第二阶段断口上最重要的微观特征是疲劳条带。

3. 疲劳断裂的宏观分析

典型的疲劳断口按照断裂过程的先后有三个明显的特征区,即疲劳源区、扩展区和瞬断区。

1) 疲劳源区的宏观特征及位置的判别

宏观上所说的疲劳源区包括裂纹的萌生与第一阶段扩展区。疲劳源区一般位于零件的表面或亚表面的应力集中处。如果构件内部存在缺陷,如脆性夹杂物、孔洞等也会在亚表面或内部起源。另外,当表面存在足够高的残余压应力时,裂纹源也可在亚表面产生。疲劳源区具有如下宏观特征:①氧化或腐蚀较重,颜色较深;②断面平坦、光滑、细密,有些断口可见到闪光的小刻面;③有向外辐射的放射台阶和放射状条纹;④在源区虽看不到疲劳弧线,但它看上去像向外发射疲劳弧线的中心。通常用肉眼或低倍放大镜就能大致断定裂纹源的位置。

2) 疲劳扩展区的宏观特征

该区断面较平坦,与主应力相垂直,颜色介于源区与瞬断区之间。疲劳扩展区断口最基本的宏观特征是疲劳弧线,这是识别和判断疲劳失效的主要依据,但并不是在所有的疲劳断口上都有清晰可见的疲劳弧线。

　　疲劳弧线是由于外载荷大小、方向发生变化或应力松弛等使得裂纹扩展不断改变方向的结果。在低应力高周疲劳断口上,一般能看到典型的疲劳弧线,见图 3-4,而在大应力低周疲劳断口上,一般难观察到典型的疲劳弧线。

图 3-4　断口上的疲劳弧线

　　3）最终断裂区的宏观特征

　　疲劳裂纹扩展至临界尺寸后发生失稳快速破断,称为瞬时断裂,断口上对应的区域简称瞬断区,其宏观特征与过载断裂的断口相近。最终断裂区面积大小,常和材料、应力类型与大小、有无应力集中等因素有关。

　　4. 疲劳断口的微观分析

　　微观分析首先要确定疲劳源区的具体位置是表面还是亚表面,对于多源疲劳还需判明主源与次源。其次要分析源区的微观形貌特征,包括裂纹萌生处有无外物损伤痕迹、加工刀痕、磨损痕迹、腐蚀损伤及腐蚀产物、材质缺陷等。

　　疲劳扩展区的微观分析包括扩展第一阶段与第二阶段的微观形貌特征。由于第一阶段的范围较小,尤其要仔细观察其上有无疲劳条带以及条带间距的变化规律、韧窝、台阶、二次裂纹以及断裂小刻面的微观形貌,典型的疲劳条带见图 3-5。疲劳条带是辨别疲劳裂纹的主要依据。但是没有发现疲劳条带并不能判断为不是疲劳裂纹,很多情况下,有些合金和一些条件下的疲劳裂纹断口上,不会形成清晰的疲劳条带,甚至观察不到。

　　5. 腐蚀疲劳断口的分析

　　在腐蚀环境与交应力载荷协同、交互作用下产生的疲劳裂纹叫做腐蚀疲劳裂纹。

　　腐蚀疲劳对环境介质没有特定的限制。腐蚀疲劳性能同循环加载频率及波形密切相关,尤其是加载频率的影响更为明显,一般频率越低,腐蚀疲劳越严重。

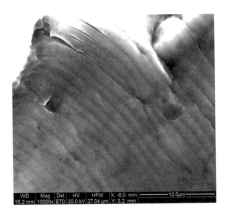

图 3-5   7050 铝合金疲劳条带

影响腐蚀疲劳断裂过程的相关因素有环境因素、力学因素、材质冶金因素等。

腐蚀疲劳裂纹的萌生不仅与应力及表面状态有关,而且与腐蚀和表面完整性、腐蚀反应与应力状态之间的相互作用有关。腐蚀疲劳裂纹的萌生随力学因素、环境因素与材质冶金因素的不同而不同。在腐蚀疲劳裂纹扩展过程中,产生力学和电化学相互作用的部位仅仅限于裂纹尖端。裂纹尖端在每一循环周期内都将有新鲜的金属暴露于腐蚀环境中,从而发生钝化和吸附等反应并影响裂纹的扩展速率。但是给定的外界环境与裂纹尖端区的环境有很大差异。

在细节上,腐蚀疲劳断口与机械疲劳断口相比,有其独特的特征,主要表现在如下几方面:

(1)断口低倍形貌呈现出明显的疲劳弧线;

(2)腐蚀疲劳断裂一般均起源于表面腐蚀损伤处(包括点腐蚀、晶间腐蚀、应力腐蚀等),扩展区具有某些较明显腐蚀特征,如腐蚀坑、泥纹花样等;

(3)腐蚀疲劳断裂的重要微观特征是穿晶解理脆性疲劳条带,当腐蚀损伤占主导地位时,断口呈现穿晶与沿晶混合型;

(4)当 $K_{max} > K_{ISCC}$,在频率很低的情况下,腐蚀疲劳断口呈现出穿晶解理与韧窝混合特征。

上述断裂特征并非在每一具体腐蚀疲劳断裂失效件上全部具备,对某一具体失效件究竟具备上述特征的哪几项,随力学因素、环境因素、材质冶金因素而定。

3.1.2   腐蚀损伤

腐蚀是金属构件在环境作用下损伤的主要方式,金属构件的腐蚀损伤是指金属材料与周围介质发生化学及电化学作用而遭受的变质和破坏。金属腐蚀的根本原因在于热力学不稳定性。金属构件的腐蚀损伤多数情况下是一个电化学过程。

1. 腐蚀的基本概念与分类

按照发生的原因,腐蚀基本上可分为化学腐蚀和电化学腐蚀两大类。二者的差别仅仅在于前者是金属表面与介质只发生化学反应,而在腐蚀过程中没有电流产生。后者在腐蚀进行的过程中有电流产生。

金属与不导电的介质发生的反应属化学腐蚀。相对电化学腐蚀而言,发生纯化学腐蚀的情况较少,它可分为气体腐蚀和在非电解质溶液中的腐蚀两类。电化学腐蚀过程中有电流产生。按照环境不同,电化学腐蚀可分为大气腐蚀、土壤腐蚀、在电解质溶液中的腐蚀、缝隙腐蚀、应力腐蚀和腐蚀疲劳等。

2. 金属腐蚀的形貌特征

金属材料腐蚀后的表面形貌特征可分为全面腐蚀和局部腐蚀两种。

1) 全面腐蚀

腐蚀分布在整个金属表面,它可以是均匀的,也可以是不均匀的。这种腐蚀的危险性较小,在设计时也比较容易控制。

2) 局部腐蚀

腐蚀是在金属表面个别部位或合金某一组织上发生,包括选择性腐蚀、点蚀、晶间腐蚀等。所有腐蚀表面均可找到腐蚀产物,对腐蚀产物进行分布规律、形态,尤其是成分定量的分析,有利于辨别产生腐蚀的原因、过程。

选择性腐蚀是指优先腐蚀合金中的某一成分或组成物。如黄铜发生电化学腐蚀时,黄铜中锌优先被腐蚀,并进入溶液,金属表面则逐渐成为低锌黄铜,甚至成为纯铜。

点蚀是指腐蚀表面呈点坑状,腐蚀点多、比较浅。有时腐蚀发生在表面有限的面积上,但腐蚀很深、成巢穴。点蚀损伤与金属构件表面结构的不均匀性,尤其与表面的夹杂物、表面保护膜的不完整性有关。金属点蚀坑边沿比较平滑,因腐蚀产物覆盖,坑底呈深灰色。垂直于蚀坑磨片观察,蚀坑多呈半圆形或多边形。点蚀并不一定择优沿晶界扩展。菊花形点蚀坑往往外小内大,犹如蚁穴般,所以点蚀损伤对金属结构件的危害很大。点蚀坑的剖面形貌特征如图 3-6 所示。

金属构件点蚀大多都是由氯化物或含氯离子的氯气所引起的,特别是次氯酸盐的腐蚀性更强。溶液中的氯离子浓度越高,合金越易于发生点蚀。若在氯化物溶液中含有铜、铁以及汞等金属离子,则点蚀的倾向增大。在其他卤素离子中,溴化物也引起点腐蚀。氟化物和碘化物一般降低不锈钢的点蚀倾向。降

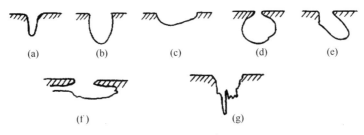

图 3-6　点蚀坑的各种剖面形貌(ASTM G46—76)

(a) 楔形窄而深的孔坑;(b) 椭圆形长圆形孔坑;(c) 盘碟形宽浅形(碟形)孔坑;

(d) 皮下变形闭口孔坑;(e) 掏蚀形切向孔坑;(f) 水平形不定形孔坑;(g) 垂直形不定形孔坑。

低氯化物溶液产生点蚀倾向的阴离子有 SO_4^{2-}、OH^-、ClO_4^-、CO_3^{2-}、CrO_4^{2-}以及 NO_3^-。

晶间腐蚀损伤是指金属材料或构件沿晶界产生并沿晶界扩展而导致金属材料或构件的损伤,因而也称作晶界腐蚀。金属构件的晶间腐蚀不仅降低力学性能,而且由于难以发现,易于造成突然失效。晶间腐蚀的一种特殊但较为常见的形式是剥落腐蚀,简称剥蚀,有时也称为层状腐蚀。形成这类腐蚀需有适当的腐蚀介质,合金具有晶间腐蚀倾向及层状晶粒结构,并且晶界取向与表面趋向平行。铝合金中的 Al-Cu-Mg 系、Al-Zn-Mg-Cu 系和 Al-Mg 系合金具有比较明显的剥蚀倾向,如图 3-7 所示。

图 3-7　铝合金剥蚀形貌

3. 应力腐蚀开裂

金属构件在静拉伸应力和特定腐蚀环境共同作用下所导致的脆性断裂称为应力腐蚀开裂。研究表明,引起应力腐蚀的应力为拉应力,但这种拉应力可以很小。能引起金属产生应力腐蚀的最小应力称为应力腐蚀开裂的临界应力。

纯金属不发生应力腐蚀破坏,但几乎所有的合金在特定的腐蚀环境中,都会引起应力腐蚀裂纹。这种特定的腐蚀环境,对于一定的金属材料,需要有一定特效作用的离子、分子或络合物才会导致构件的应力腐蚀开裂。表 3-1 给出了一些常用金属材料易发生应力腐蚀开裂的敏感介质。

表3-1　常用金属材料发生应力腐蚀开裂的敏感介质

基体	合金组元	敏感应力腐蚀介质
铝基	Al-Zn	大气
	Al-Mg	$NaCl+H_2O_2$,$NaCl$溶液,海洋性大气
	Al-Cu-Mg	海水
	Al-Mg-Zn	海水
	Al-Zn-Cu	$NaCl$,$NaCl+H_2O_2$溶液
	Al-Cu	$NaCl+H_2O_2$溶液,$NaCl$,$NaCl+NaHCO_3$,KCl,$MgCl$
	Al-Mg	$CuCl_2$,NH_3Cl,$CaCl_2$溶液
镁基	Mg-Al	HNO_3,$NaOH$,HF溶液,蒸馏水
	Mg-Al-Zn-Mn	$NaCl+H_2O_2$溶液,海洋大气,$NaCl+K_2CrO_4$溶液,潮湿大气+SO_2+CO_2
	Mg	KHF_2溶液
铜基	Cu-Zn-Sn Cu-Zn-Pb	HN_3溶液和蒸气
	Cu-Zn-P	浓NH_4OH
	Cu-Zn	HN_3蒸气和溶液,胺类,潮湿SO_2气氛,$Cu(NO_2)_2$溶液
	Cu-Zn-Ni Cu-Sn	NH_3蒸气和溶液
	Cu-Sn-P	大气
	Cu-P,Cu-As, Cu-Ni-Al,Cu-Si, Cu-Zn,Cu-Si-Mn	潮湿的NH_3气氛
	Cu-Zn-Si	水蒸气
	Cu-Zn-Mn	潮湿SO_2气氛,$Cu(NO_2)_3$溶液
	Cu-Mn	潮湿SO_2气氛,$Cu(NO_3)_3$,H_2SO_4,HCl,HNO_3溶液
铁基	软铁	$FeCl_3$溶液
	Fe-Cr-C	NH_4Cl,$MgCl_2$,$(NH_4)H_2PO_4$,Na_3HPO_4溶液,H_2SO_4+NaCl,$NaCl+$$H_2O_2$溶液,海水,$H_2S$溶液
	Fe-Ni-C	$HCl+H_2SO_4$,水蒸气,H_2S溶液
钛基	Ti-Al-Sn, Ti-Al-Sn-Zr, Ti-Al-Mo-V	H_2、CCl_4、$NaCl$水溶液、海水、HCl、甲醇、乙醇溶液、发烟硝酸、融熔$NaCl$或融熔$SnCl_2$、汞、氟三氯甲烷和液态NO_2、Ag($>466℃$)、$AgCl$($371\sim482℃$)、氯化物盐($288\sim427℃$)、乙烯二醇等

应力腐蚀开裂属脆性损伤,即使是延性极佳的材料产生应力腐蚀开裂时也是脆性断裂。断口平齐,与主应力垂直,没有明显的塑性变形痕迹,断口形态呈沿晶开裂特征,如图3-8所示。由于应力腐蚀是一种局部腐蚀,而且腐蚀裂纹

常常被腐蚀产物所覆盖,从外表很难观察到。

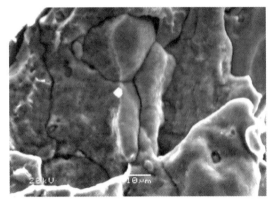

图 3-8　沿晶开裂的应力腐蚀断口

焊接、冷加工产生的残余应力和组织变化很容易成为应力腐蚀开裂的力学原因,甚至不同合金的膨胀系数的差别也可能成为应力腐蚀开裂的应力源。

应力腐蚀开裂速率比机械快速脆断慢得多,但应力腐蚀开裂的速率比点蚀等局部腐蚀速率快得多,如钢在海水中应力腐蚀速率比点蚀速率快 10^6 倍。金属材料在腐蚀环境中所经历的过程也很重要,如果在腐蚀性环境中放置一段时间,然后在干燥环境中放置一段时间,再重新处于腐蚀性环境中时,其腐蚀速率更快。

应力腐蚀开裂是脆性断裂,断口特征主要表现为:

(1) 断口平直,没有明显的塑性变形,并与正应力垂直。断口表面有时比较灰暗,通常有一层腐蚀产物覆盖,离源区越近,腐蚀产物越多。

(2) 断裂起源于表面,且为多源,起源处表面一般存在腐蚀坑。铝合金应力腐蚀断口上还可以看到另一种泥纹状花样的腐蚀产物,见图 3-9。

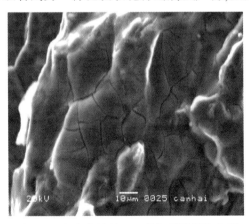

图 3-9　应力腐蚀断口上的龟裂及泥纹花样

（3）断口微观可以是解理或准解理（河流花样、解理扇形）、沿晶断裂或混合型断口。

（4）断口上常见二次裂纹，沿晶界面上一般存在腐蚀沟槽，棱边不大平直。

（5）裂纹扩展过程中会发生裂纹分叉现象，该现象在铝合金、镁合金、高强度钢及钛合金中都可以见到。用应力腐蚀这一特征来区分实际断裂构件是应力腐蚀还是腐蚀疲劳、晶间腐蚀或其他断裂方式。

（6）呈河流花样或扇形的准解理形貌是面心立方金属（Al 合金、奥氏体不锈钢）发生应力腐蚀开裂的又一典型特征。

3.1.3　磨损损伤

磨损是固体摩擦表面上物质不断损耗的过程，表现为物体的尺寸和（或）形状的改变。磨损是渐进的表面损耗过程，但也能导致断裂的后果。

按照形成原理，可分为由机械作用引起的磨损称为机械磨损和由机械作用及材料与环境的化学和（或）电化学作用共同引起的磨损称为机械化学磨损。磨损可能是构件失效的最终表现形式，也可能是导致构件丧失工作能力的原因。

磨损失效有六种基本类型：磨粒磨损、粘着磨损、冲蚀磨损、腐蚀磨损、疲劳磨损和微动磨损。

1. 磨粒磨损

由硬质物体（或颗粒）的切削或刮擦作用引起的机械磨损，称为磨粒磨损。当摩擦副仅仅由于其材料表面的硬质微凸体作用而引起的磨损称为二体磨损，而由外界硬质颗粒进入摩擦副中而造成的磨损则称为三体磨损。

磨粒磨损过程中，材料一般有两种去除机制：

（1）由塑性变形机制引起的材料去除过程，此种机制主要发生在塑性材料中。当材料与塑性材料表面接触时，主要发生两种塑性变形：犁沟——材料受磨料的挤压向两侧产生隆起；微观切削——材料在磨料作用下发生如刨削一样的切削过程。

（2）由断裂机制引起的材料去除过程，此过程对脆性材料特别重要。

磨粒磨损主要特征是沟槽。锐利磨料切削材料表面，形成较规则的沟槽，韧性好的材料沟边产生毛刺，较硬而较脆材料沟边比较光滑，沟边有一定的塑性变形，见图 3-10。磨料不够锐利，不能有效地切削金属，只能将金属推挤向磨粒运动方向的两侧或前方，沟槽两边或前方材料隆起，变形严重。

影响磨粒磨损的因素较多，主要包括：

（1）磨粒特性的影响，包括磨粒硬度、磨粒尺寸、磨粒形状等。

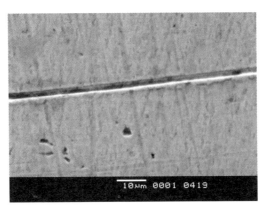

图 3-10　磨粒磨损形貌

（2）材料力学性能影响，材料力学性能对耐磨性的影响包括材料的弹性模量、宏观硬度及表面硬度、强度、塑性和韧性等。

（3）材料微观组织的影响，钢的不同组织类型在不同硬度水平时具有不同耐磨性。在同样硬度条件下，奥氏体和贝氏体优于珠光体和马氏体。各种类型钢在不同含碳量和热处理条件下，耐磨性有相当的变化。

（4）工况和环境条件的影响，主要包括加载速率、载荷、磨损距离、磨粒冲击角以及环境湿度、温度和腐蚀介质条件等。如一般情况下，湿磨损的磨损率低于干磨损。

2. 粘着磨损

相对运动的物体接触表面发生固相粘着，使材料从一个表面转移到另一个表面的现象称为粘着磨损。两个相对滑动表面在摩擦力的作用下，表面层会发生塑性变形，表面污染膜和氧化膜发生破裂，新鲜金属表面裸露出来，由于分子力的作用使两个表面发生焊合。如果外力能克服焊合点的结合力，相对滑动的表面可以继续运动。当剪切发生在强度较低的金属一方，强度较高的材料表面将粘附对磨件的金属，即形成粘着磨损。

如果外力不能克服界面的结合强度时，摩擦副的相对运动将被迫停止，发生咬死。粘着磨损最常见的形式是胶合。以塑性变形为主要原因引起的粘焊，分子吸引起重要作用，称为第一类胶合。由于摩擦热，接触表面温度升高为主要原因引起的粘焊称为第二类胶合。

粘着磨损按程度和条件不同分为轻微磨损、涂抹、擦伤、撕脱、咬死几类。塑性材料粘着破坏常发生在离表面一定深度部位，磨损下来的颗粒较大，脆性材料的粘着磨损产物多数呈金属碎片状，破坏深度较浅。牢固的粘着或焊合部位在切应力作用下，粘合部位中强度较差的材料被撕裂，构件表面上形成一个表面粗糙的凹面,见图 3-11。

图 3-11　粘着磨损形貌

　　影响粘着磨损发生和发展的因素概括起来有两方面:①摩擦副本身的材质与特性,金属的互溶性、原子结构、晶体结构和显微组织等均对粘着磨损有影响;②工作条件。

3. 冲蚀磨损

　　冲蚀磨损是由于流动液体或固体粒子以及气泡冲击造成表面材料损失的磨损。冲蚀磨损的颗粒一般小于 1mm,冲击速度在每秒数百米。

　　冲蚀磨损是由多相流动介质冲击材料表面而造成的一类磨损。介质可分为气流和液流,两者可能携带固体粒子,也可以是液滴或气泡,有的直接冲击材料表面,有的(如气泡)则在表面上溃灭,从而对材料表面施加作用力造成破坏。

　　冲蚀磨损的最终结果是材料的损失,冲蚀后的构件往往可见棱角等部位残缺、圆滑,表面密布微小蚀坑,见图 3-12。这些蚀坑有点坑、铲削坑、犁削坑和切片等,同时,冲蚀可形成切削屑、薄片屑以及簇团状碎屑。脆性材料往往不产生塑性变形,冲蚀会导致构件表面产生微小裂纹,裂纹相遇造成材料流失。气蚀的外观一般呈蜂窝状空穴。

　　除了以上特征,冲蚀磨损主要发生在构件与流体相对速度较大的部位,或者一定功角范围内,可通过对流体介质和流场的分析进一步确认冲蚀磨损。

　　材料的冲蚀率定义为单位质量粒子造成材料流失的质量或体积。冲蚀率主要受三个方面因素的控制:①环境参数,如入射粒子的速率、浓度、入射角、环境温度等;②磨料性质如硬度、粒度、可破碎性等;③材料性能,如热物理性能和强度。

4. 疲劳磨损

　　当两个接触体相对滚动或滑动时,在接触区形成的循环应力超过材料的疲

图 3-12　冲蚀磨损宏观特征

劳强度的情况下,在表面层将引发裂纹并逐步扩展,最后使裂纹以上的材料断裂剥落下来的磨损过程,称为疲劳磨损。这种形式的磨损也常被称为接触疲劳。

疲劳磨损是金属材料局部疲劳破坏的结果,其中疲劳机制起主要作用。疲劳磨损接触应力最大处位于表面,最大切应力发生在离表面一定距离处。滚动接触时在交变应力作用下,裂纹容易在构件皮下形核并扩展到表面形成剥落,如滚动轴承。若除滚动接触外还有滑动接触,破坏位置就逐渐移向表面。这是因为纯滑动时,最大的切应力发生在表面。

疲劳磨损主要的失效形式包括疲劳剥落、剥层与擦伤。

疲劳剥落是构件表面上接触疲劳损伤的典型特征。裂纹或者从表面开始,向内倾斜扩展(一般与表面成 $10° \sim 30°$),最后裂纹折向表面,材料脱落形成剥落坑。或者裂纹起源于亚表面内部较深的层次,沿与表面平行的方向扩展,最终形成片状的剥落坑。单个的剥落坑表面形貌常呈现为"扇形"或"贝壳形",见图 3-13。剥落裂纹是由亚表层的循环切应力引起的,属于应力疲劳。

影响疲劳磨损的因素有以下几种。

(1)材料中杂质的影响。非金属夹杂物破坏了金属的连续性,容易形成应力集中和引发疲劳裂纹;氮原子和氮化物有钉扎位错的作用,会促进裂纹的萌生。所以应尽量减少非金属夹杂物和气体含量。

(2)材料组织结构的影响。如有研究认为,残余奥氏体可增大接触面积,使接触应力下降,且会发生形变强化和应变诱发马氏体转变,阻碍疲劳裂纹的萌生扩展。

(3)材料硬度的影响。对于点蚀和剥落,裂纹的萌生是主导过程,材料硬度越高,疲劳裂纹越难萌生,疲劳磨损寿命越长。

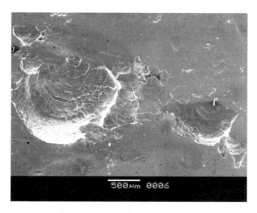

图 3-13　疲劳剥落坑形貌

（4）表面粗糙度的影响。降低构件表面粗糙度可有效提高抗疲劳磨损能力。

（5）载荷的影响。载荷越大则疲劳磨损越快越严重。

（6）润滑油的影响。疲劳磨损寿命一般都是随润滑油黏度的提高而增加。

（7）环境的影响。润滑油中的水分、表面吸附的氢原子以及润滑油分解造成的表面酸性物质的堆积，均会降低疲劳磨损的寿命。

5. 腐蚀磨损

在摩擦过程中，金属同时与周围发生环境（化学或电化学）反应，产生表层金属移失的现象，称为腐蚀磨损。腐蚀磨损是腐蚀与磨损交互作用的结果。腐蚀磨损可分为化学腐蚀磨损和电化学腐蚀磨损。

化学腐蚀磨损是腐蚀磨损中最常见的形式，其实质是金属表面与气体介质发生氧化反应，生成氧化膜，在机械力下被去除，如此反复的过程。电化学腐蚀磨损，包括在均匀腐蚀条件下腐蚀产物被去除以及因磨损形成局部腐蚀电池，而后反复进行的过程。在腐蚀磨损过程中，腐蚀与磨损两者相互影响。

在腐蚀磨损过程中，由于腐蚀介质的作用，材料表面的力学性能将受到影响，从而降低材料的耐磨性。如果腐蚀介质在材料表面产生的腐蚀产物是疏松的或脆性的，随后在磨粒或微凸体的作用下很容易破碎去除，从而导致材料磨损的增加。

材料在酸、碱、盐等腐蚀介质中的腐蚀磨损比氧化磨损一般要更大。摩擦表面一般存在点状或丝状的磨蚀痕迹，磨损产物为酸、碱、盐的化合物，见图 3-14。

腐蚀磨损影响因素有以下三方面：

（1）腐蚀介质的影响。如腐蚀介质的 pH 值、成分、浓度、温度及缓蚀剂等。

图 3-14　腐蚀磨损微观形貌

（2）力学因素的影响。力学因素主要是通过破坏材料表面膜和改变材料表面电化学活性来影响其腐蚀磨损速率，例如载荷大小、载荷频率等均对腐蚀磨损的速率有影响。

（3）材料因素的影响。

6. 微动磨损

两个表面之间发生小振幅相对振动引起的磨损现象，称为微动磨损。一般微动磨损的振幅均在 $300\mu m$ 以下。根据磨损机制和阶段的不同，微动磨损的特征也有一定差异。微动磨损裂纹发生在微动方向的两端接触边缘处，长度从微米到毫米级，裂纹扩展方向不一，可出现分叉，裂纹一般都从接触表面或磨屑层下起源，从接触表面和剖面观察，裂纹的扩展方向一般呈曲面状。表面磨损，表面膜的清除，局部地区表层发生塑性变形和擦伤，沿微动方向划痕明显，金属与金属的实际接触面积增加，随着微动位移幅值或循环次数的增加，线状擦伤或划痕连结成片。周期性塑性变形以致局部发生强烈的冷作硬化，材料变脆。部分接触表面在摩擦过程中发生颗粒剥离或撕裂而成为磨屑，见图 3-15。

图 3-15　螺纹配合面上的微动磨损

有些情况下,可在摩擦表面观察到一种相对于基体材料不易侵蚀,在光镜下无明显特征的硬化层是产生磨屑的起源地,也称白层。

影响微动磨损的因素很多,包括位移幅值、法向压力、频率、刚度、接触形式、表面状态等力学参量以及延伸率等材料性质。

3.2　修复评估技术

3.2.1　断裂力学评估

断裂力学所说的裂纹一般是指宏观的裂纹。工程材料中的各种缺陷可近似地看作裂纹。断裂力学的基本研究内容包括:①裂纹的萌生条件;②裂纹在外部载荷和(或)其他因素作用下的扩展过程;③裂纹扩展到什么程度结构件会发生断裂。另外,为了工程方面的需要,还研究含裂纹的结构在什么条件下破坏;在一定载荷下,可允许结构含有多大裂纹;在结构裂纹和结构工作条件一定的情况下,结构还有多长的寿命等。断裂力学是研究含裂纹构件强度与寿命的学科,是结构损伤容限设计的理论基础。

断裂力学分为线弹性断裂力学与弹塑性断裂力学两大类别,前者适用于裂纹尖端附近小范围屈服的情况,最重要的力学参量是应力强度因子,它控制裂纹尖端场附近的应力场和位移场,在结构损伤容限设计中仍然占据重要地位;而后者是应用弹性力学、塑性力学研究物体裂纹扩展规律和断裂准则,适用于裂纹体内裂纹尖端附近有较大范围塑性区的情况,适用于裂纹尖端附近大范围屈服的情况。

另外,由于裂纹尖端的一个很小的区域对于裂纹扩展规律有重要影响,因此,裂纹扩展同材料的一些微观特性,特别是冶金性质(如晶粒大小、二相粒子、位错等)关系极大,这就要求断裂力学在研究中把材料工艺学、冶金学、金属物理学等方面的成果同力学结合起来。随着断裂力学的发展,微观裂纹也已进入研究范围。在研究裂纹扩展规律时,也开始涉及裂纹产生的原因。

1. 裂纹萌生评估

裂纹的起裂评估一般分为断裂(静)力学和断裂动力学。

断裂(静)力学评估表现为当结构受力大于结构强度时,在应力集中区域将发生静力破坏。

断裂动力学主要表现为疲劳、腐蚀或磨损等。以疲劳为例,材料在受到随时间而交替变化的载荷作用时,所产生的应力也会随时间作用交替变化,这种交变应力超过某一极限强度而且长期反复作用即会导致材料的破坏,即疲劳极限。当评估对象的结构交变应力大于疲劳极限时,构件将会在一段时间后发生疲劳起裂。

2. 裂纹扩展评估

材料的断裂韧度是衡量材料抵抗裂纹扩展能力的一个性能指标。应力强度因子是裂纹尖端应力应变场强度的度量,断裂强度 σ_c 与裂纹深度 a 的平方成反比:

$$K_{\mathrm{IC}} = Y \cdot \sigma_c \cdot \sqrt{\pi a_c} \tag{3-1}$$

式中:K_{IC} 为断裂韧性值;Y 为形状因子;a_c 为临界裂纹长度。

由式(3-1)可知:

(1) 对于一定的裂纹深度 a,存在一个临界的应力值 σ_c,只有当外界作用应力大于此临界应力时,裂纹才能扩展,造成断裂,小于此应力值,裂纹将是稳定的,不会扩展,构件也不会断裂。

(2) 裂纹越深,材料的临界断裂应力越低;或者作用于试样上的应力越大,裂纹的临界尺寸越小。

(3) 常数 K_{IC} 不是一般的比例常数,它表达了裂纹前端的力学因素,反映材料抵抗脆性断裂能力的一个断裂韧性指标。不同的材料 K 值不同。

现运用断裂力学方法,对带镀铬层轴、杆件表面大量密集的磨削微裂纹是否会发生裂纹扩展进行分析计算。轮轴(材料为30CrMnSiNi2A)表面存在大量的细密的周向裂纹,裂纹深度均小于 0.5mm,轮轴在着陆撞击时承受的轴向应力约为250MPa,地面运行过程中轮轴承受轴向转动应力约为 10~20MPa。由于轮轴裂纹均为周向,当应力方向为轴向向下时,裂纹承受的是压应力,裂纹不扩展,只有当转动时,裂纹才可能张开或扩展。此时应力强度因子 $\Delta K = Y \cdot \sigma_c \cdot \sqrt{\pi a_c} = 1 \times 20 \times \sqrt{3.14 \times 0.5 \times 0.001} = 0.8\mathrm{MPa}\sqrt{\mathrm{m}}$。

由于超高强度钢 30CrMnSiNi2A 在应力比 $R = 0$ 条件下裂纹扩展门槛值 ΔK_{th} 为 $4.8\mathrm{MPa}\sqrt{\mathrm{m}}$,轮轴裂纹尖端处的应力强度因子为 $0.8\mathrm{MPa}\sqrt{\mathrm{m}}$ 小于该材料的裂纹扩展门槛值 ΔK_{th} 为 $4.8\mathrm{MPa}\sqrt{\mathrm{m}}$,由此可判断该轮轴微裂纹在正常工作状态下并不会发生裂纹扩展。

3. 裂纹扩展寿命和萌生寿命评估

目前,疲劳寿命的定量分析方法包括帕里斯(Paris)公式定量反推疲劳扩展寿命(常用对数法、自然对数法)、列表梯形法、断口宏观特征定量分析的方法和Frost-Dugdale 模型。

1) Paris 公式定量反推疲劳扩展寿命

Paris 公式是基于应力强度因子 ΔK 的力学模型,属于线弹性断裂力学的范畴。Paris 公式适用于裂纹的稳定扩展阶段。当失效件裂纹发生了疲劳扩展,其扩展寿命和萌生寿命的评估都可运用 Paris 公式进行评估。

Paris 公式进行疲劳扩展寿命定量分析：

$$da/dN = c(\Delta K)^n \tag{3-2}$$

式中：c,n 为裂纹扩展材料常数；a 为裂纹长度；N 为疲劳循环寿命；ΔK 为应力强度因子。

由式（3-2）可计算其在极限寿命内的裂纹长度 a，然后根据 $a \leqslant a_c$ 来判断结构的安全与否。

（1）常用对数法

$$N = \int_{a_0}^{a_c} \frac{da}{c_0 a^{n/2}} = \frac{2}{(2-n)c_0}\left[a_c^{1-\frac{n}{2}} - a_0^{1-\frac{n}{2}} \right] \tag{3-3}$$

$$\lg(da/dN) = \lg c_0 + (n/2)\lg a$$

则 $\lg(da/dN)$-$\lg a$ 线为直线，截距为 $\lg c_0$，斜率 $n/2$。可确定常数 c_0 和 n。

（2）自然对数法

$$N = e^A(1-B)^{-1} \times \left[a_c^{(1-B)} - a_0^{(1-B)} \right] \tag{3-4}$$

式中：a_0 为初始裂纹值；a_c 为疲劳裂纹临界长度。在数据处理的时候，将测量裂纹的长度及所对应的疲劳条带间距分别取对数之后，经过回归分析来确定式中的 A、B 两个常数，从而得到裂纹扩展速率及循环次数的表达式。

2）列表梯形法

梯形法是基于微分的原理，将疲劳寿命分成很小的小段然后累积起来，见下面公式：

$$N_f = \sum N_n = \frac{\sum(a_n - a_{n-1})}{\dfrac{\dfrac{da_n}{dN_n} + \dfrac{da_{n-1}}{dN_{n-1}}}{2}} \tag{3-5}$$

式中：a_n 为第 n 点距离源区的裂纹长度；a_{n-1} 为第 $n-1$ 点距离源区的裂纹长度；da/dN 为裂纹扩展速率。

例如，整机疲劳试验过程中经历了五个阶段的试验载荷（表 3-2），分别为 43 个周期随机谱（每个周期包括 594 起落）+4727 循环等幅谱+109 起落随机谱+20300 循环等幅谱+5145 起落随机谱，分解检查时发现其中一个下壁板存在约 230mm 的长裂纹，见图 3-16，断口上形貌与载荷谱存在明显的相关性，运用 Paris 公式或梯形公式，经定量分析结果可知，下壁板裂纹扩展寿命为 9.55 周期+4135 循环+101 起落+2387 循环+6087 起落，由此可判断下壁板的萌生寿命为整机疲劳试验的第 1 阶段 33.45 周期。定量分析萌生寿命结果的获得，给该结构处设计定寿和大修提供重要的技术支持。

表 3-2　整机疲劳试验过程经历的五个阶段

试验阶段 寿命 部位	第 1 阶段	第 2 阶段	第 3 阶段	第 4 阶段	第 5 阶段
断面	9.55 周期	4135 循环	101 起落	23875 循环	6087 起落
整机试验	43 周期	4727 循环	109 起落	20300 循环	5145 起落

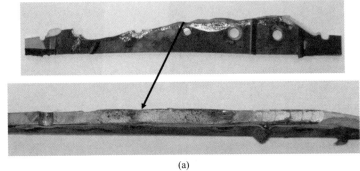

(a)

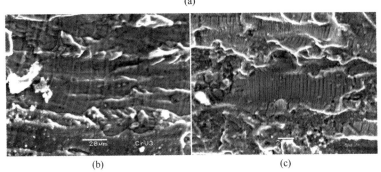

(b)　　　　　　　　　　　(c)

图 3-16　下壁板断口特征

(a) 宏观;(b) 随机谱疲劳小弧线;(c) 等幅谱疲劳条带。

4. 断裂评估

疲劳安全评定是评价含缺陷结构在预期疲劳载荷的作用下,在所要求的继续使用期内能否保证不发生疲劳失效的安全评定。

1) 累积损伤

疲劳累积损伤理论是疲劳分析准确与否的主要因素之一,也是估算变应力幅值下疲劳寿命的关键理论。疲劳累积损伤理论可做如下阐述:当材料承受高于疲劳极限的应力时,每一循环都使材料产生一定量的损伤,这种损伤能够累积,当损伤累积到某一临界值时将产生破坏。

对损伤的理解是,在疲劳载荷作用下材料性能的改变或材料的损坏程度。

进一步说就是材料在循环载荷下，微裂纹不断扩展和深化，从而使试件或构件的有效工作面不断减少的程度。

在局部应力-应变法中，计算每一循环损伤的出发点是应变-寿命关系曲线：

$$\Delta\varepsilon/2 = \Delta\varepsilon_e/2 + \Delta\varepsilon_p/2 = (\sigma_f'/E)(2N)^b + \varepsilon_f'(2N)^c \qquad (3-6)$$

修正后应变-寿命关系：

$$\Delta\varepsilon_e/2 = ((\sigma_f - \sigma_e)/E)(2N)^b \qquad (3-7)$$

目前已提出有几十个疲劳累积损伤理论，可以概括为线性累积损伤理论、修正线性理论和其他理论三类。其中 Miner 线性累积理论应用得较多。

Miner 法则有两个基本假设：①相同应变幅值和平均应力的 n_i 个应变和应力循环将按照线性累加，造成 n_i/N_i 的损伤，即消耗掉 n_i/N_i 部分疲劳寿命；②当损伤按线性累加大到 1 时，疲劳破坏就发生了。其表达式为

$$D = \sum_{i=1}^{\infty} D_i = \sum_{i=1}^{\infty} \frac{n_i}{N_i} = 1 \qquad (3-8)$$

当 $D \geqslant 1$ 时，表明构件已经破坏；当 $D \leqslant 1$ 时，表明构件尚未破坏。

2）断口宏观特征定量分析的方法

若已知材料的断裂韧度 K_{IC} 和从断口上测得断裂时的临界裂纹长度 a_c，则可按下式求得零件断裂时的临界工作应力 σ_c。

$$\sigma_c = K_{IC}/(\sqrt{\pi a_c}\, Y) \qquad (3-9)$$

式中：Y 为与裂纹有关的形状因子；a_c 为裂纹长度；K_{IC} 为裂纹尖端的应力强度因子。

3）Frost-Dugdale 模型

在许多实际案例中，裂纹深度取自然对数后与循环载荷数之间存在非常近似的线性关系。即

$$\ln(a) = \beta N + \ln(a_0) \quad \text{或} \quad a = a_0 e^{\beta N} \qquad (3-10)$$

式中：N 为疲劳循环寿命；β 为几何参数（与材料和载荷有关）；a 为裂纹长度；a_0 为初始裂纹，指开始加载时已存在的裂纹深度，如缺陷尺寸等。名义场应力和裂纹几何参数之间有如下关系：

$$\beta = f(\sigma) \qquad (3-11)$$

β 也可表达为

$$\beta = \lambda(\Delta\sigma)^3 \qquad (3-12)$$

以上关系被证明对大部分典型材料和几何形状的零件都适用，不管是恒幅载荷还是变幅载荷，只要应力强度因子是 $\sqrt{a}$ 的线形函数都适应，比如在不考虑剪切载荷和残余应力梯度情况下也是如此。

3.2.2　PD-6493 的质量带理论

英国标准 PD-6493 的质量带理论是基于 Harrison 在对含体积缺陷焊接结构疲劳评定实验数据基础上所提出的。对焊缝非平面缺陷,根据不同初始质量(即含不同密度的气孔和不同长短的夹渣),将焊接结构质量分成 10 个等级 Q1~Q10,形成一质量带,如图 3-17 所示。

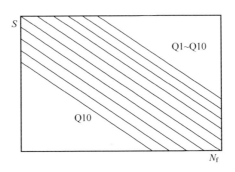

图 3-17　质量等级带

PD-6493 的质量带理论认为含体积型缺陷(如气孔和夹渣)焊接结构的疲劳寿命 N_f 与承受的交变应力幅 S 之间存在如下关系:

$$S^3 N_f = C \tag{3-13}$$

式中:C 为与结构缺陷大小有关的常数。根据 PD-6493 第 20 款表格 4 计算的各质量等级的常数 C 见表 3-3。

表 3-3　根据 PD-6493 计算的各质量等级的常数 C

质　量　等　级	常数 C
Q1	1.48×10^{12}
Q2	1.01×10^{12}
Q3	6.55×10^{11}
Q4	4.39×10^{11}
Q5	2.43×10^{11}
Q6	1.60×10^{11}
Q7	9.83×10^{10}
Q8	6.75×10^{10}
Q9	3.46×10^{10}
Q10	2.66×10^{10}

具体的评定方法为:首先用无损检测方法检测体积型缺陷的性质和大小,得到焊接结构件的实际质量等级,然后由该结构所要承受载荷大小和所要求的服役寿命,得到该结构所要求的质量等级。如果实际质量等级小于或等于所要求的质量等级,则结构是安全的。

从钟群鹏用 PD-6493 的质量带理论对 16MnR 钢进行的实验分析的结果来看,PD-6493 的工程评定方法对 16MnR 钢是偏保守的。

考虑到质量带理论是基于焊缝的气孔和夹渣等缺陷建立的,同时根据初始气孔密度和夹渣尺寸的不同区分等级,相当于考虑了初始缺陷分布的工程评定方法,即考虑了焊缝初始缺陷质量的疲劳寿命预测。

3.2.3　金属磁记忆诊断技术评估

金属磁记忆检测技术(MMM)在铁磁性构件早期损伤检测及评价等方面具有独特的优点。该方法的原理是基于铁磁性材料制构件在运行时,受工作载荷和地球磁场的共同作用,在应力和变形集中区域内会发生具有磁致伸缩性质的磁畴组织定向的和不可逆的重新取向,且这种磁状态的不可逆变化在工作载荷消除后不仅会保留,还与最大作用应力有关系,其检测原理见图 3-18。金属磁记忆检测可以准确可靠地探测出被测铁磁材料上以应力集中区为特征的危险部件,是迄今为止对金属铁磁材料与构件进行早期诊断行之有效的无损检测方法。

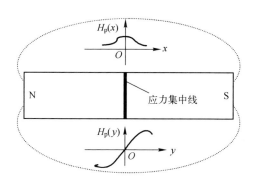

图 3-18　金属磁记忆检测原理图

正因如此,金属磁记忆检测技术一经问世,便受到世界各国的普遍重视。目前,国际焊接学会执行的欧洲规划 ENRESS——"应力和变形检测"中,已明确规定"金属磁记忆法为切合实用的设备和结构应力变形状态检测方法"。我国对于金属磁记忆检测技术也进行了一定的开发与研究,且目前国内已有多家科研单位开展金属磁记忆机理与应用的研究,北京航空材料研究院、南昌航空大学、清华大学、装甲兵工程学院等均在此领域投入了大量人力、物力寻求技术突破。

1. 应力集中判定

Doubov 教授提出金属磁记忆检测技术对于铁磁材料早期损伤的判定即是对应力集中位置及其程度的判定,其判定准则为磁信号法向分量 $H_p(y)$ 过零线即为应力集中线。并通过应力集中线两侧的磁信号 $H_p(y)$ 值和磁场强度梯度 K 值作为辅助参量的判定方法,即 K 值越大,应力集中程度越严重。这种综合判定方法在国内外得到普遍应用和深入研究。

在对应力集中定量评估的研究方面,胡龙先、陈星等提出了利用磁场强度梯度 K_{IN}^{MAX} 和平均磁场强度梯度 K_{IN}^{AV} 的比值 m 来判定铁磁材料损伤状态的方法,并建立了相应的判定准则。

刘昌奎、陈星等提出了根据磁信号 $H_p(y)$ 值曲线波动或突变特征、磁信号特征参量 K 值曲线波动或突变特征、磁信号 $H_p(y)$ 值曲线过零点出现位置综合判断分析试件应力集中和损伤位置较为有效。工程试验研究结果验证了该综合判断方法的有效性。

2. 疲劳损伤检测

Doubov 教授提出检测铁磁材料疲劳损伤的主要参数是磁信号 $H_p(y)$ 值和磁场强度梯度 K 值的变化,但在定量评估方面未给出具体的评价方法。

国内戴光等通过磁信号 $H_p(y)$ 值和磁场强度梯度 K 值能检测到结构的损伤部位和损伤程度,取得了较好的效果。徐滨士等研究了 18CrNiWA 钢在拉疲劳条件下金属磁记忆寿命评估技术,认为该技术可表征力致变形和疲劳损伤累积程度。

在采用磁记忆检测技术对疲劳累积损伤进行定量评估研究方面,刘昌奎等提出了基于磁信号损伤参量的损伤因子 $D = 1 - H_p(y)_{sub0}/H_p(y)_{subN}$ 和 $D = 1 - K_{max0}/K_{maxN}$ 模型,并在损伤力学模型的基础上,建立了针对 $K_t = 3$ 平板缺口试件磁信号特征参量 $H_p(y)_{sub}$ 和 K_{max} 的磁信号疲劳损伤模型 $D = 0.45 - P(1 - N/N_f)^{\psi(\Delta\sigma)}$ 和 $D = 0.9 - P(1 - N/N_f)^{\psi'(\Delta\sigma)}$ 等,见图 3-19,建立的疲劳损伤的磁记忆损伤模型较好地反映了缺口试件的疲劳损伤演化过程及损伤程度,磁记忆损伤参量和损伤模型的建立,为运用磁记忆检测方法定量评估缺口铁磁材料构件剩余疲劳寿命提供了参考。

3. 裂纹检测

刘昌奎、陈星等采用金属磁记忆检测技术对动力输入齿轮轴表面进行检测,动力输入轴齿轮结构和磁信号检测路径见图 3-20。齿轮轴材料为 18CrNi4A 钢。

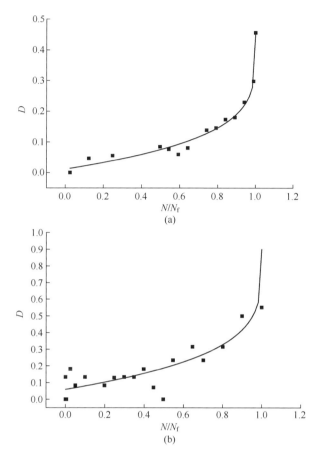

图 3-19　$K_t = 3$，18CrNi4 钢基于磁记忆信号特征参量 $H_p(y)_{sub}$ 和 K_{max} 的疲劳损伤演化模型

（a）$S_{max} = 0.93$；基于 $H_p(y)_{sub}$；（b）$S_{max} = 0.58$；基于 K_{max}。

图 3-20　动力输入齿轮轴结构及磁信号检测路径

　　磁信号探头螺旋查扫后，发现动力输入轴图 3-21 中方框所示部位存在磁信号异常现象。动力输入齿轮轴磁信号 $H_p(y)$ 值曲线在图 3-21 中方框部位存在突变，信号峰值显著增加。并且，在磁信号峰值突变处还出现了磁信号 $H_p(y)$ 值曲线过零特征。采用微分法处理得到的磁信号特征参量 K_{max} 值最大达到近 400A/m·mm，见图 3-22，说明 $H_p(y)$ 曲线突变处有严重的损伤或微缺陷。采用体视显微镜对磁信号异常部位进行放大观察，发现该处表面存在较多的细小

微坑和修磨痕迹。

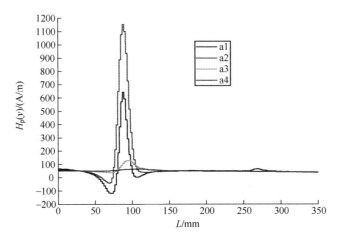

图 3-21　动力输入轴磁信号 $H_\mathrm{p}(y)$ 值曲线

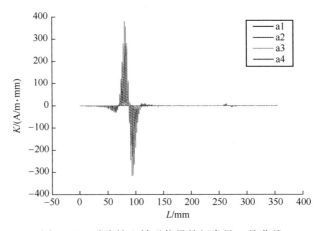

图 3-22　动力输入轴磁信号特征参量 K 值曲线

　　针对工程构件损伤程度提出了比值法,研究获得试件不同疲劳阶段的磁记忆信号及其特征参量变化规律,以特定构件疲劳各阶段磁记忆信号特征参量强度梯度 K_max 的平均值为基值($K_{\mathrm{max}N}^{AV} = \dfrac{1}{n}\sum\limits_{i=1}^{n} K_{\mathrm{max}N}^{ij}$),提出 $m = K_\mathrm{max}/K^{AV}$ 比值法的定量评估模型,该模型的损伤判据为参数 m,根据材料和构件不同选择不同的 m 值作为评价应力集中和损伤程度的阈值。该方法快捷、高效,可较准确地反映试件损伤程度,适用于工程应用。

3.2.4　声发射技术评估

声发射技术(acoustic emission,AE)是德国学者 Kaiser 最早开始研究。声发射技术的基本原理是当材料或结构受到外力或内力的作用,由于其微观结构的不均匀以及内部缺陷的存在,导致了应力集中造成构件局部不均匀的应力分布。当这种不稳定应力分布状态下的应变能积累到一定程度时,不稳定的高能状态一定要向低能状态过渡,这种过渡是以塑性变形、快速相变、裂纹的产生、发展直至断裂等形式来完成。在此过程中,应变能释放,其中一部分是以应力波的形式快速释放出来的弹性能,这种以弹性波形式释放出应变能的现象即形成声发射信号。

声发射技术经过 50 余年的发展,目前作为一种新兴的动态无损检测方法已被广泛应用在航天航空、石油化工、电力工业、材料试验、金属加工等领域。如,航空界已把研制机载声发射检测系统作为航空全机安全性实时监测中的"梦幻技术",对构件疲劳早期损伤部位和损伤程度进行评估;在锅炉及管道检测中,声发射技术用于对管道的泄漏、疲劳和蠕变早期损伤和腐蚀检测和评估;在焊接过程中,该技术已成功用于焊缝质量监测和缺陷位置检测。

声发射检测方法在许多方面不同于其他常规无损检测方法,其优点主要表现如下:

(1) 声发射检测方法是一种被动的动态检验方法,声发射探测到的能量来自被测试物体本身,而不是像超声或射线探伤方法一样由无损检测仪器提供;

(2) 声发射检测方法对线性缺陷较为敏感,它能探测到在外加结构应力下这些缺陷的活动情况,稳定的缺陷不产生声发射信号;

(3) 在一次试验过程中,声发射检测方法能够整体探测和评价整个结构中缺陷的状态;

(4) 可提供缺陷随载荷、时间、温度等外变量而变化的实时或连续信息,因而适用于工业过程在线监控及早期或临近破坏预报;

(5) 由于对被检件的接近要求不高,而适于其他方法难以或不能接近环境下的检测,如高低温、核辐射、易燃、易爆及极毒等环境;

(6) 对于在役压力容器的定期检验,声发射检测方法可以缩短检验的停产时间或者不需要停产;

(7) 对于压力容器的耐压试验,声发射检测方法可以预防由未知不连续缺陷引起系统的灾难性失效和限定系统的最高工作压力;

(8) 由于对构件的几何形状不敏感,而适于检测其他方法受到限制的形状复杂的构件。

从 20 世纪 70 年代开始,美国、苏联及加拿大等一些国家的军事部门先后开展了用声发射技术监测飞机结构疲劳裂纹的研究工作,并利用声发射技术监测机翼和机身连接螺栓裂纹形成和扩展方面取得了进展。90 年代中期,加拿大等国的铁路公司,在不中断运输的情况下,应用声发射技术对北美铁路的 36 座钢桥中的 353 个危险部位进行了动态实时监测,共发现 116 个活动裂纹。经过总结和分析,他们认为通过检测危险部位处的声发射信号,完全可以判断裂纹的活动情况、评价裂纹的严重性和危险性,做出是否要对危险部位处的裂纹进行修理的判断。

随着现代声发射仪器的出现,20 世纪整个 70 年代和 80 年代初人们从声发射源机制、波的传播到声发射信号分析方面开展了广泛和系统的深入研究工作。在生产现场也得到了广泛的应用,尤其在化工容器、核容器和焊接过程的控制方面取得了成功。

声发射检测的主要目标:①确定声发射源的部位;②鉴别声发射源的类型;③确定声发射发生的时间或载荷;④评定声发射源的严重性。一般而言,对超标声发射源,要用其他无损检测方法进行局部复检,以精确确定缺陷的性质与大小。

人们已将声发射技术广泛应用于许多领域,主要包括以下方面:

1. 石油化工工业

低温容器、球形容器、柱型容器、高温反应器、塔器、换热器和管线的检测和结构完整性评价,常压贮罐的底部泄漏检测,阀门的泄漏检测,埋地管道的泄漏检测,腐蚀状态的实事探测,海洋平台的结构完整性监测和海岸管道内部存在砂子的探测。

2. 电力工业

变压器局部放电的检测,蒸汽管道的检测和连续监测,阀门蒸汽损失的定量测试,高压容器和汽包的检测,蒸汽管线的连续泄漏监测,锅炉泄漏的监测,汽轮机叶片的检测,汽轮机轴承运行状况的监测。

3. 材料试验

复合材料、增强塑料、陶瓷材料和金属材料等的性能测试,材料的断裂试验,金属和合金材料的疲劳试验及腐蚀监测,高强钢的氢脆监测,材料的摩擦测试,铁磁性材料的磁声发射测试等。

4. 民用工程

楼房、桥梁、起重机、隧道、大坝的检测,水泥结构裂纹开裂和扩展的连续监测等。

5. 航天和航空工业

航空器的时效试验,航空器新型材料的进货检验,完整结构或航空器的疲劳试验,机翼蒙皮下的腐蚀探测,飞机起落架的原位监测,发动机叶片和直升机叶片的检测,航空器的在线连续监测,飞机壳体的断裂探测,航空器的验证性试验,直升机齿轮箱变速的过程监测,航天飞机燃料箱和爆炸螺栓的检测,航天火箭发射架结构的验证性试验。

6. 金属加工

工具磨损和断裂的探测,打磨轮或整形装置与工件接触的探测,修理整形的验证,金属加工过程的质量控制,焊接过程监测,振动探测,锻压测试,加工过程的碰撞探测和预防。

7. 交通运输业

长管拖车、公路和铁路槽车的检测和缺陷定位,铁路材料和结构的裂纹探测,桥梁和隧道的结构完整性检测,卡车和火车滚珠轴承和轴颈轴承的状态监测,火车车轮和轴承的断裂探测。

总之,声发射技术是一种较好地能够应用于材料早期损伤的一种无损检测方法,它可检测活动性损伤或缺陷并可确定位置,提供损伤或缺陷变化的实时、连续信息。因此,可通过声发射技术对构件的裂纹扩展和损伤变化进行监测。

3.2.5　红外热成像技术评估

由于黑体辐射的存在,任何物体都依据温度的不同对外进行电磁波辐射。波长为 $2.0 \sim 1000 \mu m$ 部分称为热红外线。热红外成像通过对热红外敏感 CCD 对物体进行成像,能反映出物体表面的温度场。

红外辐射是所有物体存在的自然现象,1800 年英国科学家 WILLION HER-CHELL 首先发现了红外线的存在,国际上工业发达国家于 20 世纪 50 年代初发展起来了测量物质温度的红外检测技术,60 年代初美国首先开发出红外热成像技术和设备,并率先应用于军事领域。随后红外检测技术在航天、航空、医学、建筑等领域得到了广泛的应用和发展。目前红外技术的应用领域主要包括红外测温、红外热成像、红外遥感、红外报警和红外加热五大方面。另外,红外技术在红外气体分析、红外光谱分析、红外测湿等方面也得到广泛应用。

红外热成像由点到面实时显示被测物体表面的温度分布,是红外测温技术的重大发展。目前世界上有多种红外热像仪产品出售,美国无损检测学会已将其列为正式的特种无损检测方法之一,并已开展Ⅰ、Ⅱ、Ⅲ级无损检测人员的培训和考核工作,在工业设备的无损检测方面人们主要是利用红外热成像技术监测电气设备动力机械设备和高温设备的运转状况,及早发现故障的隐患。

1. 红外热成像检测技术在无损检测中的应用现状

红外热成像技术的应用包含了广泛的工业领域,各种试验模式较成熟的主要应用领域如下：

（1）复合材料和结构。使用纤维增强型复合材料制造的元件和结构特别适合进行红外热成像的无损检测,这些材料损伤的特点是缺陷平行于材料的表面而且热传导率较低,目前已有许多对复合材料和结构内部损伤,特别是撞击损伤进行红外热成像检测的应用。因此人们通过采用红外热成像技术测量复合材料的热传导特性,来评价复合材料的特性。

（2）热传导分析。主要用于对热量交换设备进行热交换效率的分析,也对材料特性进行评价。

（3）粘接材料和结构。用于检测粘接材料和构件粘接界面的质量。

（4）焊接和焊接结构。通过用红外热成像检测焊接过程焊件的冷却率,来指导焊接工艺的评定。

（5）应力分析。红外热成像应力分析是基于材料的热弹效应,既材料由应力引起的动力学变化可以引起温度的改变,通过这一方法可以采用非接触测量材料的应力,也可以检测材料或结构内的损伤和缺陷,也有人尝试检测压力容器上的缺陷。

2. 红外热成像技术研究现状

我国对红外检测技术的研究始于20世纪70年代初,通过近30年来许多单位的研究与开发,使这一技术在国内得到越来越广泛的应用。我国电力系统是研究开发与应用红外热成像无损检测技术较早的行业,1975年研制了我国第一台HRD-1型红外热像仪,1996年成功研制了HSY-01型红外扫描测温仪,近二十年电力系统引进了约50台红外热像仪,广泛应用于电力设备裸露载流体及接头热状态的检测。

中国特种设备检测研究中心、中国科学院沈阳金属研究所、天津石化公司等单位开展了金属试样压力容器和压力管道缺陷的热传导分析、断裂力学和应力分析等方面的研究工作,并对液化石油气储罐反应器加热炉和高温压力管道等设备开展了成功的红外热成像检测应用工作。

房屋热诊断技术在我国也已开始应用,采用红外检测技术可以诊断出建筑物外墙面的剥离沙浆空洞、结露水渗漏、墙板渗漏的走水路线以及大型建筑物输热系统的热损失等。另外红外热成像技术在印制电路板的故障检测、陶瓷工业机械加工工业等方面也有应用。

3. 红外热成像评估应用案例

在航空领域,红外热成像方法主要用于飞机蒙皮的损伤检测。脉冲红外热成像检测技术可用于损伤特性识别,绘制表面不同区域的冷却曲线,也可以发现碳纤维增强多层复合材料受撞击后各层损伤沿该层纤维方向的扩展情况。

利用超声红外热成像技术摄得铝制品中裂纹的热图序列,可发现裂纹的大小、形状和取向。锁相红外方法可在相位或幅值图发现腐蚀缺陷。

参考文献

[1]　张栋,钟培道,陶春虎,等. 失效分析[M]. 北京:国防工业出版社,2008.

[2]　钟群鹏,赵子华. 断口学[M]. 北京:高等教育出版社,2006.

[3]　中国民用航空局科技教育司. 飞机结构维修指南[M]. 北京:北京航空航天大学出版社,1993.

[4]　陶春虎,刘高远,恩云飞,等. 军工产品失效分析技术手册[M]. 北京:国防工业出版社,2009.

[5]　陶春虎,刘庆瑔,刘昌奎,等. 航空用钛合金的失效及其预防[M]. 北京:国防工业出版社,2013.

[6]　刘新灵,陶春虎,张峥,等. 疲劳断口定量分析[M]. 北京:国防工业出版社,2009.

[7]　张燚,章文峰,闫海,等. 断口定量分析在评估构件疲劳寿命中的应用[J]. 材料工程,2000,4:45-48.

[8]　习年生,刘丰收. 断口定量概率评估货车车轮辐板孔裂纹扩展速率[J]. 失效分析与预防,2007,2(4):21-25.

[9]　孙侠生,肖迎春. 飞机结构健康监测技术的机遇与挑战[J]. 航空学报,2014,36(12):3200-3212.

[10]　路浩. 300km/h 高速列车车体残余应力超声波法无损测量[J]. 焊接学报,2010,31(8):29-32.

[11]　郑中兴. 材料无损检测与安全评估[M]. 北京:中国标准出版社,2004.

[12]　张世平,路浩,朱政,等. 薄壁 LY12 铝合金焊接残余应力超声波法无损测量及验证[J]. 焊接学报,2009,30(9):25-28.

[13]　高玉魁. 超高强度钢喷丸表面残余应力在疲劳过程中的松弛规律[J]. 材料热处理学报,2007,28(增刊):102-105.

[14]　高玉魁. 表面强化对 A-100 钢带孔构件疲劳性能的影响[J]. 材料热处理学报,2014,35(5):160-164.

[15]　LIU CHANGKUI,ZHANG WEIFANG,LIU XINLING,TAO Chunhu. Fatigue Cracks Initiation and Propagation Behavior in Welded Joints of Titanium Alloy[C]. Ninth international conference on engineering structural integrity assessment,2007:877-881.

[16]　刘昌奎,陶春虎,陈星,等. 基于金属磁记忆技术的 18CrNi4A 钢缺口试件疲劳损伤模型研究[J]. 航空学报,2009,30(9):1641-1647.

[17]　刘昌奎,陈星,张兵,等. 构件低周疲劳损伤的金属磁记忆检测试验研究[J]. 航空材料学报,2010,30(1):72-77.

[18]　陈星,刘昌奎,陶春虎,等. 金属材料拉伸损伤的磁记忆表征研究[J]. 无损检测,2009,31(5):345-348.

[19]　陈曦,任吉林,王伟兰,等. 地磁场中应力对磁畴组织的影响[J]. 失效分析与预防,

2007,2(1):6-9.

[20] 王丹,董世运,徐滨士,等.应力集中部位的金属磁记忆检测研究[J].失效分析与预防,2007,2(2):12-15.

[21] 王向红,朱昌明,毛汉领,等.基于声发射技术的水轮机转轮叶片疲劳裂纹扩展速率实验研究[J].中国机械工程,2009,7:847-851.

[22] 方江涛,谢涛,孙立莹,等.危险化学品储罐罐底在线声发射检测与安全性评估[J].无损检测,2009,32(2):293-295.

[23] 郭广平,周在杞,等.激光、微波和红外热成像检测技术在中国[J].无损检测,2008,30(10):668-672.

[24] 郑立胜,代永朝,杨小林,等.基于红外热成像检测的飞机复合材料冲击试验研究[J].玻璃钢/复合材料,2009,1:19-22.

[25] 王欣,胡仁高,胡博,等.喷丸强化对 GH4169 合金孔结构高温低周疲劳性能的影响[J].中国表面工程,2015,28(6):7-12.

[26] 王欣,胡云辉,曾惠元,等.结构应力集中和表面完整性对 17-4PH 钢轴向疲劳性能的影响[J].中国表面工程,2016,29(2):111-116.

[27] 王欣,李四清,孟震威,等.喷丸表面覆盖率对 TC4 钛合金表面完整性的影响[J].航空材料学报,2013,33(3):34-38.

[28] 王欣,江志华,曾侯祥,等.喷丸对 18%Ni 型超高强度钢低周疲劳性能影响[J].北京航空航天大学学报,2014,40(5):608-612.

第4章

钎焊修复技术

4.1 概　述

涡轮叶片等发动机热端部件的工作环境十分恶劣,如高压Ⅰ级导向叶片紧临燃烧室出口,处于高温燃气流的包围之中,燃气中的氧和硫对叶片表面有强烈的氧化和腐蚀作用,热燃气冲刷及气体冷却造成叶身近期边及气模孔边缘、叶盆、叶背、排气边及缘板等不同部位温度差别很大,叶片内部形成很大的热应力,工作温度不断变化,承受冷热交变导致的热应力,承受燃气的气体力、气流脉动所造成的振动载荷等。因此热端部件故障率高,易产生冷热疲劳裂纹、过热、过烧等缺陷不能继续服役而报废。此类部件制造成本高,是发动机大修成本的主要组成部分。因此,涡轮导向叶片等热端部件也是钎焊修复的主要对象,叶片的修复具有重要的经济意义及战略意义。

本章重点阐述真空钎焊技术在航空发动机热端部件修复中的应用。

涡轮导向叶片等热端部件主要损伤形式有裂纹、烧蚀及磨损等,待修复缺陷往往较大,因此修复缺陷需求钎焊及大间隙钎焊技术。

热端部件修复的难点主要包括两个方面:①待修复表面氧化膜的完全去除;②获得高性能的钎焊接头。

4.1.1　钎焊的概念及基本原理

钎焊是连接温度低于母材的一种金属热连接方法。在钎焊温度下,熔化的钎料(填充金属)在毛细作用下,填充母材之间的间隙,并且母材与钎料发生相互作用,然后冷却凝固,从而形成冶金结合。钎焊过程包括钎料填满钎缝和钎料与母材相互作用两个过程。

液体钎料致密地填满钎焊间隙是获得优质接头的前提。液态钎料是依靠毛细作用在钎缝间隙内流动并填充钎缝间隙的,毛细作用是液体在狭窄间隙中流动时所表现出来的固有特性。如图 4-1 所示,把小间隙平行板插入液体中,液体在平行板中上升或下降高度 h 由下式确定:

$$h = 2\sigma_{lg}\cos\theta/a\rho g \tag{4-1}$$

式中:σ_{lg} 为液体(钎料)与大气间的界面张力;θ 为液体(钎料)在板材(母材)表面润湿角(图 4-2);a 为平行板的间隙,钎焊时即为钎缝间隙;ρ 为液体(钎料)的密度;g 为重力加速度。

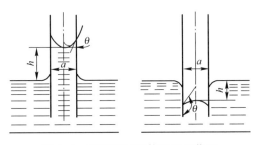

图 4-1　平行板间液体的毛细作用

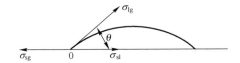

图 4-2　液滴铺展时界面张力平衡示意图

可见只有液态钎料润湿母材(即 $\theta<90°$、$\cos\theta>0$)时界面是上升状态,否则液面是下降状态(图 4-1),液态钎料爬升高度与 σ_{lg} 和 $\cos\theta$ 成正比,与 a 成反比,因此钎料填充钎焊间隙的质量取决于液体钎料对母材的润湿性,同时以小间隙为佳。

钎焊时钎料与母材相互作用结果会对钎焊接头性能产生很大的影响,此相互作用包括固态母材向液态钎料溶解和钎料组分向固态母材中扩散,受钎料与母材成分、钎焊温度和保温时间及钎料用量等的影响,因而采用优质且适宜的钎料和工艺,控制钎料与母材的相互作用,获得希望的冶金质量,从而可获得优质接头。

4.1.2　大间隙钎焊

液态钎料填充钎焊间隙的质量与钎焊间隙密切相关(由式(4-1)可知),因此要求钎焊间隙保持在较小的范围内,一般是小于 0.15mm。而钎焊待修复缺陷往往较大,如叶片裂纹形状不规则、宽度不均匀,从裂纹开口处的毫米级宽度到裂纹尖端的微米级宽度连续变化,如果采用机械去除氧化膜,将形成 0.2~0.5mm 甚至更大的开口,显然采用单纯的合金钎料、利用毛细作用原理无法实现钎焊,需采用大间隙钎焊修复技术。

大间隙钎焊时主要困难之一是钎焊间隙过大从而丧失毛细作用,钎料不易停留在间隙内。因此,大间隙粉末冶金钎焊材料与常规钎焊时的钎料不同,它由两部分粉末混合而成:一部分是熔点较低的钎料粉末;另一部分是具有大致相当颗粒度的另一种金属粉末,它在钎焊温度下不熔化。大间隙粉末冶金真空钎焊常用的填加粉末方法有混合填加粉末法和预填高熔点粉末法两种。

混合填加粉末法:将钎料和高熔点粉末充分混合,钎焊时将混合物密实地填满需要钎焊的间隙,并加热到适当温度,两种合金粉末相互烧结,并且与被连接的零件烧结起来。当达到钎焊温度后,钎焊材料中熔点较低的钎料发生熔化,同时高熔点合金粉末颗粒之间的空隙起着毛细作用,熔化后的钎料就填满此间隙,并且把零件连接起来。

预填高熔点粉末法:将高熔点粉末直接预填在接头间隙内,钎料放在接头间隙外,接头周围再涂上阻流剂以防止钎料流失。当加热到钎焊温度,熔化的钎料流入到粉末之间的孔隙,并填满钎焊间隙,从而形成钎焊接头。这种钎焊工艺方法的优点是可以省去混合和烧结工序,不会在钎焊接头外形成难熔的骨架,钎缝中形成的缩孔较少。

较高熔点合金粉在钎焊中主要起到如下几个方面的作用:

(1)高熔点粉末在钎焊温度下不熔化,颗粒间极小的间隙形成毛细管,有利于液态钎料吸入,有利于大间隙钎缝成形。

(2)高熔点粉末增加了形核界面,保温结束后冷却时,液态钎料以高熔点粉末和钎焊界面为非均匀形核位置,晶核数目明显增加,并且由于粉与粉之间的间隙较小,初生的固溶体没有足够的生长空间,不能发展为粗大的枝干组织。

(3)高熔点粉末的存在提高了 B、Si 元素均匀化程度。原因在于高熔点粉末不含 B、Si 元素,在粉末与钎料界面上存在大的 B、Si 浓度梯度;高熔点粉末的表面积很大,增大了 B、Si 元素的扩散面积;扩散路径比不加高熔点粉末时单纯向母材扩散距离短得多。由于 B、Si 元素向高熔点粉末内扩散,从而减小了液态钎料中 B、Si 元素的浓度,所以钎焊后冷却时,生成的 B、Si 共晶相减少。

(4)加入高熔点粉末,占据了钎缝部分位置,致使钎料的使用量减少,钎缝中 B、Si 总含量减少,从而生成的 B、Si 共晶减少。

(5)固态高熔点粉末部分溶解于液态钎料中,使钎料合金化,从而 B、Si 浓度降低,因而生成的 B、Si 共晶减少。从微观组织可以观察到高熔点粉末由于向液态钎料中溶解而改变了原来的球形形貌。

所以,高熔点粉末的加入,不仅是大间隙粉末冶金钎焊工艺的需要,而且更重要的是改变钎缝的结晶形态,改善了钎缝组织,尤其是使连续分布的花纹状共晶相转变为断续分布的小块状化合物。所以,高熔点粉末对钎焊焊缝形成和改善钎缝组织起了重要作用。

4.1.3 钎焊修复发展与应用

发动机涡轮导向叶片等热端部件修复研究开始于20世纪50年代,70年代真空钎焊修复发动机部件取得成功并获得工程应用。美国通用电气航空集团70年代末成功修复了50万件以上的高压涡轮部件,包括Ⅰ级、Ⅱ级导向叶片,80年代形成经济效益良好的独立产业,90年代瞬时液相扩散焊、粉末冶金、热等静压等新工艺也陆续用于叶片修复。

钎焊突出优点是钎焊加热温度低于母材熔点,因此对母材性能影响小,避免母材熔化带来的结晶裂纹问题;适用于多种材料连接,可连接其他焊接方法难以连接的材料如含高Al、Ti的镍基铸造高温合金及陶瓷等非金属材料,还可实现异种金属、金属与非金属材料的连接。因此非常适宜含高Al、Ti的镍基铸造高温合金叶片的钎焊及修复,以及叶片凸台、耐磨块等异种金属的钎焊及修复。

飞机和发动机零件损伤修复常用的钎焊方法是真空钎焊,此外还应用感应钎焊、火焰钎焊、烙铁钎焊等。

真空钎焊在真空环境下对已经装配好钎料的焊件进行加热,利用真空条件下一系列对钎焊有利的物理化学反应,实现去膜和润湿,形成钎焊过程的方法。真空钎焊一般指真空炉中钎焊。真空钎焊修复的主要优点是:①钎焊过程在真空条件下,一方面去膜和润湿,从而实现连接,另一方面被焊材料被保护不会氧化;②钎焊过程整体加热,不会产生变形和残余应力;③可同时完成多条焊缝、多个叶片,生产效率高,质量稳定;④可与热处理同步进行。真空钎焊修复是航空发动机热端部件修复最常用的钎焊方法,特别适合高Al、Ti含量的镍基铸造高温合金零件裂纹、烧蚀和磨损等缺陷的修复。可用于涡轮工作叶片叶尖的磨损、导向叶片缘板的磨损、导向叶片裂纹和烧蚀、整体铸造导向器裂纹等缺陷的修复。

感应钎焊是将焊件的待焊部位置于交变磁场中,通过电磁感应在工件中产生感应电流来实现工件加热的一种钎焊方法。采用高频感应局部加热,加热速率快,热作用时间短,对零件材料损伤小。主要用于钛合金叶片阻尼凸台耐磨层的修复,以及各类导管类零件的补焊或焊接。

火焰钎焊是利用可燃性气体或液体燃料的汽化产物与氧气或空气混合燃烧产生的火焰对工件和钎料加热,方法简单,操作方便,成本低廉,主要用于低碳钢、低合金钢、不锈钢、铜及其合金材料零件修复,例如修复不锈钢导管、碳钢耳片、支座、安装座等。

烙铁钎焊是利用烙铁头积聚的热量来熔化钎料,并加热钎焊处的母材而完成焊接的钎焊方法,主要用于机载附件的电器元件、导线接头、滤网、仪表等零件的修复。

随着发动机推重比的不断提高,要求导向叶片承受更高的温度,叶片结构和冷却通道更加复杂,为了实现复杂结构,制造时就广泛采用了钎焊技术,叶片存在较多的钎焊焊缝,这就限制了整体加热钎焊修复的实施,因此发展了局部加热修复叶片的钎焊技术(如激光钎焊、电弧钎焊等)。同时,随着单晶叶片的使用,发展了单晶叶片钎焊修复技术,以及新型不含硼、硅脆性化合物的钎料。

4.2　氧化膜清理

待修复表面的氧化膜清理,不仅是焊接修复的首要步骤,也是钎焊修复的关键技术之一。

液态钎料填充待修复钎焊间隙前提是钎焊时液态钎料润湿母材(由式(4-1)可知)。θ 为润湿角,σ_{sg}、σ_{lg}、σ_{sl} 分别为固-气、液-气、固-液界面间的界面张力,液滴在固体表面铺展后的最终形状(见图4-2)可由杨氏方程描述:

$$\sigma_{sl} + \sigma_{lg}\cos\theta \tag{4-2}$$

由杨氏方程可以推导出润湿角与各界面张力的关系:

$$\cos\theta = (\sigma_{sg} - \sigma_{sl})/\sigma_{lg} \tag{4-3}$$

可见 $\cos\theta$ 与各界面张力密切相关。当被焊母材表面存在氧化膜时,液态钎料往往凝聚成球,不在母材表面润湿铺展。其原因是氧化物的表面张力 σ_{sg} 比金属本身的低很多,如 Fe_2O_3、CuO、Al_2O_3 的表面张力分别为 0.35N/m、0.76N/m 和 0.56N/m,而 Fe、Cu、Al 的表面张力分别为 4.0N/m、1.43N/m 和 2.1N/m,因此覆盖着氧化膜的母材表面比无氧化膜的洁净表面,表面张力 σ_{sg} 显著减小,使 $\sigma_{sg} < \sigma_{sl}$,钎焊时液态钎料不润湿母材,因而不能填充间隙,达不到钎焊修复的目的。可见待修复缺陷表面氧化膜彻底清理是钎焊修复的前提。

发动机热端部件长期高温服役,表面形成氧化膜厚而稳定,去除较为困难,因此是修复的关键技术之一。

氧化膜去除法主要分为机械去除法和化学去除法。机械去除法包括机械加工、电火花加工和吹砂等。化学去除法包括氟化物去除法、氢还原去除法、化学溶液去除法等。机械去除法主要用于数量少、大开口、可达性好的裂纹、凹坑等缺陷表面氧化膜去除。氟化物去除法主要用于高 Al、Ti 镍基高温合金叶片缺陷表面氧化膜去除,是最有效的化学去除法之一。氢气还原法、化学溶液清洗法主要用于不锈钢及不含或低 Al、Ti 的镍基高温合金及钴基高温合金缺陷表面氧化膜去除。

4.2.1　机械方法清理

机械去除法是含有高 Al、Ti 镍基铸造高温合金叶片裂纹等缺陷表面氧化膜去除的可靠方法。机械去除法可去除单一裂纹表面的氧化膜且形成开口可小于 0.5mm，也可以去除密集裂纹，但形成的开口较大。机械去除法优点是氧化膜去除效果稳定可靠，适用于单条裂纹或者裂纹条数较少的叶片，例如导向叶片缘板裂纹、排气边裂纹。机械去除方法缺点是伤及母材，人为增大了待修复缺陷的尺寸；对于存在大量裂纹的叶片，逐一去除裂纹较为繁杂且效率低，联排叶片部分裂纹位置刀具不可达，无法去除裂纹。

图 4-3(a)是中压涡轮导向叶片缘板和排气边单条裂纹机械去除后的状态，图 4-3(b)是 I 级涡轮导向叶片排气边孔边裂纹机械去除后状态，先采用机械方法去除裂纹表面氧化膜，形成的开口小于 0.5mm，再采用大间隙真空钎焊与粉末冶金相结合方法修复。

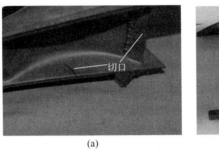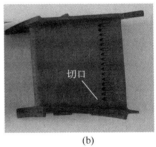

(a)　　　　　　　　　　　　　　(b)

图 4-3　机械去除裂纹氧化膜后的涡轮导向叶片

(a)中涡导叶；(b) I 涡导叶。

4.2.2　氟化物清理

氟化物去除方法主要用于去除含高 Al、Ti 的铸造高温合金叶片裂纹等缺陷表面氧化膜，其原理是利用氟化物分解产生的 HF 气体或直接通入 HF 气体，与金属氧化膜在高温下发生反应，生成产物一部分挥发，一部分高温下呈熔融状态，对钎料润湿母材无不利影响，使钎料能够润湿填缝，从而实现焊接修复。氟化物去除方法优点是一次可去除多条裂纹等缺陷表面氧化膜，不需要开口，不损伤母材，待修复缺陷小。缺点是工艺繁琐，形成污染产物需要专业处理，参与反应的氟化氢气体有毒，需采取相应的防护措施，设备投资较大。

氟化物去除氧化膜的反应方程式如下：

$$6HF(气)+Cr_2O_3\longrightarrow 3H_2O(气)+2CrF_2(气)+F_2(气) \tag{4-4}$$
$$12HF(气)+2Al_2O_3\longrightarrow 6H_2O(气)+4AlF_3(气) \tag{4-5}$$

HF 是主要反应剂,HF 在高温时能够将叶片表面稳定的 Cr_2O_3、Al_2O_3 氧化膜层反应去除,其原理是利用氟化氢与金属氧化物反应生成金属元素的氟化物,该氟化物在高温状态下为气体,气体挥发后裂纹氧化膜得以去除,也有资料显示 AlF_3 在 1200℃ 以下不为气态,但该原理已经得到证实,即采用 HF 在高温下可以将含有 Al、Ti 的氧化膜去除,并在国外得到工程应用。HF 的引入主要有两种方式:一是直接通入 HF;二是利用反应剂间接反应生成 HF。

直接通入 HF,即直接将 HF 气体通入高温的反应炉中,靠上述基本反应将叶片裂纹表面的氧化膜去除。该方法直接,工艺过程简单,但涉及使用剧毒气体 HF 的安全问题,一旦发生 HF 气体泄漏,会造成巨大的人员、环境损失。因此,从 HF 气体的运输及安全管理,到设备材料、部件的选用,到废气处理等,对材料、设备的可靠性提出很高要求。

反应剂间接反应生成 HF,即采用含氟的有机化合物,如氟化铵、四氟乙烯等,经过分解或裂解,产生含氟的中间产物,然后中间产物再进一步与 H 反应,生成 HF 气体,并引入到放置叶片的高温反应区去除裂纹氧化膜。反应剂间接反应生成 HF,过程可控,一但发生泄漏可以快速中断反应过程,泄漏有毒气体量少,对人员和环境危害有限。

北京航空材料研究院采用了一种新的方式获得 HF 气体,即氟化物分解法。基本过程是在辅助反应器中高温分解氟化物产生 HF,然后将 HF 气体引入到处于高温状态的主反应器中,与叶片氧化膜接触反应去膜。

这种设计方案,一是解决了 HF 的安全问题,避免了 HF 气体的运输、储存过程,从根本上避免大量 HF 气体泄漏的风险。二是解决了 HF 的可控持续供应问题,避免在同一反应器内反应温度、反应速率和反应持续时间难以控制问题,可以保证氧化物清除反应过程顺利、完全进行。反应过程为

$$A\longrightarrow B+HF(气) \tag{4-6}$$
$$6HF(气)+Al_2O_3(固)\longrightarrow 3H_2O(气)+2AlF_3(气) \tag{4-7}$$
$$6HF(气)+Cr_2O_3(固)\longrightarrow 3H_2O(气)+2Cr\,F_2(气)+F_2(气) \tag{4-8}$$
$$F_2(气)+Cr(固)\longrightarrow CrF_2(气)$$

式(4-6)中 A 是被分解的氟化物,B 是固态的分解产物。

设备系统原理示意图见图 4-4。

图 4-5 是采用氟化物分解法清理 DZ40M 合金叶片前、后的表面状态,叶片表面氧化膜被全部去除,呈白亮状态,打开裂纹,裂纹尖端氧化物也基本上去除干净。

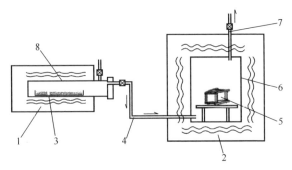

图 4-4　分解法氟化物化学清理系统原理示意图
1—辅助反应器;2—主反应器;3—氟化物;4—HF 引气管;
5—叶片;6—反应室;7—废气引出管;8—分解室。

| (a) | (b) |

图 4-5　氟化物清理叶片裂纹前、后表面状态
（a）氟化物清理前；（b）氟化物清理后。

4.2.3　氢还原方法清理

某些金属氧化物（M_xO_y）与 H_2 能够在一定温度下发生反应生成水和单质金属,从而将某些合金工件表面或裂纹表面的氧化膜去除,其去膜反应通过如下方程式实现:

$$M_xO_y + yH_2(气) \Longrightarrow yH_2O(气) + xM$$

采用高温氢还原反应去除氧化膜,还原反应温度、水蒸气压、氧化物对应金属活跃程度均对去膜反应产生重要影响。根据相关文献,已知能够采用氢气还原方法去除的氧化物主要有 Fe_2O_3、NiO、CoO、CuO、MoO_3、MoO_2、WO_3 等,而 Al_2O_3、TiO_2、Cr_2O_3 等氧化物由于与基体有较强的结合而无法使用氢气还原去除。因此,高温纯氢处理的方法一般只对碳钢、不锈钢及不含 Al、Ti 元素或含 Al、Ti 较低的镍基高温合金或钴基高温合金表面氧化膜较为有效。

4.2.4　化学溶液去除法

对于不含或低 Al、Ti 的高温合金叶片缺陷表面的氧化膜,可采用化学溶液清理。其优点是设备投资少,可一次去除多条裂纹等缺陷表面氧化膜,缺点是只适宜不含或低 Al、Ti 的高温合金叶片,适用范围小,应用较少。图 4-6 为某合金叶片裂纹采用化学溶液去除法去除裂纹表面氧化膜,然后进行真空钎焊修复,钎料润湿并填满裂纹间隙,钎焊接头致密,可见氧化膜去除效果良好。总之,不同去膜方法适用于不同材料

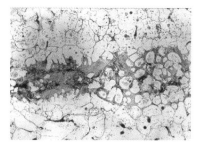

图 4-6　叶片裂纹钎焊填缝情况

的叶片、不同类型的裂纹,工程应用时应根据具体情况综合分析,选择有效、可靠、低成本的去膜方法。

4.3　镍基合金钎焊修复技术及应用

发动机热端部件较多采用含高 Al、Ti 的镍基铸造高温合金,用钎焊修复此类部件时,获得高性能的钎焊接头是修复技术的另一关键技术。

发动机热端部件中涡轮导向叶片早期主要为 K403 铸造镍基高温合金,俄产系列发动机应用较多为 K465(ЖС-6У)镍基铸造高温合金,罗尔斯·罗伊斯公司生产的发动机应用较多为 K423(C1023)镍基铸造高温合金,因此本节主要以上述三种高温合金为例,研究其钎焊修复技术及其典型叶片修复应用。

由于部件母材不同、热处理制度不同,有些部件本身带有钎焊部位,且原有的钎料及钎焊温度对后续的钎焊修复工艺有不同程度的限制。当钎焊修复部位不同时,其对钎焊修复接头性能要求也不同。以叶片修复为例,叶身部位对性能要求较高,缘板部位对性能要求略低。因此针对同种材质的部件,其结构、类型及缺陷部位的不同应采用不同的钎焊修复工艺开展修复。

4.3.1　镍基合金钎焊修复技术

1. K403 合金钎焊修复技术

K403(俄相近牌号 ЖС-6К)合金是我国 20 世纪 60 年代研制成功并广泛应用的镍基铸造高温合金,采用多种金属元素强化,具有较高的高温强度,与性能相同的其他合金相比含钴量最少(质量分数为 5%),因此价格较便宜。该合金适合制作工作于 1000℃ 以下的涡轮导向叶片和工作于 900℃ 以下的涡轮工作叶片以及其他零件。K403 合金含有较高 Al、Ti 元素,其熔焊焊接性较差,通常焊后即发生开裂现象,因此部件修复往往采用钎焊工艺开展修复。

K403 合金的溶化温度范围 1260～1338℃,热处理制度 1210℃,4h,空冷,合金也可以铸态使用。

K403 合金叶片由于钎焊修复部位不同,对性能要求不同。针对叶身服役温度高,修复性能及重熔温度要求高,应采用较高性能的钴基钎料及较高的修复温度;而针对缘板缺陷,由于气体冷却,服役温度相对低,应采用 BNi82CrSiB 钎料及略低的钎焊修复温度。

1) 钴基钎料钎焊 K403 合金

K403 合金涡轮导叶的主要缺陷为叶身裂纹,目前国内针对此类含高 Al、Ti 的镍基高温合金叶片裂纹的氧化膜,有效的去除方法为机械去除法。但其形成的待修复缺陷较大,由此针对该合金开展了大间隙高性能钎焊修复技术研究。主要采用钴基钎料,研究其钎焊接头组织、扩散处理对接头组织及 γ' 相的影响、扩散处理对不同间隙接头持久性能的影响。

设计的钴基钎料含有 Ni、Cr、Co、W、Mo、B、Si 元素。Cr 是镍基、钴基高温合金中主要的添加元素,含量控制在 20%(质量分数)左右,其主要作用是增加抗氧化性及耐蚀能力。W、Mo 是镍基、钴基高温合金中的主要元素,与 C 可以形成 M_6C 型碳化物产生强化作用,还可以溶入基体起固溶强化作用。B 是高温钎料中最常用的降低熔点的元素,B 不但可使镍、钴基钎料的熔点显著降低,还可以增加钎料的润湿性,且在保温过程中扩散速率高,不在接头界面形成不必要的稳定相。但是 B 在 Ni、Co、Cr 中溶解度极低,易形成大块初生硼化物导致脆性。为了防止形成脆性相,往往需要长时间均匀化处理,并尽量减小钎缝间隙,这给钎焊工艺带来一定困难,所以 B 含量不宜太高。Si 的作用与 B 相似,在高温钎料中加入少量 Si 即可使熔点显著降低。Si 在 Ni 中的溶解度为 6%(质量分数)左右,超过此浓度时,形成脆性的 β 相使合金变脆,且 Si 在焊接界面形成不必要的稳定相,阻碍元素的扩散,Si 还会引起高温强度的退化,所以钎料中 Si 的含量应尽量少。

采用的混合粉中合金粉含量为 40%(质量分数)、粒度为 -140～+200 目,钎料 -300 目,钎焊间隙为 0.6mm,获得 K403 接头形貌见图 4-7。

钎缝主要由镍基合金粉颗粒、颗粒周围的 γ 固溶体(Ni-Co-Cr)、断续分布的块状化合物以及少量共晶组成。合金粉边界上块状化合物是富 W、Mo 的 B、Si、Cr 化合物。这些 B、Si 化合物较脆,而共晶熔点较低,都不利于钎缝的高温性能。通常消除钎缝中硼化物的方法是钎焊后进行扩散处理。与窄间隙钎焊相比,大间隙粉末冶金真空钎焊由于合金粉的加入,使元素扩散路径和扩散距离发生了变化,在扩散过程中 B、Si 等降熔元素一边向母材中扩散,一边向合金粉中扩散,而向合金粉中扩散距离要短得多,所以合金粉的存在,使钎焊后的扩

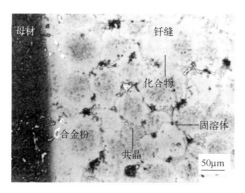

图 4-7　大间隙粉末冶金钎焊接头形貌

散过程加快,缩短了扩散时间。同时,合金粉溶入液态钎料并在液相消失后向形成的固相中扩散,整个钎缝随着扩散时间的延长而逐渐均匀化,成为成分和组织单一的固溶体,从而提高接头性能。

　　K403 合金大间隙钎焊接头在钎焊温度下进行长时间扩散处理,不同时间扩散后的接头组织见图 4-8,可以看出,扩散过程中钎焊接头的组织发生了明显的变化。在扩散时间较短时(≤4h),在合金粉周围出现大量花纹状硼化物见图 4-8(a)。延长扩散时间至 8h,花纹状硼化物消失,转化为不连续的小块状化合物见图 4-8(b),扩散时间至 12h 存在少量化合物相见图 4-8(c)。延长扩散时间至 32h 时,仅存及少量化合物相见图 4-8(d)。扩散过程中,随着合金粉的

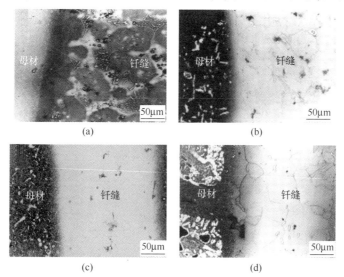

图 4-8　不同扩散时间获得 K403 大间隙钎焊接头组织

(a) 4h;(b) 8h;(c) 12h;(d) 32h。

溶解粉末颗粒边界向外扩展,充分扩散后,钎缝全部由均匀的 γ 固溶体组成,晶界上有极少量块状化合物。

扩散初期,钎缝中有较多的液相,扩散通过液相进行,由于液相中的 B、Si 不断向母材及合金粉中扩散,同时合金粉不断向液相中溶解,所以液相中 B、Si 等降低熔点元素的浓度不断下降,熔点升高,扩散一段时间后,钎缝的大部分区域重熔温度超过 1200℃,只在粉间隙较大低熔点共晶聚集的地方存在液相,所以扩散后期主要进行的是固态扩散。

合金粉中心和合金粉间隙之间,B 的浓度梯度较大,为 B 的扩散提供了动力,B 的原子半径较小,以间隙方式进行扩散。随着扩散的进行,钎缝中各处 B 的浓度梯度逐渐减少并趋于平衡,硼化物的形貌也逐渐发生变化,由花纹状逐渐分解、退化,最后成为块状、点状,偏聚于晶界上。弥散分布于晶界上的点状硼化物对晶界有强化作用,可提高钎缝的持久性能。

固态扩散时,B 以两种方式向母材中扩散:一是晶内扩散;二是通过晶界扩散。在晶界的扩散速率一般高于晶内扩散速率一个数量级,所以经过长时间扩散后,大量大块、花纹状硼化物在靠近钎缝的母材晶内和晶界析出,而离钎缝较远的母材只沿晶界析出硼化物,钎缝中剩余的硼化物以点状分布于奥氏体晶界上。

由于合金粉不断向液态钎料中溶解及两者之间的相互扩散,整个钎焊接头元素分布不断均匀化,12h 扩散后,贯穿钎焊接头的元素分布见图 4-9。可以看出,除 Co、Cr 元素外,母材和钎缝中各元素分布已接近均匀,钎缝已部分

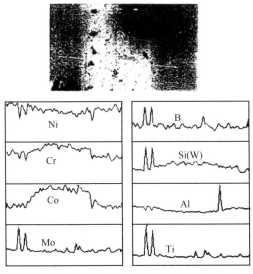

图 4-9 贯穿钎焊接头的元素线分布

合金化。

　　钎缝间隙是影响扩散的一个重要因素,当钎焊间隙较小时,钎缝扩散形成均匀的无大块状硼化物固溶体的时间较短,当钎焊间隙较大时,要扩散更长的时间才能达到同样的目的,这是因为钎缝的变宽增加了钎缝中钎料用量和元素向母材扩散的距离,所以需要更长扩散时间才能使接头成分和组织均匀化。因此,从提高钎焊接头力学性能出发,去除裂纹氧化膜时希望开口尽量小,这就是机械去除氧化膜的不足之处。

　　K403 铸态组织是由 γ 基体、γ′(Ni₃(Al,Ti))强化相和少量的 MC 型碳化物、硼化物 M_3B_2 及 γ+γ′ 共晶组成,见图 4-10。铸造合金中的 γ′ 相的形态可以分为四个区域:①枝晶干区,该区的 γ′ 相比较小且规则,呈方形或球形,颗粒大小一般为 1~3μm;②枝晶间区,因为该区的 γ′ 相形成元素浓度高,所以 γ′ 较粗大而且形状也不规则,在大块 γ′ 相之间的 γ 上有特别小的 γ′ 相;③晶界区,是由初生的碳化物和粗大的 γ′ 相组成的;④共晶 γ′ 及其周围的细 γ′ 相带。在铸造合金中 γ′ 形成元素总浓度很高,再加上铸造显微偏析的影响,在枝晶间及某些晶间区域最后凝固形成共晶 γ′ 相。由于共晶 γ′ 相的形成,使其周围的 γ′ 相形成元素浓度有所下降,因此在共晶周围往往包上一圈细 γ′ 相。K403 中 γ+γ′ 共晶约占体积的 1%~3%。

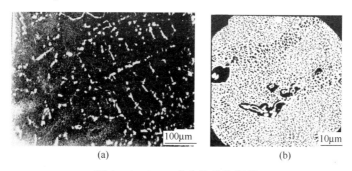

图 4-10　K403 合金的铸造组织

(a) 铸态枝晶组织;(b) 枝晶干+枝晶间。

　　扩散充分的钎焊接头由三部分组成:细小晶粒组成的钎缝区、钎缝向母材的扩散区和母材。

　　图 4-11 是经 32h 扩散后的接头组织。经过 32h 扩散处理后的钎缝内含有大约 50%~53% 体积的 γ′ 相,有大小两种,分布均匀。钎缝中晶界上 γ′ 相要比晶内的尺寸大,且有块状碳化物存在。较多数量、分布均匀、大小间布的 γ′ 相,使钎缝具有较高的持久强度。在扩散过程中,合金粉内的 γ′ 相完全溶解,冷却时析出较小尺寸的 γ′ 相。

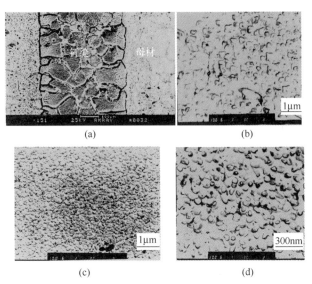

图 4-11 经 32h 扩散后的钎焊接头组织

（a）钎焊接头全貌；（b）扩散区域；（c）钎缝；（d）钎缝。

从母材向钎缝的扩散区域，γ′相数量有逐渐减少并且明显变小的趋势，数量和大小界于母材和钎缝之间，扩散区域 γ′相大部分呈球形，极少部分呈方形。

图 4-12 为扩散处理后再经 870℃，24h 时效处理的接头组织。钎缝内晶界上块状硼化物极少，γ′相仍由大、小两部分组成，在原 γ′相的基础上又析出少量细小 γ″相。在粗大 γ′相之间二次析出细小 γ″相对合金能起补充强化作用。长时间时效后，原析出的 γ′相有长大趋势，但并不显著。

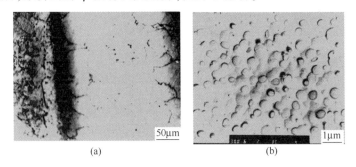

图 4-12 扩散后经 870℃，24h 时效处理的钎焊接头组织

（a）接头全貌；（b）钎缝内 γ′相。

K403 合金大间隙粉末冶金钎焊接头 975℃，195MPa 持久性能见表 4-1。

间隙为 0.6mm 的钎焊接头，经两种较短的扩散工艺处理持久强度都较低。

由前面的组织分析可知,此时钎缝或者由界面分明的合金粉及其周围连续的花纹状硼化物组成,或者由界面不太分明的合金粉和周围较多的块状硼化物组成。硼化物硬而脆,在 975℃ 高温下很容易促进晶界裂纹的形成和发展,降低持久强度。此外,镍基合金粉合金化不彻底,没有与母材充分扩散为一体。

间隙为 0.25mm 的钎焊接头,持久强度均超过 40h,达到预期值。经二级较长时间扩散处理后再加一级时效处理,持久强度达到 124h。固溶后经时效处理,在原来粗大 γ′ 相的基础上又析出少量细小的 γ″ 相,起到补充强化作用,且固溶后晶界上析出的块状 MM'_2B_2 硼化物在时效过程中分解为点状 $M_2M'B_2$ 弥散分布,所以时效后钎焊接头持久强度进一步提高。

对比表 4-1 中两种钎缝间隙接头的持久性能,可以看出钎缝间隙大小对持久性能影响很大,在同样钎焊工艺条件下间隙小的钎焊接头持久性能高。因此,机械去除氧化膜时应尽量减小开口。

表 4-1　K403 合金大间隙粉末冶金钎焊接头 975℃,195MPa 持久性能

钎缝间隙	工艺	t/h	断裂位置
0.6mm	一级扩散	0	钎缝
	二级扩散	5	钎缝
	二级扩散+二级时效	3	钎缝
0.25mm	一级扩散	118	钎缝
	二级扩散	69	钎缝
	二级扩散+一级时效	124	钎缝
	二级扩散(第二级延长时间)	97	钎缝

有上述试验结果可见,扩散处理有利于钎焊接头中化合物相扩散,提高接头性能。减小钎焊间隙,由于钎料用量减少,化合物相容易扩散尽,有利于提高钎焊接头性能。时效处理可以进一步提高接头性能。

2）镍基钎料钎焊 K403 合金

针对缘板减薄、柱销孔大等缘板缺陷修复,由于待修复缺陷在缘板,修复强度不高,为减少对母材性能影响,降低钎焊修复温度,采用 BNi82CrSiB 钎料 C 工艺,此外待修复钎焊表面为机械加工表面,钎焊间隙小,研究其小间隙钎焊接头的组织性能。

BNi82CrSiB 钎料钎焊 K403 合金的接头组织见图 4-13。钎缝基体为 γ 镍基固溶体,在其上断续分布着一些白色和灰色的块状相。各相成分分析结果显示母材与钎缝之间发生了一定程度的反应,母材中的 Al、Ti、Co、W、Mo 等元素扩散溶解进入钎缝中,其中 W、Mo 主要与 Cr 一起形成 Cr、W、Mo 的硼化物相

(图 4-13 中的白块相),而 Al、Ti、Co 则主要溶入钎缝的 γ 镍基固溶体中。钎缝中的灰块相可能为镍的硅硼的复合化合物。

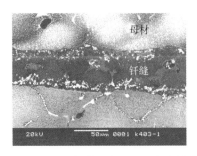

图 4-13　BNi82CrSiB 钎料钎焊 K403 合金的接头组织

表 4-2 和表 4-3 给出了 BNi82CrSiB 钎料钎焊 K403 合金接头的抗拉强度、剪切强度和 900℃持久性测试结果。采用 BNi82CrSiB 钎料钎焊 K403 合金,在室温和 900℃下,接头抗拉强度分别达到 770MPa 和 350MPa 以上,剪切强度分别达到 275MPa 和 195MPa 以上。接头的持久强度较低,900℃,100h 的持久强度接近 70MPa。

表 4-2　BNi82CrSiB 钎料钎焊 K403 合金接头的抗拉强度和剪切强度

试验温度/℃	σ_b/MPa		τ_b/MPa	
	测试值	平均值	测试值	平均值
室温	785,772,803	787	365,276,283	308
900	400,355,395	383	196,210,198	201

表 4-3　BNi82CrSiB 钎料钎焊 K403 合金接头 900℃持久性能测试结果

应力/MPa	寿命/h	备　　注
40	487	459:30min 应力增至 50MPa
50	290	100h 应力增至 60MPa,200h 应力增至 70MPa

图 4-14 为 BNi82CrSiB 钎料钎焊 K403 合金接头室温剪切试样断口形貌,从图 4-14(a)可见,在钎焊缝上有大量的裂纹,且裂纹多位于块状化合物相中或块状化合物与钎缝固溶体基体的交界处。图 4-14(b)的断口形貌则呈现明显的脆性断裂特征。这说明 BNi82CrSiB 钎料钎焊接头较脆,在应力作用下,钎缝内产生大量裂纹并不断扩展,最终彼此连通发生断裂。

2. K465 合金钎焊修复技术

K465(ЖС-6У)为性能较高的镍基铸造等轴高温合金,合金 Al、Ti 含量较高,是一种靠 γ′相和碳化物强化的弥散强化型合金。合金有较宽的使用温度区

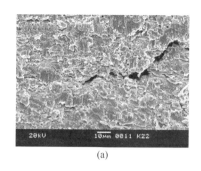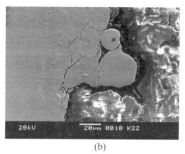

|(a)|(b)|

图 4-14 BNi82CrSiB 钎料钎焊 K403 合金接头室温剪切试样断口形貌

(a) 与断口垂直截面;(b) 断面。

间,特别在高温热处理后,可在 20~1050℃ 范围内长期工作。K465 合金技术标准规定性能:975℃ ,225MPa 高温持久寿命≥40h;900℃抗拉强度 σ_b≥823MPa。

前面提到涡轮导叶产生的主要缺陷为裂纹、烧蚀及减薄,用机械法去除氧化膜后,形成的待修复缺陷较大,为修复此类缺陷,开展了该合金大间隙高性能钎焊修复技术研究。分别采用钴基低硼及高硼钎料和镍基钎料研究大间隙钎焊技术,及钎焊工艺对钎焊接头组织、性能的影响,钎焊循环对母材性能的影响。

1)钴基低硼钎料钎焊 K465 合金

采用 Co45NiCrWB 钴基钎料钎焊大间隙 K465 合金,获得的组织试样经扫描电镜分析获得的金相组织见图 4-15,其中图(a)、(b)合金粉比例略低,图(c)、(d)、(e)合金粉装配密实且比例略高。钎缝由合金粉颗粒及其周围化合物相构成,颗粒内为 γ 基均匀分布 γ′强化相的 γ 和 γ′双相组织(图 4-15(f)),双相组织中的 γ′细小,其上分布有少量细小块状化合物相,颗粒间是亮白色、灰色及深灰色硼化物相,合金粉密实装配,颗粒间化合物呈小块状,反之化合物相呈骨架状、不规则形状。

镍基高温合金强化相 γ′的形成因子为 $\sum$(Al+Ti+Nb+Ta+V+Zr+Hf+1/2W)%(原子分数),γ′形成因子大小与 γ′相的含量及形态直接相关,由于钎料中除 W 外不含 Al、Ti、Nb 等促进 γ′相形成元素,大间隙中虽然采用含 Al、Ti 的 FGH95 高温合金粉,但总体 γ′形成因子小,因此形成 γ′相细小,又由于颗粒边缘金属与中心相比,钎料成分更高,形成 γ′相因子更小,因此颗粒边缘形成 γ′相更加细小,见图 4-16。

采用 B 为主要降低熔点元素的钴基钎料,不含降熔元素 Si。因此钎缝中形成的化合物相主要为硼化物。钎料中富含 Cr、W,不含 Mo,因此形成化合物相富含 Cr、W,与颗粒内形成的化合物相比 Mo 含量低。同时由于 FGH95 合金粉中 Nb 含量高,高于 γ 和 γ′两相的固溶度,因此偏聚于颗粒边缘与 B 形成硼化

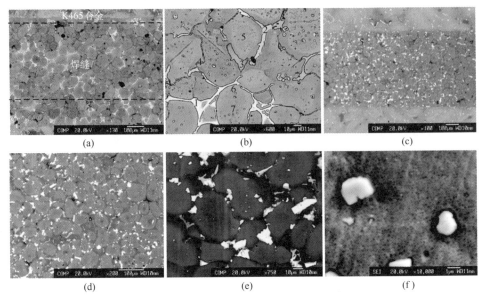

图 4-15　钴基钎料钎焊 K465 大间隙钎缝组织

(a)、(b)、(c)、(d)、(e) 背散射像;(f) 颗粒内二次电子像。

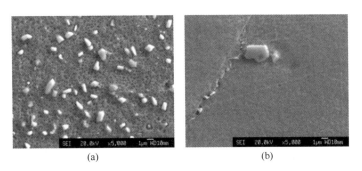

图 4-16　大间隙钎缝组织

(a) 合金粉颗粒中心;(b) 颗粒边缘。

物,因此颗粒间形成的化合物主要为高 W 的白亮硼化物、灰色高 Nb 硼化物和深灰色高 Cr 化合物。化合物形态与钎料中合金粉比例密切相关,当合金粉含量低时,化合物相呈不规则形状甚至骨架状分布,见图 4-15(a)、(b),而当合金粉比例高时,颗粒边缘化合物相呈细小颗粒状,见图 4-15(d)、(e)、(f)。钎焊温度下,合金粉比例高时,相对液态钎料含量少,B 含量少且形成化合物少。同时由于合金粉与钎料相互作用溶解形成的混合液体熔点升高多,化合物相易于形核,因此形成较小而弥散分布的块状化合物相,花纹状共晶化合物及不规则形状大的化合物相少,相反合金粉比例低而钎料多时,混合液体熔点升高少,钎焊温度下不易形核,且化合物相含量多,冷却时形成较大不规则形状化合物相,甚至与基体形成共晶的花纹状或骨架状化合物相。

钎焊温度下分别保温 30min、1h、2h、4h 获得的组织见图 4-17,与钎焊状态(保温 30min)对比,随保温时间延长,合金粉颗粒长大,保温时间 2h 颗粒直径约

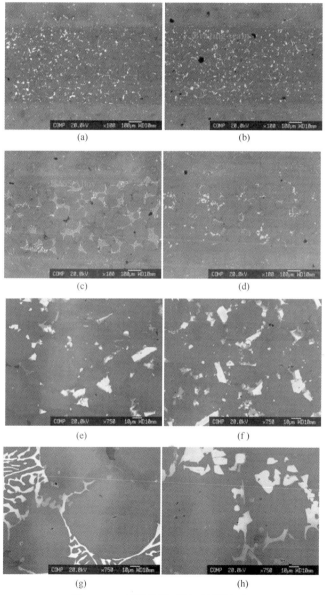

图 4-17　不同保温时间下钎缝组织

(a)、(e) 30min;(b)、(f) 1h;(c)、(g) 2h;(d)、(h) 4h。

为原来 2 倍;保温状态下合金粉颗粒吞并长大的同时,液态被排至颗粒间而合并,造成冷却后化合物相粗大,另一方面由于元素扩散,B 元素扩散至颗粒内,化合物总量减少。由图 4-17 可见保温至 1h 时化合物相仍呈颗粒及小块状弥散分布,当保温至 2h 时,化合物相合并呈共晶花纹状,进一步扩散时,合金粉颗粒长大不明显,元素扩散为主,因而化合物相数量减少同时,尺寸减小,部分呈颗粒及块状分布。

钎焊温度下保温 240min 获得的钎缝组织见图 4-18,各相成分分析结果表明与钎焊保温 30min 获得钎焊状态钎缝组织的构成相似。不同的是,随钎焊保温时间延长,合金粉颗粒长大,伴随液相的物质迁移及元素扩散,颗粒间 B 元素减少,化合物相减少,而形成化合物相的 W、Mo、Cr 等元素,由于原子尺寸大,相对不易扩散,因此化合物相中这些元素含量显著提高。

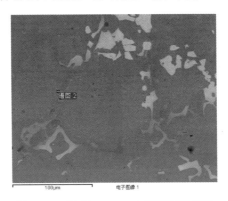

图 4-18 保温 240min 大间隙钎缝组织

钎焊温度下分别保温 30min、1h 和 4h,获得 3 组钎焊接头,每组 3 个试样,进行持久性能测试,测试温度 975℃,试验施加应力为阶梯应力,初始应力90MPa,持久寿命大于 40h 应力增至 100MPa,大于 80h 应力增至 113MPa,每个试样均断于钎缝处,测试持久寿命结果见表 4-4,可见保温 30~60min 获得接头性能较高。在保温时间不大于 60min 时钎缝组织中化合物相呈小块状弥散分布(图 4-17),保温至 240min,虽然由于元素扩散化合物相总量减少,但由于合金粉合并长大,同时化合物相合并尺寸较大,对性能不利,因此性能下降。可见保温时间适当(30~60min),获得接头间隙内化合物相细小弥散分布对接头性能有利。

2) 镍基钎料钎焊 K465 合金

采用富含 Nb、W 且含 Al、Ti 的镍基钎料,见表 4-5,具有较好的高温性能及活性,由于含有较高的 Nb,有降低熔点的作用,与相近钎焊温度的钎料(例如D15 钎料含 B 2.3%~2.5%、300 钎料含 B 3.0%、Si 2.75%)比含 B、Si 少。

表 4-4　不同保温时间获得接头 975℃持久寿命

保温时间	不同应力下寿命/h								
	试样 1			试样 2			试样 3		
	90MPa	100MPa	113MPa	90MPa	100MPa	113MPa	90MPa	100MPa	113MPa
30min	40	40	37	40	40	4	40	40	1
1h	40	40	27	40	40	11	40	36	—
4h	40	40	3	40	9	—	40	8	—

表 4-5　镍基钎料化学成分　　　%（质量分数）

元素	C	Cr	Co	W	Mo	Al	Ti	Nb	B	Si	Ni
镍基钎料	0.10~0.15	6.0~7.0	8.5~9.5	8.5~9.5	1.6~2.0	4.0~5.0	0.03~0.90	10.0~11.0	0.25~0.35	2.5~3.0	基

　　K465 母材 0.5mm 间隙内预填高熔点粉末大间隙钎焊,钎焊温度下,合金粉不熔化,镍基钎料熔化润湿合金粉及母材,在颗粒间和颗粒与母材间的毛细作用下流入并填满颗粒间及颗粒与母材间隙,并与合金粉及母材相互作用,保温30min 后随炉冷却凝固获得钎焊接头。组织试样经扫描电镜分析获得的金相组织见图 4-19,可见钎缝组织主要由颗粒和颗粒之间的组织构成,合金粉颗粒与颗粒间组织明显不同,颗粒内保持高温合金特征,即 γ 基均匀分布 γ' 强化相的

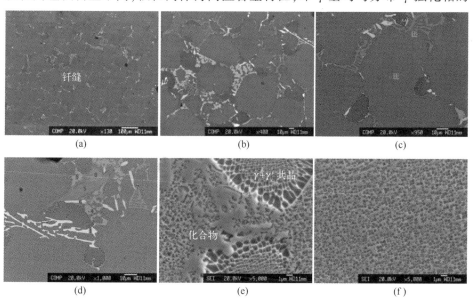

图 4-19　保温 30min 钎缝组织

（a）、（b）、（c）、（d）钎缝背散射像；（e）颗粒间的二次电子像；（f）颗粒内二次电子像。

γ 和 γ′两相组织。而颗粒间生成较多的汉字型及骨架状化合物相,是 γ 和 γ′两相组织为基体,其上分布着大量化合物相及 γ+γ′共晶组织。由于钎料含 Si 和 B,钎焊温度下形成低熔点化合物液相,毛细作用下填入颗粒之间及其与母材间的间隙,因此颗粒间形成大量化合物相,又由于 γ′形成因子为 ∑(Al+Ti+Nb+Ta+V+Zr+Hf+1/2W)%(原子分数),γ′数量基本与 γ′形成因子呈线性关系,γ+γ′共晶含量通常也受 γ′形成因子影响,采用钎料含 Al、Ti 及 Nb、W,因此颗粒间形成 γ 和 γ′两相组织为基体,其上分布着 γ+γ′共晶组织。

钎缝组织元素面分布见图 4-20,可见合金粉颗粒内与颗粒间元素分布差别较大。图 4-20 可见 C 元素很少,Ni、Al 和 Ti 主要均匀分布于颗粒内的 γ 和 γ′两相及颗粒间的 γ+γ′共晶组织中,且 γ+γ′共晶组织中含量明显高,而颗粒间化合物相(Si、B 高含量分部)处含量明显减少。如此分布是由于 Ni 是 γ 相的基体,Ni 和 Al、Ti 是 γ′相的主要形成元素,因此 Ni 和 Al、Ti 主要均匀分布于颗粒内的 γ+γ′两相和 γ+γ′共晶组织中,而共晶组织中 γ′相含量高于颗粒内的 γ+γ′两相,而且各强化元素在 γ′相中相对 γ 相溶解度低,因此共晶组织中 Ni、Al 和 Ti 含量更高,颗粒间的化合物相主要由强化元素与 Si、B 形成的化合物相,Al、Ti

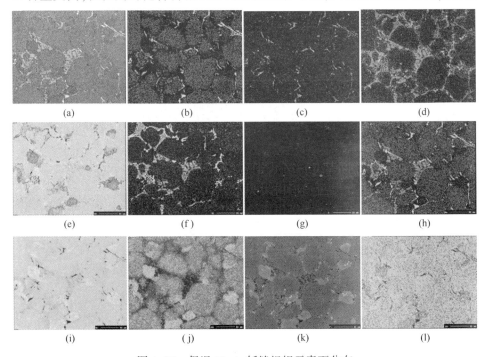

(a) (b) (c) (d)

(e) (f) (g) (h)

(i) (j) (k) (l)

图 4-20 保温 30min 钎缝组织元素面分布

(a) 背散射像;(b) W;(c) B;(d) Nb;(e) Cr;(f) Si;(g) C;(h) Mo;
(i) Ni;(j) Al;(k) Ti;(l) Co。

固溶度小,颗粒间化合物相处 Ni 和 Al、Ti 含量明显少。Co 的分布较为均匀,除硼化物明显含量少外,γ+γ′共晶组织中略少,说明硼化物中 Co 的溶解度小,γ′相中 Co 的溶解度小于 γ 相;Si 和 B 主要分布于颗粒间形成化合物相,由于钎料中 Si 的含量明显高于 B,因此硅化物远多于硼化物,少量 Si、B 均匀分布于 γ 和 γ′两相及颗粒间的 γ+γ′共晶组织中,形成固溶体,说明 Si、B 在 γ 和 γ′相中有少量的溶解度;W 在颗粒间与高 B 区分布一致且含量较高,在颗粒内 γ 和 γ′两相中均匀分布,而在 γ+γ′共晶组织及高 Si 分布区含量明显减少,说明钎缝中 W 主要分布于颗粒间形成高 W 含量的硼化物,此外在 γ 相中有一定的溶解度,而在 γ′相及硼化物中溶解度小。Mo 主要分布于颗粒间与 B 及部分 Si(浅灰色硅化物)分布一致,部分 Mo 均匀分布于颗粒内形成固溶体,而 γ+γ′共晶中含量明显减少,说明钎缝中的 Mo 除少量固溶于 γ 相外,主要分布于颗粒间不仅可以形成浅灰色硅化物,且和 B 形成亮白色硼化物。少量 Nb 均匀分布于颗粒内的 γ 和 γ′两相及颗粒间的 γ+γ′共晶组织中,大量 Nb 与 B、Si 元素分布一致,形成硼化物及硅化物,说明 Nb 在 γ 和 γ′相中有少量固溶度,而钎料中 Nb 含量高达 10%(质量分数),超出 γ 和 γ′相中的溶解度,因而大量 Nb 分布于颗粒间,不仅形成高 Nb 的灰色硼化物,高 W 的亮白硼化物和高 Mo 浅灰色硅化物中均有较高的 Nb 含量;Cr 分布于颗粒内 γ 和 γ′两相组织及颗粒间的化合物相中,其中硼化物中含量高,颗粒间 γ+γ′共晶组织中分布较少,说明 Cr 固溶于 γ 相和化合物中,而 γ′相中含量少。

由上述分析可见,合金粉颗粒内是 γ 基均匀分布 γ′相的两相组织,Co、Cr、W、Mo 和 Nb 等元素分布均匀,固溶在 γ+γ′两相中。颗粒间为 γ 和 γ′两相为基体,分布着富含 W 及 Cr、Mo、Nb 的白亮硼化物相,含 Cr、Mo、Nb 的浅灰色硅化物,深灰色高 Nb 的硅化物及 γ+γ′共晶组织构成,γ+γ′共晶组织中由于 γ′相含量多,因而富含 Ni、Al、Ti。

钎焊温度下分别保温 30min、1h、2h、4h、32h 及 48h 获得的钎缝组织见图 4-21,不同保温条件下获得的钎缝组织与保温 30min 的钎焊状态组织对比可见,随保温时间延长,合金粉颗粒长大,保温时间 2h 颗粒直径约为原来 1.5 倍,保温至 32h 时颗粒直径约为原来 3 倍,至 48h,合金粉颗粒进一步长大约为钎焊状态下近 4 倍。随保温时间延长合金粉大颗粒吞并小颗粒而长大的同时,颗粒间的化合物相和 γ+γ′共晶组织一方面被排至颗粒间而合并长大,另一方面根据元素扩散原理,钎料中 B、Si 等元素含量高于合金粉,因此合金化元素由颗粒间高浓度向低浓度的颗粒内扩散,Si、B 等元素扩散至颗粒内,化合物总量减少。此外由于 γ+γ′共晶中的 γ′相与颗粒内 γ′相相比尺寸较大,不能完全溶解,随保温时间延长,溶解量增加,冷却时析出方格或田字次生 γ′相,使得 γ+γ′共晶总量减少,

而 γ 和 γ′ 两相组织增加,有利于提高性能。综上由图 4-21 可见保温至 2h 时化合物相和 γ+γ′ 共晶最大,继续延长保温时间合金粉颗粒直径长大速度减缓,元素扩散占主导作用,化合物相逐渐减小,γ+γ′ 共晶中 γ′ 相逐渐溶解,使得 γ+γ′ 共晶减少,但即使保温至 48h 颗粒间仍有鱼骨状、网格状等共晶组织及条状亮白色硼化物及灰色不规则块状硅化物以及 γ+γ′ 葵花状共晶。

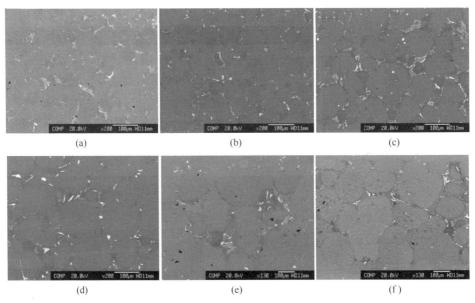

图 4-21　钎焊温度下不同保温时间的钎缝组织
(a) 30min;(b) 1h;(c) 2h;(d) 4h;(e) 32h;(f) 48h。

保温 48h 获得的组织见图 4-22,长期扩散后钎缝组织仍由保持 γ 和 γ′ 双相组织的颗粒及颗粒间的 γ 和 γ′ 双相组织为基体,其上分布化合物相及 γ+γ′ 共晶构成。由图 4-22(c) 可见,由于钎焊状态下长期保温,颗粒内 γ′ 相田字形或方形,尺寸约从钎焊保温 30min 的 0.3μm(图 4-19(f))发展至 0.5μm,且 γ′ 百分比有所增加。由图 4-22(a)、(b) 可见,颗粒间化合物相尤其汉字型和骨架状化合物相及 γ+γ′ 共晶明显减少,仍存在亮白硼化物及灰色硅化物。另外钎焊温度下长时保温,由于钎料中有较多的 Nb,颗粒内 γ 及 γ′ 相溶解 Nb 量有限,且由于 Si、B 元素的扩散,形成 Nb 化合物相减少,多余的 Nb 使得颗粒中的 C 元素扩散至颗粒间,与 Nb、Ti 反应生成 MC 型碳化物新相。颗粒间 γ+γ′ 共晶,由于高温长时停留,其中部分 γ′ 溶解,使得 γ+γ′ 共晶明显减少,但仍存少量 γ+γ′ 共晶。同时颗粒中心及边缘成分分析结果表明 Si、B 含量明显增加,证明了 Si、B 元素向合金粉扩散,因而化合物量减少。

98

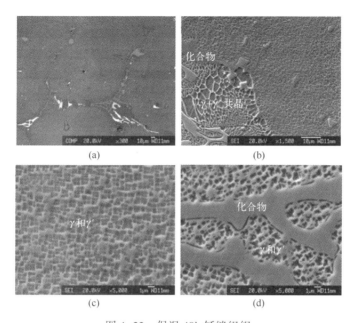

图 4-22 保温 48h 钎缝组织

（a）、（b）钎缝背散射像；（c）颗粒间；（d）颗粒内；（e）颗粒间的二次电子像。

保温不同时间获得大间隙钎焊接头，进行持久性能测试。测试温度 975℃ 初始应力 90MPa，持久寿命大于 40h 应力增至 100MPa，持久寿命大于 80h 增至 113MPa 测得的持久寿命结果见表 4-6，可见随保温时间延长，持久性能提高，尤其保温时间 16h 时部分接头应力已增至 113MPa，因此保温 32h 和 48h 的接头 975℃初始应力 113MPa 获得持久寿命见表 4-7，可见即使长时保温，由于间隙较大，钎料用量多，化合物相不能完全扩散尽，接头性能与母材（975℃，225MPa 持久寿命大于 40h）相比仍有较大差距。

表 4-6　975℃接头持久寿命

保温时间	应力寿命/h			备　　注
	1#	2#	3#	
30min	25.08	30.50	39.20	应力 90MPa
1h	34.58	30.98	31.27	应力 90MPa
2h	29.50	23.30	44.83	1#、2#应力 90MPa；3#大于 40h 应力增至 100MPa
4h	42.17	39.70	30.67	1#大于 40h 应力增至 100MPa；2#、3#应力 90MPa
16h	57.50	86.00	20.25	1#大于 40h 应力增至 100MPa；2#大于 80h 应力增至 113MPa；3#应力 90MPa

表 4-7　975℃ 应力 113MPa 接头持久寿命

保温时间	应力寿命/h		
32h	0	13.60	8.45
48h	2.03	16.98	14.55

钎焊接头中硬而脆的硅化物及硼化物相是接头的薄弱环节,其数量、形态对接头性能影响较大。汉字形及骨架状化合物相往往是裂纹的萌生部位,块状及条状对性能影响好于汉字形及骨架状化合物相,脆硬化合物相提供裂纹扩展通道。大间隙钎焊时由于高熔点合金粉的加入,钎焊及保温扩散处理过程与液相烧结过程类似,包括液相生成与颗粒的重新排列阶段、固相的溶解-再沉淀和固相骨架的形成三个阶段,钎焊保温时间短时往往只有前两个阶段。本实验钎焊及保温初期,在合金粉颗粒间的毛细作用下,熔化的液体钎料填充合金粉颗粒间的间隙,此时液相充分,颗粒间的毛细管力及液相黏性流动使颗粒调整位置,重新分布以达到紧密的排列,完成第一个阶段形成致密组织。随后进入固相颗粒溶解-再沉淀阶段,该阶段一般特征是显微组织粗化,在熔化的液体钎料中合金粉小颗粒及大颗粒棱角及凸起部分溶解度高,而大颗粒溶解度小,因此小颗粒及大颗粒表面的棱角及凸起部分优先溶解,同时液态钎料中由于溶解合金粉,部分过饱和金属在大颗粒表面沉淀析出,造成钎焊保温时合金粉大颗粒吞噬小颗粒长大,此过程伴随通过液相的物质迁移,致密化进一步提高,钎缝中空隙度小。保温时间≤2h 时,处于第二阶段初期,颗粒数量减少同时迅速长大,液态相被排挤于颗粒间,宽度增加,冷却后形成化合物相大,存在大量汉字形及骨架状化合物相,因此虽然颗粒长大时伴随通过液相的物质迁移,元素扩散较快,化合物相总量减少,但冷却后仍形成较大的汉字形及骨架状化合物相,接头性能无明显提高;进一步延长扩散时间,颗粒长大速率减小,由于元素扩散,颗粒间液态相变窄,化合物相减少,汉字形及骨架状化合物减少,同时 γ+γ′ 共晶减小,因此性能提高。延长保温时间进入第三阶段后,颗粒间靠拢接触形成连续骨架,剩余液相少,骨架刚性阻碍颗粒重新排列,接头组织分析发现易产生孔洞等缺陷(图 3(e)、(f)),因此延长保温时间至 32h、48h,虽然化合物相减少、γ+γ′ 共晶减小,接头性能提高,但不稳定,出现性能较低的接头,又由于 0.5mm 大间隙钎焊即使应用合金粉,钎料用量与小间隙钎焊相比仍较多,而高温长时扩散,随合金粉长大,分散的低熔点液相集中,钎料总量多决定低熔点相不易扩散尽,因此仍存在共晶化合物相,未达到等温凝固,接头性能与母材相差较大,不能像小间隙钎焊获得性能接近母材的等温凝固接头。因此大间隙钎焊不建议通过长时保温获得高性能接头。

3）钴基高硼钎料钎焊 K465 合金

不同型号叶片由于结构和木材的不同,对叶片修复温度限制不同,叶片本身有钎焊接头时,为防止原有钎缝的重熔,采用略低的钎焊修复温度,为此采用高硼钴基钎料,研究其钎焊修复技术。

钎料的成分与钎焊接头的组织和相构成密切相关。在钎焊过程中,由于钎料和母材之间元素的扩散、溶解形成了不同的产物,这些产物的种类、尺寸及分布特征构成了接头的组织,是影响钎焊接头性能的重要因素。

图 4-23 为典型工艺下的 0.5mm 间隙钎焊接头微观组织照片。在此钎焊工艺下,钎缝界面反应充分结合牢固,合金粉与钎料反应良好,整个钎缝空洞等缺陷较少,说明钎料和合金粉选择是适合大间隙钎焊的。钎缝主要由合金粉颗粒、固溶体以及固溶体上分布着的白色块状相和灰色块状相、界面附近的块状或点状相组成。

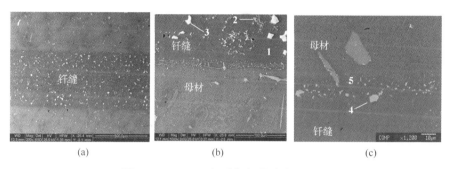

图 4-23　0.5mm 间隙钎焊接头微观组织
（a）钎焊接头；（b）、（c）钎焊接头界面。

钎焊接头各相成分分析结果表明合金粉间的固溶体为 Ni-Co 基固溶体,含有一定量的 Cr。合金粉间固溶体上离散分布着灰色块状相和白色块状相。灰色块状相富含 Cr、白色块状相富含 W,这些低熔点化合物相弥散分布于颗粒间固溶体上,这是由于合金粉的加入一方面增加了形核面积,液态钎料在多区域同时结晶生长,另一方面使钎料填充间隙变小,焊后冷却初生固溶体相没有足够的空间形成枝状,成分偏析小,有利于生成断续分布的小块状低熔点化合物相。因此,大间隙粉末冶金钎焊接头组织较一般间隙的钎焊接头组织有明显改善。

此外,钎缝界面附近母材一侧发现了两种灰色块状相,如图 4-23（c）所示。灰色块状相富含 W、Mo,为 M_6C 型碳化物,由 MC 型碳化物转变而来。周围被白色的点状相包围的灰色块状相富含 Ti、W 和 Nb 元素,为 MC 型碳化物。钎焊保温时,K465 母材的初生 MC 型碳化物不稳定,可能会发生退化反应,转变成更

稳定的 M_6C 型碳化物或 $M_{23}C_6$ 型碳化物。而 W、Mo 含量较高的合金易形成 M_6C 型碳化物,含 Cr 量较高的合金则易形成 $M_{23}C_6$ 型碳化物。

不同保温时间对钎焊接头组织也有明显影响,见图 4-24。钎焊保温时间 10min 时,化合物相尺寸小,且离散分布在粉颗粒间的 Ni-Co 基固溶体上。随着钎焊时间延长,化合物相颗粒长大。

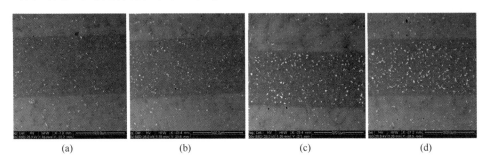

图 4-24   不同保温时间 0.5mm 间隙钎焊接头组织变化
（a）10min;（b）30min;（c）1h;（d）2h。

采用设计的钎料和合金粉末,分别在 10min、30min、1h、2h 保温时间下钎焊 0.5mm 间隙性能试样,975℃,90MPa 高温持久性能见表 4-8。

对于 0.5mm 大间隙试样,接头持久寿命随钎焊时间的延长呈现先增后减的趋势。30min 保温的钎焊接头持久寿命最高,10min 保温的钎焊接头持久寿命最低,所有持久试样均断裂于母材与钎缝界面及其附近区域。

表 4-8 中的高温持久寿命随保温时间的延长由低到高再到低的变化,对比图 4-24 的钎焊接头组织分析,可能的原因是在较短的钎焊时间下反应不充分、元素扩散有限,接头组织成分极不均匀,而随着时间延长,元素扩散充分,接头成分、组织趋于均匀化,持久性能增加。继续延长保温时间,由于 M_3B_2 相的聚集长大,其不利影响不断增加,当长大到一定尺寸后,使接头持久性能下降。

表 4-8   0.5mm 间隙 975℃,90MPa 钎焊接头持久性能

保温时间/min	持续时间/h	断裂位置
10	4	钎缝
30	13	钎缝
60	8	钎缝
120	7	钎缝

3. K423 合金钎焊修复技术

K423 铸造高温合金多用来铸造发动机涡轮导向叶片,合金 850℃,325MPa

持久寿命不小于32h,室温拉伸 σ_b 不低于850MPa。合金铸态组织为 γ 固溶体、γ′相、TiC碳化物、M_3B_2 硼化物,还有 σ 相。在低于850℃长期时效,MC分解生成 $M_{23}C_6$,高于950℃长期时效,析出 MC_6 和少量 $M_{23}C_6$,合金在750~950℃时效过程中有片状 σ 相析出。热处理制度为1190℃,15min,炉冷(不大于45min)至1000℃,空冷,也可铸态使用。

钎焊大间隙K423合金,获得的钎焊接头由钎缝、扩散层和母材组成,见图4-25。钎缝由合金粉颗粒及钎料填充区组成,合金粉颗粒由镍基固溶体和白色化合物相构成,组织细小;颗粒间钎料填充区由镍基固溶体和较大尺寸白色化合物相构成。钎缝中小尺寸、大尺寸白色析出相为富Cr、W的碳化物、硼化物相。扩散层存在白色条状析出相和灰色块状相,在灰色块状析出相周围还包裹着白色相。由于钎料中B元素含量较高,与母材形成较大的浓度梯度,且B原子半径小易扩散,较短的保温时间就会在扩散层中析出白色条状硼化物和碳化物相,部分硼化物、碳化物相在母材原(Ti,Mo)C相外围析出,形成包裹层。扩散区域和母材晶界处析出的灰色相为富Ti、Mo的化合物相。

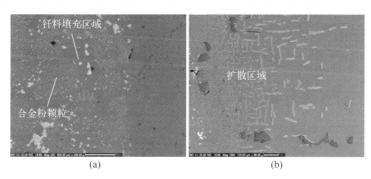

图 4-25　钎焊接头组织
(a) 钎缝;(b) 母材扩散区。

镍基合金真空钎焊时,钎焊接头常常有化合物析出,析出相的类型、分布、形态、尺度影响接头力学性能。从提高钎焊接头强度,降低脆性出发,希望化合物析出相尺度小、弥散分布。析出相类型、大小、分布,不但与母材、钎料、高熔点合金粉末有关,还与钎焊工艺规范有关。

图4-26是钎焊温度下分别保温30min、60min、120min、240min四种钎焊工艺钎焊K423A获得的对接接头的组织。可见保温30~120min,随着钎焊保温时间的延长,合金粉颗粒长大,白色化合物相相互聚集、吞噬而长大。此外随着保温时间的延长,空穴迁移和聚集也更加充分,孔洞有增加的趋势。由于B、C元素向母材扩散,在扩散区域析出了针状相,保温240min显增多,析出针状相一般会对接头力学性能带来不利影响,希望尽量少。

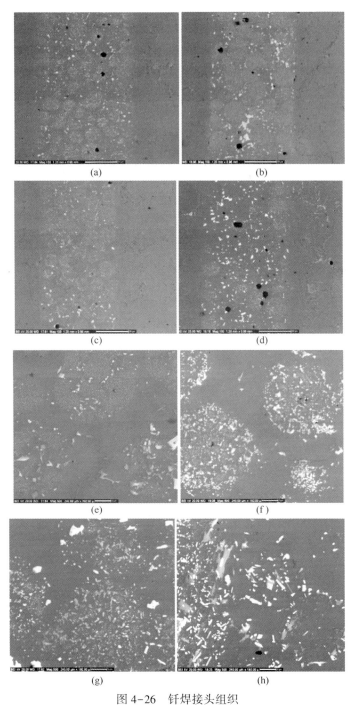

图 4-26 钎焊接头组织

（a）、（e）保温 30min；（b）、（f）保温 60min；（c）、（g）保温 120min；（d）、（h）保温 240min。

采用四种工艺钎焊 K423A 合金,对接接头,钎焊间隙 0.3 ~ 0.5mm,获得接头 850℃ ,150MPa 持久性能见表 4-9。可见保温 60min、120min 获得的接头性能较好,60min 由于工艺较弱,钎料与母材作用不充分,接头持久性能较低,而 120min 钎焊工艺由于规范过强,化合物相及空穴等合并长大,持久性能也较低,因此采用的钎焊工艺为保温 60min、120min。

表 4-9　K423A 合金钎焊接头 850℃ ,150MPa 持久性能

钎焊保温时间/min	钎缝间隙/mm	平均持久寿命/h	备　　注
30		24	
60	0.3 ~ 0.5	41	32h 后应力增至 180MPa
120		36	32h 后应力增至 180MPa
240		16	

4.3.2　K403 镍基合金叶片钎焊修复

1. K403 涡轮导叶裂纹钎焊修复

K403 高温合金涡轮导叶刚性很大、结构不对称的薄壁复杂铸件,工作时承受较大的热应力和结构应力,产生的主要故障是靠近内缘的冷却孔边缘产生裂纹。采用吹砂方法去除导向叶片待修复缺陷部位附近渗铝层,采用机械方法去除裂纹表面氧化膜。根据钴基钎料钎焊 K403 合金技术研究结果,采用能够获得综合性能良好的工艺钎焊修复叶片。

修复前后状态见图 4-27,叶片修复部位经荧光检测,修复完好,无裂纹等缺陷,经解剖分析裂纹内部钎缝填充完好。修复的叶片通过 100h 地面试车,证明修复工艺的可行。

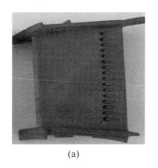 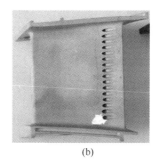

(a)　　　　　　　　　　　　　　(b)

图 4-27　高压Ⅰ级涡轮导向叶片裂纹钎焊修复前后对比

(a) 修复前;(b) 修复后。

2. K403 涡轮导叶磨损钎焊修复

K403 低压涡轮导向叶片在发动机工作过程中,由于导向叶片缘板与导向叶片外环安装面之间的振动摩擦,使部分叶片缘板厚度磨损变薄。另外,由于叶片振动摩擦,部分导向叶片上的柱销孔变形、磨损扩大,无法保证柱销孔与柱销之间的精确配合。这两种损伤都可以通过将损伤处进行适当机械加工后,再钎焊适当尺寸的 K403 合金块,最后通过机加工恢复尺寸,使这类损伤得到修复。

根据镍基钎料钎焊 K403 合金研究结果,采用制定工艺钎焊修复 K403 低压涡轮导向叶片 K403 低压涡轮导向叶片缘板和柱销孔,图 4-28 为实际叶片钎焊修复处的形貌照片。叶片修复处经外观和解剖组织分析,钎焊修复处致密完好。可见,采用 BNi82CrSiB 钎料可实现 K403 合金涡轮导向叶片缘板磨损和柱销孔变形扩大的修复,目前此修复技术已获得应用。

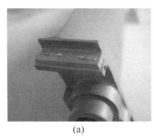 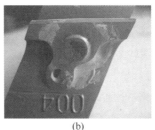

(a) (b)

图 4-28　实际叶片钎焊修复处形貌

(a) 缘板；(b) 柱销孔。

4.3.3　K465 镍基合金叶片钎焊修复

1. K465 涡轮导叶烧蚀等缺陷钎焊修复

根据钴基低硼钎料钎焊 K465 合金技术研究结果,采用拟定的工艺,钎焊修复产生烧蚀、裂纹等缺陷的涡轮导叶。叶片待修复部位氧化膜采用机械方法去除。叶片原始状态见图 4-29(a),进气边烧蚀严重、缺陷大,缘板有少量裂纹。针对进气边缺陷较大,采用进气边整体镶嵌钎焊修复方法钎焊修复。针对缘板裂纹及龟裂,机械去除后采用大间隙钎焊方法修复。钎焊修复后叶片见图 4-29(b),钎焊修复后整形(图 4-29(c))。修复后叶片外观检测无裂纹,解剖分析接头组织,修复完好。

叶片母材为 K465 铸造镍基等轴高温合金,其微观组织应为 γ 基体均匀分布 γ′ 强化相的 γ+γ′ 双向组织及少量化合物相等构成,强化相 γ′ 相立方形。对服役后叶片母材组织进行分析,进气边及缘板微观组织分别见图 4-30(a)、

(a)　　　　　　　　　　(b)　　　　　　　　　　(c)

图 4-29　叶片状态

(a) 原始状态；(b) 钎焊后；(c) 整形后。

(b)，由于长期高温服役，在高温及应力作用下，进气边 γ′ 相边角圆化，且部分合并长大，筏排化；缘板处 γ′ 相筏排化更为明显，性能下降。上述金相分析的试样经修复热循环，进气边及缘板微观组织分别见图 4-30(c)、(d)，γ′ 相强化相恢复立方形态。可见修复热循环使得叶片服役后产生的筏排组织得到改善。

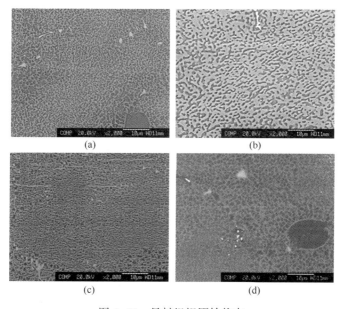

图 4-30　母材组织原始状态

(a) 原始状态进气边；(b) 原始状态缘板；(c) 修复热循环后进气边；(d) 修复热循环后缘板。

修复叶片表面涂敷防腐涂层后进行热震试验，工艺为 1000℃ 保温 5min，空冷 5min，循环 1200 次。试验结果叶片修复部位均完好：进气边叶盆侧钎焊修复部位、外缘与排气边交角处及外缘钎焊修复部位、进气边叶背侧钎焊修复部位、排气边与外缘交角处钎焊修复部位均完好。其他非钎焊修复部位产生少量缺陷,缘板裂纹 3 处。

2. K465 涡轮导叶裂纹钎焊修复

发动机在使用一个寿命周期后,高压导向叶片出现裂纹、烧蚀、变形等损伤缺陷,损伤以裂纹为主。裂纹主要分布在排气边或进气边与缘板转角处、缘板、叶身冷却气膜孔边缘和叶盆等位置。导向叶片材料为 K465。

某型发动机共有高压和低压 2 级导向叶片,通过叶片冷却可使涡轮前温度达到 1650K(1377℃),两种导向叶片材料均为 K465 合金。高压导向叶片有 14 个扇形组合件,每个组合件由 3 片叶片连铸而成,共 42 片叶片。该叶片有两个腔,前腔通过未经调节的两股气流,后腔通过经断流活门调节的两股气流,冷却气流通入叶片空腔,再从叶片表面冷却气膜孔流出,形成冷却气膜。低压导向叶片有 11 个扇形叶片组合件,每个组合件由 3 片叶片焊接而成,共 33 片叶片。该叶片叶身内有导流片,冷却空气通过导流片对叶身进行冷却。高压导向叶片工作环境温度高,产生裂纹比低压导向叶片多。

高压涡轮导向叶片进气边有较密集的冷却气膜孔,外观可见的钎缝有内侧缘板处封盖与缘板本身的钎焊、接嘴与封盖的钎焊、外侧盖板及导流片的钎焊,见图 4-31。叶片上所有的钎缝均采用 BNi73CrSiB-40Ni-s 钎料真空钎焊而成。

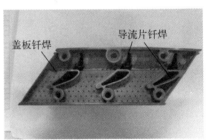

图 4-31 发动机高压导向叶片

可见,采用真空钎焊修复该叶片裂纹存在以下难点:

(1)高压涡轮导向叶片排气边内部有十字交叉冷却通道,通道截面约 0.8mm×1.5mm,间距约 1.0mm。在修复叶盆和叶排气边裂纹时,应确保冷却通道不被钎料堵塞,以免影响冷却效果。

(2)叶片制造时,多处采用了钎焊焊接,钎料为 BNi73CrSiB-40Ni-s,熔化温度 980~1020℃,参考钎焊温度 1050~1100℃,钎焊温度及钎缝重熔温度较低,限制了一些高性能钎料的选用,影响钎焊接头性能。

(3)内侧封盖与叶身材料均为镍基铸造高温合金 K465,厚度 2.0mm,而导流片材料为变形高温合金 ЗИ868,厚度仅为 0.3mm,钎焊修复时需解决溶蚀问题。

根据钴基高硼钎料钎焊 K465 合金技术研究结果,采用拟定工艺钎焊修复叶片。修复叶片获得的接头性能(表 4-8),与叶片本身原有钎焊接头性能相比(采用 BNi73CrSiB-40Ni-s 钎料、0.5mm 间隙、保温 60min 焊接试样,获得的钎焊接头 975℃,90MPa 下的高温持久寿命为零)高,说明采用设计的钎料钎焊 K465 合金,比采用 BNi73CrSiB-40Ni-s 钎料获得的钎焊接头高温持久性能好。

叶片裂纹主要分布在叶身大气孔边缘、排气边、叶盆、缘板止裂孔边缘,裂纹出现位置较为固定,分布规律,数量较少,因此采用机械方法去除裂纹氧化膜,采用拟定钎料和优化钎焊工艺修复叶片(见图 4-32)。

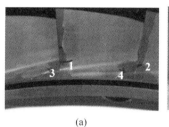 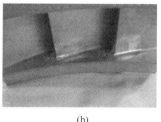

(a)　　　　　　　　　　　　　(b)

图 4-32　叶片裂纹修复前和修复后的状态

(a) 修复前,数字处为裂纹;(b) 修复后。

图 4-33(a)、(b)、(c)分别是内缘板止裂孔边裂纹修复、排气边裂纹修复及叶身裂纹修复的解剖图,钎料和合金粉填充裂纹效果良好,界面结合良好,结合面的个别区域存在允许的未填满和空洞的现象。内缘板止裂孔边和排气边裂纹所处的位置内外表面敞开,容易填加钎料和合金粉,并且焊后两侧多余的材料可以通过机械加工方法去除,较容易形成冶金质量良好的钎缝。叶身部位由于内部有复杂冷却通道,裂纹修复难点在于钎料和合金粉以及钎焊工艺控制不当,或者背面流出过多,堵塞冷却通道,或者填充不足,背面存在明显未钎上缺陷。从剖面图可以看出,通过控制合金粉末填加量、钎料填加量、钎焊工艺的

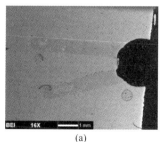  

(a)　　　　　　　　　　(b)　　　　　　　　　　(c)

图 4-33　裂纹钎焊修复后组织

(a) 内缘板止裂孔边裂纹修复;(b) 排气边裂纹修复;(c) 叶身裂纹修复。

控制,较好地解决了这一问题,钎缝孔洞较少,填充饱满,钎缝背面成形良好,未形成明显缺陷。

4.3.4　K423镍基合金叶片钎焊修复

军用、民用级地面燃机中均有涡轮高压Ⅱ级、低压Ⅰ级导向叶片采用K423A合金铸造的情况,叶片钎焊修复根据K423合金钎焊修复技术研究结果采用拟定修复工艺进行修复。

1. K423涡轮导叶裂纹钎焊修复

K423材料铸造的高压Ⅱ级导向叶片使用后主要损伤形式为进气边裂纹、排气边与缘板转接处裂纹、冷却气膜孔边缘裂纹、缘板裂纹等。低压Ⅰ级涡轮导向叶片主要裂纹形式为三联叶片之间缘板电子束焊接处或盖板熔焊部位裂纹,见图4-34。

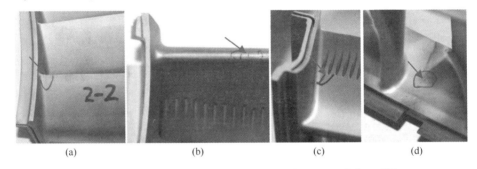

(a)　　　　　　　　(b)　　　　　　　　(c)　　　　　　　　(d)

图4-34　某发动机高压Ⅱ级、低压Ⅰ级涡轮导向叶片典型裂纹

(a) 高压Ⅱ级涡轮导向叶片排气边裂纹;(b) 高压Ⅱ级涡轮导向叶片进气边裂纹;
(c) 高压Ⅱ级涡轮导向叶片冷却气膜孔边缘裂纹;(d) 低压Ⅰ级涡轮导向叶片缘板裂纹。

通常镍基合金Al、Ti总含量大于6%(质量分数)时,焊接性较差,熔焊时极易产生热裂纹,K423A合金Al、Ti总含量为7.3%~8.2%(质量分数),但合金中由于含有较多Co元素,改善了焊接性能,使得一些部位的小尺寸、单条裂纹可以采用氩弧焊修复。本节讨论K423A合金叶片裂纹的真空钎焊补焊,在第5章讨论该叶片裂纹氩弧焊补焊技术。

采用机械方法去除裂纹氧化膜,采用拟定钎焊工艺及叶片钎焊修复方案对叶片进行修复,修复后的叶片钎缝连续,外观完整,无裂纹等缺陷。原始裂纹修复后的微观组织见图4-35,钎料润湿并填满裂纹间隙,内部缺陷较少,说明修复工艺可行。

叶片修复前切取K423A合金铸态组织试样,获得母材组织见图4-36,主要由γ固溶体、γ'相、骨架状一次碳化物MC、少量$M_{23}C_6$、$\gamma+\gamma'$共晶和微量M_3B_2组成。铸态组织呈明显的树枝晶形貌,枝晶干中γ'相呈规则的方块状均匀分布

图 4-35　高压 II 级涡轮导向叶片裂纹排气边裂纹修复后的微观组织

（a）平行裂纹纵向剖面；（b）垂直裂纹横向剖面。

在 γ 固溶体基体上，枝晶间的 γ' 相尺寸稍大，且形状不规则，边角圆滑。晶界由 γ' 相和骨架状或小块状 MC、$M_{23}C_6$ 组成。

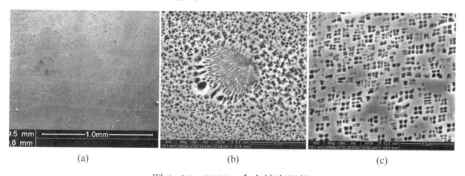

图 4-36　K423A 合金铸态组织

（a）母材低倍组织；（b）枝晶间 γ+γ' 共晶；（c）枝晶干。

经过钎焊温度下保温 60min 热循环后，母材仍呈枝晶形貌，但组织趋于均匀化，晶界断续分布着深色小块状碳化物及少量浅灰色骨架状化合物，见图 4-37。K423A 合金母材 γ' 相的固溶温度为 1150℃，经过钎焊温度下保温 60min 热循环

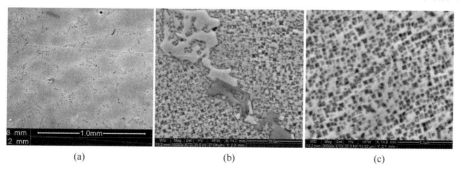

图 4-37　钎焊温度下保温 60min 后母材组织

（a）母材低倍组织；（b）晶界化合物相；（c）枝晶干。

后,部分 γ′ 相会重溶并冷却时二次析出方块状 γ′ 相,更加规则地分布在 γ 基体中。由于钎焊冷却速率比铸造冷却速率快,枝晶干中二次析出 γ′ 相变得更加均匀细小,且数量也明显增多。

经过钎焊温度下保温 120min 热循环后,母材组织更加均匀,晶界两侧的枝晶间区域大大缩小,γ′ 相均匀细小,且数量增多。枝晶干基体中 γ′ 相形貌、大小及数量相比钎焊温度下保温 60min 热循环无明显变化,见图 4-38。更长的钎焊保温时间使铸造组织更加均匀化,更有利于消除枝晶间成分偏析,仅在晶界两侧较窄区域内仍保持原始铸造状态的枝晶间组织形貌,γ′ 相尺寸虽然相对较大,但与铸态相比 γ′ 形状更规则,数量更多。

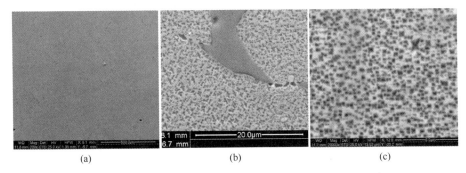

图 4-38　钎焊温度下保温 120min 后母材组织
(a) 母材低倍组织;(b) 晶界化合物相;(c) 枝晶干。

表 4-10 列出了不同钎焊热循环下母材 850℃,325MPa 持久寿命,经钎焊热循环后母材持久寿命均高于铸态母材,说明钎焊循环对母材无不利影响,且性能有所提高。

表 4-10　K423A 合金三种状态下 850℃,325MPa 持久寿命

状　　态	持久寿命/h
铸态	71
钎焊温度下保温 60min	148
钎焊温度下保温 120min	147

2. K423 涡轮导叶裂纹与减薄钎焊修复

K423 材料铸造的中压涡轮导向叶片除了进排气边裂纹、缘板裂纹外还有排气边减薄。根据 K423 合金钎焊修复技术研究结果采用拟定修复工艺,对导向叶片进气边、排气边、叶盆、缘板处裂纹进行钎焊修复,见图 4-39,修复后经检验和组织分析,显示修复完好,说明修复工艺可行。对服役后产生故障叶片的排气边裂纹与减薄进行修复,见图 4-40。该叶片裂纹钎焊修复工艺通过了

FAA 认证。

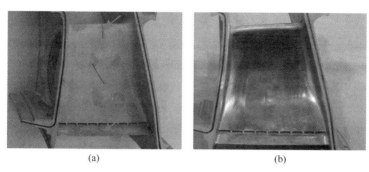

(a)　　　　　　　　　　　　(b)

图 4-39　RB211 发动机中压涡轮导向叶片叶身损伤
（a）修复前；（b）修复后。

(a)　　　　　　　　　　　　(b)

图 4-40　RB211 发动机中压涡轮导向叶片排气边损伤
（a）修复前；（b）修复后。

　　钎焊修复的接头组织见图 4-41，钎缝中心区域由合金粉颗粒及其周围固溶体和小块状化合物相构成，合金粉颗粒内部有大量细小强化相；靠近母材处为固溶体带，母材扩散区有少量点状强化相，钎缝饱满，与母材接合好。整个钎焊接头无大块及针状化合物相，这种接头组织对性能有利。排气边减薄区域修

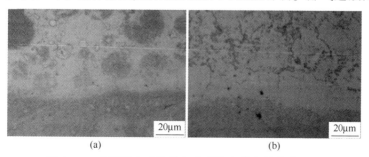

(a)　　　　　　　　　　　　(b)

图 4-41　中涡导向叶片排气边裂纹和修复处接头组织
（a）排气边裂纹修复后的组织；（b）排气边减薄修复后的组织。

复后的组织与裂纹补焊接头组织相似,只是合金粉颗粒不明显,同样整个钎焊接头无大块及针状化合物相。

叶片钎焊修复后钎焊修复部位的解剖截面图见图4-42,在低倍镜下可见钎焊材料填满裂纹间隙,无明显的气孔、缩孔、未填充等结合不良缺陷,钎料及合金粉填满裂纹间隙,特别裂纹尖端填充饱满,无明显的气孔、缩孔、未填充等结合不良缺陷。

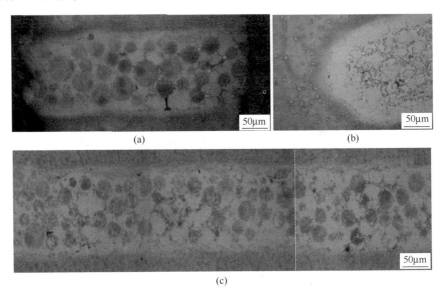

(a)　　　　　　　　　　　　　　　(b)

(c)

图4-42　排气边裂纹钎焊修复后的解剖截面图

(a)纵向;(b)裂纹尖端;(c)横向。

4.3.5　DD5单晶合金导向叶片钎焊修复

某燃气轮机高压Ⅰ级涡轮导向叶片母材为DD5单晶高温合金,叶片价格昂贵。该叶片服役一个翻修周期后会出现裂纹、烧蚀等缺陷而失效,无法继续使用。服役后的叶片如图4-43所示。

由于叶片母材含有较多的Al、Ti元素,熔焊焊接性差,焊接过程及焊后易出现裂纹。钎焊修复方法是导向叶片裂纹、烧蚀等的有效修复方法,针对该型叶片DD5镍基单晶高温合金开展了钎焊修复技术研究,并对叶片进行了修复,修复后的叶片已装机使用。

1. 钎焊工艺

为了避免单晶叶片焊修时的再结晶问题,在保证钎焊接头性能的同时尽量选择较低的钎焊温度和较短的保温时间。根据DD5单晶高温合金母材物理性

图 4-43 DD5 材料高压 I 级涡轮导向叶片服役后外观

能、热处理制度及双联叶片之间原钎缝分析,试验采用 CC 和 CE 两种钴基钎料进行了钎焊工艺比较,测试了不同钎料 0.4mm 间隙钎焊接头的高温持久性能,对钎焊接头进行了微观组织观察。

两种钎料钎焊接头微观组织如图 4-44 所示,钎焊接头组织比较相似,均由钴基固溶体和羽毛状或条块状硼化物及浅灰色和白色颗粒状碳化物组成。

(a)   (b)

图 4-44 不同钎料下的钎焊接头组织

(a) CE 钎料;(b) CC 钎料。

两种钎料钎焊接头高温持久性能如表 4-11 所列,两种钎料持久性能相当,但 CC 钎料钎焊接头高温性能、使用温度等综合性能要优于 CE 钎料。

表 4-11 CE 钎料和 CC 钎料钎焊 DD5 单晶接头高温持久性能测试结果

钎料	接头持久性能测试结果			说　　明
	$\theta/℃$	σ_b/MPa	寿命/h	
CE	980℃	75	170,105,114	100h 应力增至 100MPa
			200	100h、200h 应力分别增至 100MPa、125MPa
CC			121,101,136,101,101,127,104,173	100h 应力增至 100MPa
			234	100h、200h 应力分别增至 100MPa、125MPa

115

2. 钎焊热循环对母材组织性能的影响

为了分析钎焊热循环对叶片母材组织性能影响,将完全热处理态试棒随叶片一起装炉,经历不同钎焊热循环后进行显微组织观察和高温持久性能测试。根据焊接过程中可能出现的补焊等情况,试验叶片经历的焊接热过程:完全热处理态、一次补焊、两次补焊。

完全热处理态母材的组织如图 4-45 所示,从低倍显微组织可以看出,完全热处理态的组织比较均匀,枝晶干与枝晶间的衬度差别不大。不同位置 γ' 相形态与尺寸没有差别,相平均尺寸大约为 0.5μm。枝晶间碳化物的形态主要呈长条状,不同位置的差异不明显。

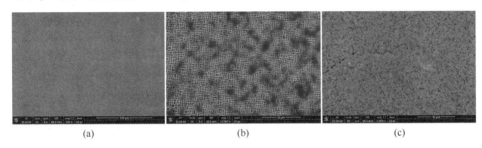

图 4-45 完全热处理态母材的组织

(a) 显微组织低倍照片;(b) 枝晶干组织;(c) 枝晶间组织。

一次补焊后的母材组织见图 4-46,对比图 4-46(a)可以看出,经一次钎焊热循环后组织均匀性变差,枝晶间区域的衬度变亮。γ' 相的尺寸与形态没有发生变化,平均尺寸约为 0.5μm。碳化物的形貌除了长条状之外,部分区域观察到了块状碳化物。

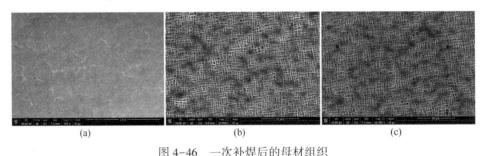

图 4-46 一次补焊后的母材组织

(a) 显微组织低倍照片;(b) 枝晶干组织;(c) 枝晶间组织。

二次补焊后的母材组织见图 4-47,从低倍照片来看,补焊两次没有对组织均匀性产生影响。枝晶干 γ' 相形貌和尺寸与热处理态组织相比稍有长大,平均尺寸约为 0.6μm(γ' 相边缘的毛刺可能是由于腐蚀不到位产生的)。不同部位碳化物形态均为短棒状或等轴状,条状碳化物数量减少,几乎观察不到。

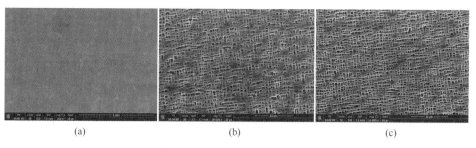

(a)　　　　　　　　　　(b)　　　　　　　　　　(c)

图 4-47　二次补焊后的母材组织

（a）显微组织低倍照片；（b）枝晶干组织；（c）枝晶间组织。

为了验证钎焊热循环对母材性能的影响,测试了经不同钎焊热循环后母材的高温持久性能,见表 4-12,随着热循环次数的增加,高温持久性能有所下降,但均满足 DD5 合金母材标准要求。因此,应严格控制叶片补焊次数,防止母材性能衰减。

表 4-12　经历不同热循环后母材高温持久性能测试结果

状　态	$\theta/℃$	σ_b/MPa	时间/h	$\delta/\%$	$\psi/\%$
一次补焊	1093	158	30	19.36	35
二次补焊	1093	158	24	28.80	53
完全热处理	1093	158	≥18	—	≥12

3. 叶片修复

针对叶片的裂纹及凹陷进行了真空钎焊修复,所有裂纹及凹陷部位均被焊好、填满,荧光检查合格。焊修后的叶片形貌如图 4-48 所示。

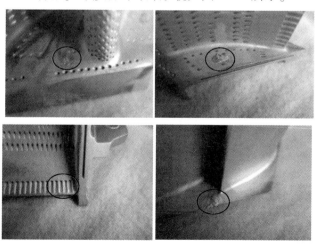

图 4-48　叶片钎焊修复后外观及荧光检查结果

根据上述试验结果,制定了叶片修理工艺流程,完成了整台份叶片的修理(图4-49),修理后的叶片完成了试车考核,发动机试车运行良好,试车过程各项指标和性能均正常。试车后对修理后的叶片进行了拆检,状态良好。

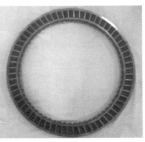

图4-49 完成修理的一台份叶片

4.4 钴基合金钎焊修复技术及应用

除了镍基铸造高温合金,钴基铸造高温合金也是常用的涡轮导向叶片材料。钴基合金是以Co-Ni-Cr三元系为基的固溶强化和碳化物沉淀强化合金,初熔温度高,抗冷热疲劳和抗氧化、耐腐蚀性能好,是一类优秀的导向叶片材料。W是钴基合金重要的固溶强化元素,一般含量在7%~15%,加入W不但提高了强度,也提高了合金的熔化温度,这对导向叶片来说非常有利。合金中一般存在以Cr元素为主的M_3C_2、M_7C_3、$M_{23}C_6$型碳化物和以难容金属元素为主的MC、M_6C型碳化物。合金中一般加入20%左右的Cr,因此具有良好的抗氧化、耐腐蚀性能。钴基铸造合金焊接性能较好,一般可以采用熔焊方法焊接,且铸造性能良好,可以铸造成等轴晶和定向凝固两种结晶形式的复杂型腔叶片。美国的X-40,英国的HS31,中国的K640、DZ40M是同一类型具有代表性的铸造钴基合金。

4.4.1 钴基合金钎焊修复技术

1. K640合金钎焊修复技术

K640(HS31)是固溶强化和碳化物强化型钴基铸造高温合金,与镍基铸造高温合金相比,不含Al、Ti元素,强度水平略低于K401镍基铸造高温合金,但在高温下具有优异的热疲劳性能和抗氧化、耐蚀性能,因而特别适合制作1000℃以下的涡轮导向叶片。合金铸态下含有约占合金5.3%(质量分数)的骨架状M_7C_3碳化物,极少量的M_6C和$M_{23}C_6$碳化物,750~800℃长期时效后,M_7C_3分解,析出细小弥散的$M_{23}C_6$碳化物,不析出片状相。K640合金熔化温度范围

1340~1396℃,密度 8.68g/cm³,标准光滑铸态试样在 816℃,205MPa 下的持久寿命大于 15h。

1) 钎焊接头高温持久性能

采用设计的钎料和不同钎焊工艺钎焊 K460 合金试样,测试 816℃,205MPa 下的高温持久寿命,当 205MPa 下持久寿命大于 20h 后,应力增至 300MPa,试验结果见表 4-13。可见,钎焊工艺得当时,钎焊接头均有很好的持久性能,持久寿命均高于 K640 母材技术标准规定的 816℃,205MPa 持久寿命 15h。

表 4-13　不同钎焊工艺下钎焊接头 816℃,205MPa 下的持久寿命

钎焊工艺	持续时间/h	断裂部位
保温 15min	28,16,24	钎缝
保温 30min	21,16	母材
保温 60min	29,30,27	母材
保温 120min	22,26	母材

2) 钎焊接头组织

钎焊接头组织由合金粉、固溶体和化合物相构成。钎焊温度为 T℃ 时,钎缝与母材界面、合金粉与钎料界面清晰,钎料以固溶体和化合物形式存在于合金粉之间,在靠近钎缝的母材一侧,钎料中易于扩散的元素开始向母材中扩散,在母材晶界处形成新的相。随着钎焊温度提高,钎料、合金粉、母材之间的溶解扩散速度加快,钎缝与母材界面、合金粉与钎料界面逐渐模糊,钎料向母材扩散、母材向钎料溶解更加充分,在母材扩散区域形成更多的相。钎焊温度达到 T+30℃ 时,在较短的钎焊时间内,钎缝就可以得到充分均匀化,见图 4-50。

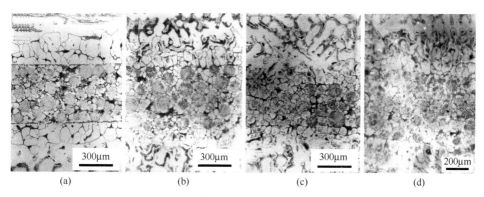

图 4-50　不同钎焊温度下接头的显微组织

(a) 0.5mm,T℃;(b) 0.5mm,T+10℃;(c) 0.5mm,T+20℃;(d) 0.5mm,T+30℃。

随保温时间延长,元素扩散增强,钎料与母材作用区加宽,钎缝中固溶体区域扩大,并且在母材扩散区形成了更多的相。保温时间延长,钎料元素向合金粉中扩散、合金粉向钎料中溶解更加充分,合金粉由原始的球形变成不规则形状,见图4-51。

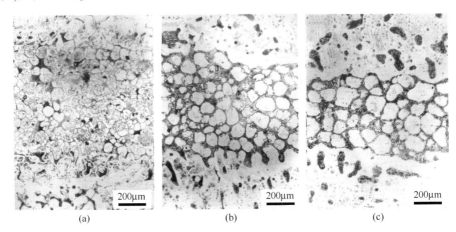

图4-51　不同钎焊保温时间下接头的显微组织

（a）0.5mm 间隙,保温 t+15min;（b）0.5mm 间隙,保温 t+60min;（c）0.5mm 间隙,保温 t+120min。

3）钎焊热循环对母材组织和力学性能的影响

图4-52 是母材原始状态组织和分别经过一次、二次钎焊热循环后的组织,母材晶粒出现了长大现象,经过两次热循环的母材,晶粒尺寸更大,并且形态也发生了变化,由细条状变成短粗状。

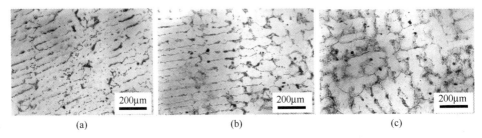

图4-52　K640 合金铸造状态和分别经过一次、两次钎焊热循环下的组织

（a）原始母材;（b）母材经一次热循环;（c）母材经两次热循环。

表4-14 是 K640 合金原始铸造状态和经过两次钎焊热循环后的 816℃,205MPa 下高温持久性能,可见 K640 合金经过两次钎焊热循环后,高温持久性能下降,这主要是钎焊热循环使晶粒长大所致,但数据远高于技术标准规定的816℃,205MPa 持久寿命 15h。

表 4-14　K640 合金原始铸造状态和经过两次钎焊热循环后高温持久性能

试 样 状 态	测 试 规 范	持续时间/h
原始铸造状态	816℃,205MPa	39
两次钎焊热循环		33

注:816℃,205MPa,大于 20h 应力提高到 250MPa,大于 30h 应力提高到 300MPa。

2. DZ40M 合金钎焊修复技术

DZ40M 合金是在美国 X-40 合金基础上,通过添加微量元素和采用定向凝固工艺发展而成的一种定向凝固钴基高温合金。合金的初熔温度高,具有优良的抗冷热疲劳、抗氧化及耐腐蚀性能,良好的持久、蠕变、疲劳等综合力学性能。组织稳定,定向凝固工艺性能良好,无缺口敏感性。与 X-40 合金相比,可提高使用温度 40℃。合金 Al、Ti 含量较低,具有良好的焊接性能,可采用氩弧焊、电子束焊等熔焊方法焊接。

DZ40M 合金以碳化物为主要强化相,有两种初生的碳化物 M_7C_3 和 MC 分布在 γ 固溶体基体上,骨架状分布的 M_7C_3 是合金低温受力的承载相,在高温使用过程中会发生碳化物转变,析出弥散分布的颗粒状 $M_{23}C_6$,沉淀强化基体,碳化物量约占合金的 7% ~ 10%(质量分数),还析出极少量的 M_6C。颗粒状的 $M_{23}C_6$ 在高温长期使用过程中不发生聚集长大,组织稳定。

由于合金焊接性较好,可采用氩弧焊方法修复单条、位置可达性好的裂纹,但叶身上的密集裂纹、位置可达性差的裂纹需采用真空钎焊修复。

采用真空钎焊修复叶片裂纹需要重点解决以下问题:

(1)涡轮导向器叶片叶身材料为 DZ40M、缘板材料为 K40M,两片叶身贯穿插入缘板组合钎焊成两联结构,采用 HBCo51CrNiSiW 和 HBCo43CrNiWBSi 两种钎料,后者为间隙大时使用。因此在修复裂纹时,其钎焊温度不应高于原钎缝的重熔温度,防止原钎缝发生熔化,即修复用钎料熔化温度原则上应低于上述两种钎料。

(2)叶片材料含有一定量的 Al、Ti 元素,裂纹内形成结构复杂的氧化膜,采用常规化学清洗的方法难以去除。而且叶片结构复杂、裂纹数量多,采用机械加工方法去除氧化膜显然也是不适用的。

(3)叶身、缘板上分布有大量的冷却气膜孔,必须通过工艺控制防止钎料堵孔。

(4)DZ40M 为定向凝固结晶,钎焊修复时 DZ40M 合金存在再结晶问题,因此需明确钎焊修复工艺对 DZ40M 合金组织影响以及钎焊修复后的力学性能。

1)DZ40M 合金钎焊接头组织

根据 DZ40M、K40M 材料特点和原始钎焊缝钎料特点设计了补焊用钎料,

121

在 1160~1180℃钎焊温度分别保温 15min、30min、60min 和 120min 的工艺下钎焊 DZ40M 合金。

图 4-53 为保温 30min 钎焊工艺下的钎焊接头背散射照片。由于母材与钎料成分相近,二者之间界面反应较弱,主要表现为元素的扩散和溶解。在冷却过程中,液态钎料一方面与母材进行元素的扩散和溶解,一方面以母材晶粒为晶核生长形成具有峰峦状的固溶体初晶,Cr、W、B、C 等过饱和元素被排挤到钎缝中央及晶界上,并以低熔点共晶形式析出,从而形成大量复杂形貌的共晶组织在钎缝中央聚集。

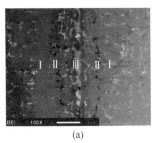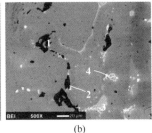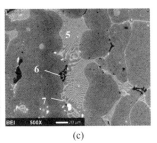

(a)   (b)   (c)

图 4-53　保温 30min 下钎焊接头组织
(a) 接头整体形貌;(b) 扩散反应区;(c) 钎缝中心区。

由图 4-53 可见,典型钎焊接头可分为近缝区 Ⅰ、扩散反应区 Ⅱ、钎缝中心区 Ⅲ 三个主要区域。近缝区 Ⅰ 由于母材向熔融钎料的溶解以及元素浓度梯度导致的 C 元素扩散,该区碳化物数量大大减少,主要以固溶体为主;扩散反应区 Ⅱ 也以钴基固溶体为主,靠近钎缝区富集较多的黑色块状化合物,其边缘还存在少量颗粒状白色化合物,见图中 1、2 相;钎缝中心区 Ⅲ 存在较多灰色和浅灰色骨架状化合物,见图中 3、5 相,灰色骨架边缘同样存在少量颗粒状白色化合物,见图中 4 相,在浅灰色骨架状化合物边缘还存在少量的黑色骨架状化合物,见图中 6 相,浅灰色骨架化合物边缘或固溶体基体上弥散分布少量白色化合物颗粒,见图中 7 相。

根据各相成分分析结果,扩散反应区 Ⅱ 黑色块状化合物 1 相和钎缝中心区黑色骨架状化合物 6 相具有相似的化学元素构成,均含有大量的 Cr 及少量 Co、W 元素,为 Cr_7C_3 型碳合物;黑色化合物边缘分布的白色颗粒 2 相应为过饱和的 C 元素与基体内的 Co、Cr、W、Ni 等元素生成的次生 $M_{23}C_6$;扩散反应区 Ⅱ 和钎缝中心区 Ⅲ 中灰色和浅灰色骨架状化合物 3 相、5 相同样具有相似的成分,应为富 Cr、W 的 Si、B 化合物;灰色、浅灰色骨架化合物边缘的白色颗粒 4 相、7 相含有较高的 Ti、Ta 等元素,应为 MC 型碳化物。

元素面分布分析也表明,黑色块状及黑色骨架状化合物富集了大量的 Cr、C

元素,应为 Cr_7C_3 型化合物;灰色与浅灰色骨架化合物成分类似,均富集了较多的 Si、W 元素,应为富 W 的硅化物,灰色骨架化合物 Si、W 含量略低,并含有一定量的 Cr 元素,因此颜色有差异;B 元素在整个钎缝内分布较均匀,参与钎缝内碳化物及硅化物的形成,并形成成分复杂的碳硼化合物和硅硼化合物,见图 4-54。

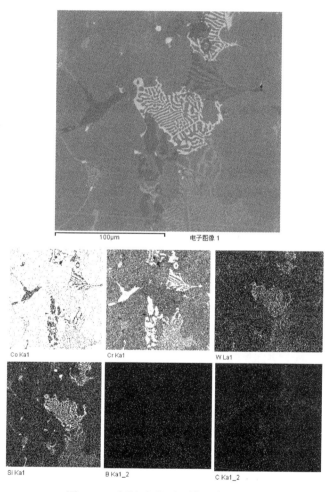

图 4-54 钎缝内典型区域元素面分布

因此,采用设计的钎料钎焊 DZ40M 合金接头各区相组成为:近缝区 I 为含有较少化合物的固溶体;扩散反应区 II 由钴基固溶体、黑色块状 Cr_7C_3 及边缘的次生 $M_{23}C_6$ 白色颗粒、灰色骨架状硅化物及边缘的 MC 碳化物构成;钎缝中心区 III 由 α-Co、灰色和浅灰色骨架状硅化物、黑色块状或骨架状碳化物及边缘的 MC 碳化物构成。

2）钎焊工艺对 DZ40M 合金钎焊接头组织的影响

图 4-55 是采用保温时间 15min、30min、60min 和 120min 四种钎焊工艺获得的接头组织。钎焊过程中，元素通过扩散、溶解、偏析及相互反应形成具有相似组成及特征的组织。

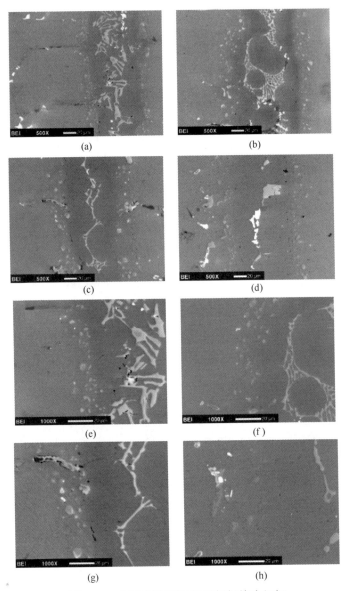

图 4-55　不同保温时间获得钎焊接头组织

（a）15min（接头）；（b）30min（接头）；（c）60min（接头）；（d）120min（接头）；
（e）15min（界面）；（f）30min（界面）；（g）60min（界面）；（h）120min（界面）。

　　保温时间较短的弱工艺接头组织见图 4-55（a）、（e），接头界面明显，钎缝中存在大量的尺寸较大的硅硼化合物骨架，会显著降低钎缝的初熔温度，影响接头的高温性能。扩散反应区Ⅱ和钎缝中心区Ⅲ未见黑色 Cr_7C_3 相，扩散反应区Ⅱ次生碳化物 $M_{23}C_6$ 相对较少且尺寸较小。

　　保温时间 30min 时，元素扩散、溶解能力增强，接头界面逐渐模糊，钎缝内化合物骨架变细，扩散反应区Ⅱ化合物略显增多，钎缝中心区可见少量黑色 Cr_7C_3 相及白色 MC 碳化物颗粒，钎缝中化合物的减少、细化及颗粒相的增多有利于提高接头性能，见图 4 -55（b）、（f）。

　　保温时间 60min 和 120min，钎缝中骨架状化合物更少、尺寸更小，并变得不连续，这都有利于提高钎缝初熔温度及高温拉伸性能。但由于元素扩散增强，界面及近缝区块状化合物增多、长大，成为拉伸断裂时的裂纹起源地，一定程度上降低了界面区域的力学性能，转变成为接头的薄弱环节，见图 4-59（c）、（d）、（g）、（h）。

3）钎焊热循环对 DZ40M 母材组织的影响

　　DZ40M 合金以碳化物为主要强化相，有两种初生的碳化物 M_7C_3 和 MC 分布在 γ 固溶体基体上，骨架状分布的 M_7C_3 是合金低温受力的承载相，碳化物量约占合金的 7%～10%（质量分数）。图 4-56 是取自铸造试样的原始母材组织，呈定向凝固组织形貌，晶界分布较多的条形或小块型碳化物强化相。颜色较深的为富 Cr 的 M_7C_3 型碳化物，颜色较浅、白色小块状为富 W、Ta、Ti、Zr 等 MC 型碳化物。

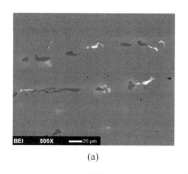
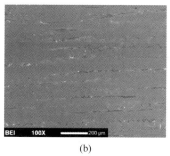

（a）　　　　　　　　　　（b）

图 4-56　DZ40M 合金原始母材组织
（a）母材组织低倍形貌；（b）母材组织局部放大。

　　图 4-57 是经过钎焊热循环的母材组织。在较高的钎焊温度下，定向凝固组织发生了再结晶现象，四种热循环后定向组织均趋于等轴化，且随着保温时间的延长晶粒粗化，这对母材性能是十分不利的。并且在保温过程中，母材组织中 M_7C_3 碳化物发生重溶，并在焊后快速冷却过程中析出弥散分布的颗粒状

$M_{23}C_6$碳化物,起沉淀强化作用。随着保温时间的延长,M_7C_3碳化物强化相数量减少,二次析出$M_{23}C_6$逐渐增多、长大。在更长的保温时间下,母材组织显著粗化,大量的碳化物强化相溶解于母材基体固溶体中,从而导致母材内碳化物强化相显著较少,母材性能将显著降低。

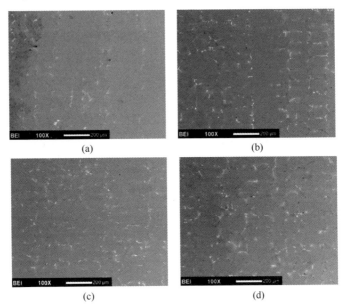

图 4-57　DZ40M 合金经钎焊热循环后的母材组织

（a）保温 15min；（b）保温 30min；（c）保温 60min；（d）保温 120min。

4) 钎焊热循环对 DZ40M 母材性能的影响

表 4-15 是 DZ40M 合金原始铸造状态和经过上述四种热循环后的 980℃,83MPa 高温持久和 900℃ 高温拉伸性能。经钎焊热循环后,母材高温抗拉强度和高温持久性能相比原始母材均有一定程度的降低,持久性能降低较明显,这与钎焊热循环对母材组织影响规律相吻合,原因在于定向凝固组织经热循环后发生再结晶及碳化物强化相的分解,导致母材的高温拉伸性能及持久性能降低。四种规范中,保温 30min 钎焊工艺保持了相对较高的持久性能,但也比同样测试条件下原始母材的持久性能低了约 20%。

表 4-15　钎焊热循环对 DZ40M 母材合金力学性能影响

状　　态	980℃,83MPa 持续时间/h	900℃ 高温拉伸/MPa
原始状态	23	355
保温 15min	15	343
保温 30min	18	343

（续）

状　态	980℃,83MPa 持续时间/h	900℃高温拉伸/MPa
保温 60min	17	342
保温 120min	8	337

5）DZ40M 合金钎焊接头力学性能和叶片材料力学性能

采用设计的钎料,分别在四种钎焊工艺下钎焊 DZ40M 合金,钎焊接头的 980℃,83MPa 高温持久和 900℃高温拉伸性能见表 4-16。结果表明,不同钎焊工艺钎焊接头 980℃,83MPa 高温持久性能不同,保温 30min 钎焊工艺下的接头持久性能最高,试样均断裂于母材上,说明钎焊接头性能超过了母材。不同钎焊工艺钎焊接头 900℃高温拉伸强度差别不大,均超过母材技术标准规定的 305MPa,但均断裂在钎缝。

表 4-16　DZ40M 合金钎焊接头力学性能

钎焊工艺	980℃,83MPa 持续时间/h	断裂位置	900℃高温拉伸/MPa	断 裂 位 置
保温 15min	17	母材	345	钎缝
保温 30min	18		345	
保温 60min	12		343	
保温 120min	14		350	

图 4-58（a）是 DZ40M 合金钎焊接头高温拉伸试样断裂位置背散射照片,断裂发生在钎缝中心部位,具有穿晶断裂特征,这是由于钎缝中心是脆性化合物的聚集区,在拉力作用下容易成为裂纹源进而发生开裂。钎焊接头断口形貌见图 4-58（b）、（c）,断口平整、无颈缩,断面存在大量的片层状相以及少量的颗粒相,未见明显的固溶体,这符合在钎缝中心化合物聚集区开裂的特征。断口没有韧窝及撕裂棱线,为脆性断裂。

(a)　　　　　　(b)　　　　　　(c)

图 4-58　高温拉伸试样断口形貌背散射照片

（a）断口局部放大;（b）断口全貌;（c）断裂位置背散射照片。

　　为了判断服役后叶片母材的老化程度,对服役后的叶片进行了组织观察,取样部位包括无损伤叶身及裂纹附近部位,微观组织见图4-59。叶身无损伤区域及裂纹附近区域母材组织几乎完全等轴化,碳化物强化相数量较少,原来的定向分布特征消失。两个区域对比,裂纹周边区域晶粒相对粗大,碳化物强化相分布杂乱,颗粒较大,说明产生裂纹的区域在工作时温度更高。

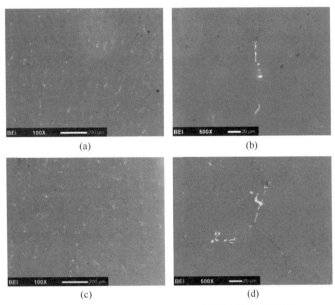

图4-59　叶片服役后DZ40M合金母材微观组织
(a)无损伤区域组织低倍形貌;(b)无损伤区域组织局部放大;
(c)裂纹附近区域组织低倍形貌;(d)裂纹附近区域组织局部放大。

　　服役后在叶片叶身部位切取性能试样,测试服役后母材的900℃高温拉伸性能(317MPa)和980℃,83MPa高温持久性能(4h)。与表4-16中DZ40M钎焊接头性能对比,叶片服役后的母材性能明显低于钎焊接头性能,说明钎焊接头的性能要高于使用过一个周期的叶片母材的性能。因此,相对于该状态下的母材性能,钎焊修复后是可靠的。

4.4.2　K640涡轮导叶钎焊修复

　　K640(HS31)涡轮导叶为带有冷却气膜孔的三联、空心结构。工作400h后出现了缘板裂纹、缘板边缘龟裂、冷却气膜孔边裂纹、排气边裂纹、进气边裂纹、叶片与缘板转接处龟裂、排气边烧蚀等损伤,见图4-60。

　　K640钴基高温合金由于不含Al、Ti元素可以采用氢还原去除法、化学溶液去除法去除裂纹氧化膜。针对该叶片材料和结构,本试验采用了一种联合去除

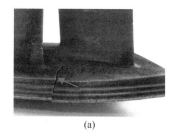 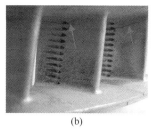 

(a)　　　　　　　　　　(b)　　　　　　　　　　(c)

图 4-60　涡轮导叶典型裂纹

(a) 缘板焊接处裂纹;(b) 冷却气膜孔边裂纹;(c) 进气边裂纹、缘板龟裂。

氧化膜工艺,叶片处理后表面白亮,经试修复,裂纹修复完好,显示去除效果良好。

　　叶片服役温度高,要求修复叶片耐热性好,因此应选择或设计熔化温度尽量高的钎料,根据 K640 合金的特点设计的钎料固相线大于 1050℃。为了减少对母材的损伤,尽量减少扩散处理时间,对于大间隙钎焊接头填加合金粉或合金块。

1. 叶片修复

　　采用制定的钎焊修复工艺修复的叶片,修复后的叶片表面状态见图 4-61,不同位置裂纹钎焊修复后金相组织见图 4-62。可见采用真空钎焊可以修复 K640 合金叶片不同位置的裂纹,填缝状况良好,特别是密集型微裂纹、裂纹尖端位置,钎料填充饱满,这说明试验中采用的联合去除氧化膜工艺效果良好。

 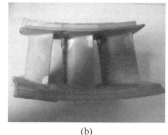

(a)　　　　　　　　　　　　(b)

图 4-61　修复后的叶片表面状态

(a) 排气边裂纹补焊;(b) 缘板裂纹补焊。

2. 修复叶片工作 400h 后状态分析

　　K640 合金新叶片服役 650h,经钎焊修复裂纹后再服役 400h,取 14 片叶片,统计分析再次产生裂纹情况。再次产生的裂纹主要有:缘板裂纹、冷却气膜孔边裂纹、排气边裂纹,同时有些叶片在进气边、缘板出现较大面积龟裂,见表 4-17。

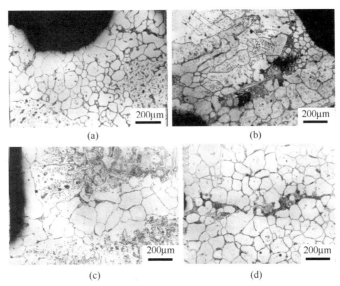

图 4-62 叶片不同位置裂纹钎焊修复后金相组织

（a）冷却气膜孔边微裂纹修复；（b）进气边裂纹修复；（c）缘板裂纹修复；（d）排气边裂纹修复。

表 4-17 钎焊修复后的叶片 400h 服役后再次出现裂纹情况

叶 片 位 置	修复裂纹数/条	400h 后裂纹数/条	开 裂 位 置
缘板	39	16	补焊焊缝 6 条;新裂纹 10 条
冷却气膜孔边	24	49	补焊焊缝 22 条;新裂纹 27 条
排气边	19	30	补焊焊缝 18 条;新裂纹 12 条
进气边和缘板	无	—	龟裂

14 片叶片钎焊修复缘板裂纹共 39 条,服役 400h 后仍完好的有 33 条,完好率为 85%,在缘板处非修复区域新产生裂纹 10 条。叶片在制造过程中,采用电子束焊接方法将两两叶片缘板拼焊在一起形成三联叶片结构,缘板较厚部位电子束不易实施焊接而未焊,所以在服役后形成的是分段焊缝,在每一段焊缝的起始和结束位置易产生应力集中成为裂纹源,因此缘板是裂纹的高发区域之一。由于缘板裂纹产生部位并非叶片服役时大应力部位,同时钎焊修复缘板裂纹时也部分钎焊了电子束未焊部位,减少了裂纹源,因此再次服役后产生裂纹较少。对修复后再次开裂部位解剖发现,大部分是由于钎焊修复时未对电子束未焊部位钎焊,未消除裂纹源所致。因此,钎焊修复时应将电子束未焊部位全部钎焊。图 4-63 是修复后服役 400h 后缘板修复区域表面状态和钎缝解剖图。

冷却气膜孔边裂纹钎焊修复共 24 条,服役 400h 后共产生裂纹 49 条,钎焊焊缝开裂 22 条,新裂纹 27 条。修复焊缝 90% 以上再次开裂,没有修复的孔边缘新增裂纹较多。冷却气膜孔附近区域叶片冷热疲劳应力较大,尤其是第一孔

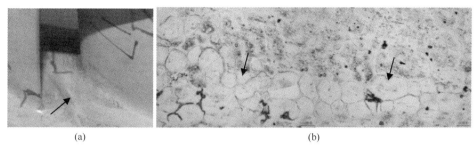

(a)   (b)

图 4-63   修复后服役 400h 缘板修复区域表面状态和钎缝解剖图

(a) 缘板钎缝表面状态;(b) 钎缝组织。

和最后一孔应力更大,孔边是该型叶片裂纹的另一个高发区域。因此,修复焊缝再次开裂以及产生较多新的裂纹是属于正常服役所致。

叶片再经过 400h 服役后,缘板、孔边新裂纹明显增多,这是叶片材料老化累积的结果。新裂纹主要为沿晶开裂,与钎焊修复前孔边裂纹多为穿晶开裂不同。新裂纹产生主要原因是叶片长期高温使用,晶粒长大,晶界析出更多的化合物相而成为薄弱环节,在应力作用下开裂,或者表面层晶界氧化渗入、过热龟裂,见图 4-64。

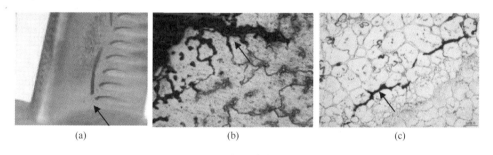

(a)   (b)   (c)

图 4-64   孔边裂纹和解剖图

(a) 服役 400h 后修复焊缝裂纹;(b) 孔边新裂纹和表面晶界氧化渗入;(c) 修复焊缝再次开裂。

排气边裂纹修复 19 条,400h 服役后开裂 18 条,又产生 12 条新裂纹。叶片排气边裂纹主要产生在叶片排气边与缘板的转接处,极少在中部产生。排气边裂纹钎焊修复后再次出现的裂纹主要为晶间裂纹,也是由于长期服役,母材晶粒长大,晶界析出化合物相而弱化导致的。排气边与缘板转接处裂纹的外观和裂纹附近母材组织见图 4-65。

钎焊修复叶片再次服役 400h 后,在叶片缘板靠近进气边部位及边缘产生龟裂,同时在冷却气膜孔尤其是一孔和最后一孔边缘易产生龟裂,见图 4-66。图 4-66 是进气边和缘板出现龟裂的位置,以及龟裂区域微观组织和裂纹放大,产生龟裂部位母材存在晶粒长大、晶间化合物相析出、过烧现象,说明此区域母材已严重老化。这种局部龟裂主要是由于发动机燃烧温度场不均匀,局部温度过高导致的。

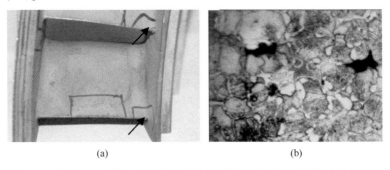

图 4-65　服役 400h 排气边与缘板转接处裂纹的外观和裂纹附近母材组织
（a）排气边裂纹；（b）裂纹附近区域母材组织。

图 4-66　龟裂区域过烧组织和微裂纹
（a）进气边和缘板龟裂；（b）过烧组织；（c）龟裂裂纹放大。

3. 对修复后服役 400h 的叶片裂纹再次钎焊修复

1）母材组织对比分析

图 4-67 是服役 650h 和 650h+钎焊修复+400h 叶片叶盆部位母材组织。与服役 650h 叶片的组织相比,钎焊修复后再次服役 400h 叶片母材晶粒明显长

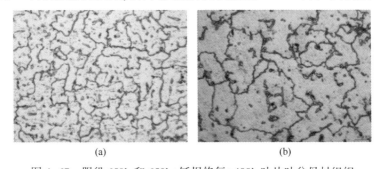

图 4-67　服役 650h 和 650h+钎焊修复+400h 叶片叶盆母材组织
（a）650h；（b）650h+钎焊修复+400h。

大,这主要是钎焊修复热循环以及 400h 的服役,使叶片母材晶粒长大。服役结果表明,该叶片母材晶粒长大导致材料力学性能的下降,并没有影响叶片的使用,仍然是安全可靠的。

2) 对修复后服役 400h 的叶片裂纹再次钎焊修复

采用第一次钎焊修复的氧化膜去除工艺和钎焊工艺,对经服役 650h +钎焊修复+服役 400h 叶片上的新裂纹和经一次钎焊修复再次开裂的裂纹进行修复,钎缝组织见图 4-68。研究表明,采用真空钎焊第二次对裂纹进行修复可行,裂纹氧化膜去除、钎缝填充稳定,可以形成良好的钎焊接头。但是,对于龟裂区

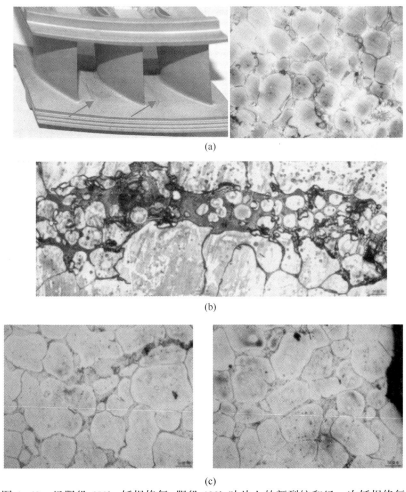

(a)

(b)

(c)

图 4-68　经服役 650h +钎焊修复+服役 400h 叶片上的新裂纹和经一次钎焊修复
再次开裂的裂纹修复组织

(a) 缘板裂纹二次钎焊修复表面状态和组织;(b) 冷却气膜孔边缘裂纹二次钎焊修复组织;
(c) 排气边裂纹二次钎焊修复组织。

域,由于该区域母材已经过烧老化,因此再继续采用裂纹钎焊修复技术不能解决母材性能老化问题,应采取局部切除补片的方式修复。

4.4.3 DZ40M 涡轮导叶钎焊修复

发动机高压Ⅰ级导向叶片叶身材料为定向 DZ40M 合金、缘板材料为等轴 K40M 合金。该发动机使用一个翻修周期后,高压涡轮Ⅰ级导向叶片出现裂纹、烧蚀、变形等损伤缺陷,损伤以裂纹和变形为主。裂纹主要形式有:叶盆裂纹、叶身冷却气膜孔边裂纹、排气边或进气边与缘板转角处裂纹、缘板裂纹等,裂纹开口最大超过 1mm。变形主要为叶片排气边在高温高压燃气作用下向外凸起变形。

1. DZ40M 涡轮导向叶片裂纹氧化膜去除工艺

采用自主设计的氧化膜去除设备,去除叶片裂纹氧化膜。在高温下,将反应发生器生成的 HF 以动态方式持续通入主反应炉内,HF 与叶片裂纹内的 Cr、Al 等的氧化物发生反应,生成气态金属氟化物,从而将氧化膜去除掉。反应炉内主要反应如下:

$$6HF(气) + Al_2O_3(固) \longrightarrow 3H_2O(气) + 2AlF_3(气)$$
$$6HF(气) + Cr_2O_3(固) \longrightarrow 3H_2O(气) + 2CrF_2(气) + F_2(气)$$

叶片裂纹氧化膜去除前后状态见图 4-69。叶片经氟化物清理后表面无明显光泽,呈金属灰色,裂纹内部氧化膜已经去除干净。

 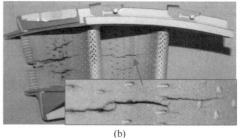

(a)　　　　　　　　　　　　　　　(b)

图 4-69　叶片裂纹氧化膜去除前后状态

(a) 氧化膜去除前叶片状态;(b) 氧化膜去除后叶片状态。

采用 HF 处理会导致叶片表层某些金属元素发生贫化现象,图 4-70 和表 4-18 是分别对叶片截面贫化层线扫描和叶片叶身截面扫描的结果。线扫描结果表明,氟化物处理导致叶片表面存在约 $7\mu m$ 的贫 Cr 层,其他合金元素基本无贫化现象。沿着叶身截面边缘至内部依次选取四个区域进行能谱面扫描分析,结果表明区域 4 内 Cr 含量与母材相当,2、3 区域 Cr 有所降低,最外侧边缘 1 区域 Cr 元素含量最低,为 18.7%(质量分数)。叶片表面贫 Cr,会导致表面抗氧化性能下降,因此希望表面 Cr 的贫化层尽量薄。

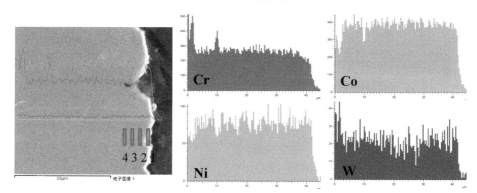

图 4-70 氟化物处理后的叶片截面贫化层线扫描结果

表 4-18 氟化物处理后的叶片叶身截面扫描结果

区 域	元素含量/%(原子分数)			
	Co	Cr	Ni	W
1	56.5	18.7	11.4	13.4
2	55.4	21.5	10.5	10.9
3	57.5	22.8	9.9	9.8
4	53.7	26.4	9.6	10.3

2. DZ40M 涡轮导向叶片裂纹钎焊修复

氧化膜去除后采用设计的钎料和优化后的钎焊工艺修复缘板、叶盆处裂纹。图 4-71 是缘板裂纹修复处组织形貌,钎缝中心含有较多的骨架状化合物并近似于连续分布,在钎缝中间区域离散分布着孔洞,尺寸在 $10\sim30\mu m$ 左右,在靠近钎缝表面即裂纹表面处存在较大尺寸的孔洞缺陷,约 $100\mu m$。总体而言,裂纹内部能被钎料较好地填充,界面结合良好,表明氧化膜清除较好,孔洞可能是脱落后的氧化膜碎片个别未排除裂纹缝隙所致,但占钎缝的总面积较小。

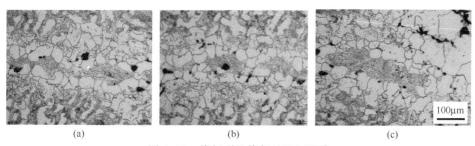

(a)   (b)   (c)

图 4-71 缘板裂纹修复处组织形貌

图 4-72 是叶盆裂纹修复后内表面金相照片,钎料填满整个裂纹间隙,形成完整钎缝,界面结合良好,无未焊合缺陷。左侧为裂纹尖端位置,被钎料填满无孔洞、空腔。中部仅有一处约 $100\mu m$ 的孔洞,发生在钎料与裂纹界面处。叶片内部钎缝外观填充良好,无凹陷,钎缝呈金属光泽。

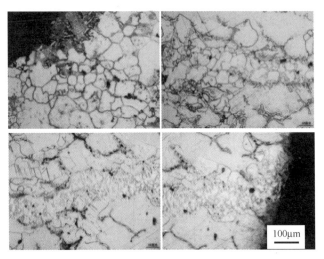

100μm

图 4-72 叶盆裂纹修复处内表面组织形貌

经氟化物清理后能够有效地清除细裂纹内部的氧化膜,钎料能够较好地润湿裂纹内壁并实现界面结合,钎缝与母材界面处无未熔合缺陷,钎料能够完全填充细小的裂纹尖端,且能实现整个厚度方向上的完整填充。裂纹内部钎缝组织以固溶体为主,并含有少量的骨架状化合物相,但钎缝中会产生少量的孔洞缺陷。图 4-73 是叶片钎焊修复前后的对比照片。

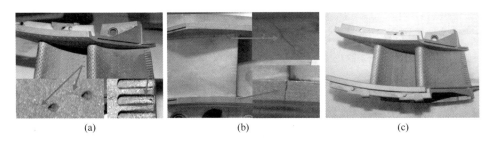

(a)   (b)   (c)

图 4-73 叶片钎焊修复前后的对比
(a) 修复前叶身孔边、排气边裂纹;(b) 修复前叶身拐角、缘板裂纹;
(c) 裂纹钎焊修复后状态。

参考文献

[1] 张学军,等. 航空钎焊技术[M]. 北京:航空工业出版社,2008.

[2] 潘晖,赵海生,刘永超. 某发动机涡轮导向器叶片盖板的钎焊修复[J]. 航空维修与工程,2014,4:46-47.

[3] 潘晖,赵海生,刘永超. 某发动机涡轮导向器叶片裂纹的钎焊修复[J]. 航空维修与工程,2014,6:50-51.

[4] 潘晖,赵海生,张学军. K465 铸造高温合金件缺陷修复[J]. 电焊机,2015,1:18-22.

[5] 潘辉,刘效方,孙计生. 氟化物对 K3 合金表面氧化膜的作用[C]. 第九届全国焊接会议论文集,西安,2001:27-30.

[6] 赵海生,潘晖,孙计生,等. K640 钎焊接头组织及工艺控制[J]. 材料工程,2008,9:17-19.

[7] 赵海生,潘晖,张学军,等. 保温时间对 K452 高温合金钎焊接头组织与性能的影响[J]. 航空材料学报,2015,35(3):12-16.

[8] 李晓红,熊华平,张学军,等. 先进航空材料焊接技术[M]. 北京:国防工业出版社,2012.

[9] 刘效方,潘辉,孙计生,等. 提高钎缝耐热性新途径[J]. 材料科学与工艺,1999,7(增刊):220-223.

[10] 孙计生,潘辉,张俊英,等. 扩散处理对钎缝组织和性能的影响[C]. 西安,第九届全国焊接会议论文集,2001:31-34.

[11] 赵海生,潘晖,孙计生,等. 合金粉对 K640 钎缝组织及性能的影响[J]. 电焊机,2008,38(9):46-49.

[12] 李大斌,梁海,孙计生,等. 扩散处理对 K403 铸造高温合金大间隙钎焊接头组织和力学性能的影响[J]. 航空材料学报,2006,26(3):107-110.

[13] 毛唯,周媛,叶雷,等. 不同钎料钎焊 K465 高温合金接头的组织和性能[J]. 电焊机,2008,938(9):65-68.

[14] 程耀永,马文利,等. TC4 合金 TLP 扩散焊的组织与性能[J]. 材料工程,1999,2:31-34.

[15] 梁海,毛唯,孙计生. K465 铸造高温合金高温钎焊接头的显微组织[J]. 材料工程,2006,9:7-10.

[16] 卢寿平,孙计生,刘效方. 大间隙钎焊工艺因素对接头成形与组织特性的影响[J]. 材料工程,1992(3):30.

[17] 郑真,尹湘蓉,刘丽玉,等. 发动机 I 级涡轮叶片裂纹分析[J]. 失效分析与预防,2015,10(1):15-20.

[18] 刘东升. 钛合金在我国的应用及其发展[J]. 材料工程,1996,7:44-48.

[19] 彭艳萍,曾凡昌. 国外航空钛合金的发展应用及其特点分析[J]. 材料工程 1997,10:3-6.

[20] 李晓红,钟群鹏,曹春晓. K403 与 DZ4 高温合金的大间隙钎焊[J]. 航空材料学报,

2003,23(4):10-15.

[21] 陈波,毛唯,谢永慧,等. Ti-Zr-Cu-Ni-Co 系新钎料成分设计及 TC4 合金钎焊接头的力学性能[J]. 航空材料学报,2006,26(1):59-62.

[22] 梁海,叶雷,毛唯. 大间隙钎焊用混合粉状高温镍基钎料的润湿性和显微组织[J]. 航空材料学报,2012,32(4):80-86.

[23] 姜文辉,管恒荣,胡壮麒. 定向凝固钴基高温合金 DZ40M 的热处理研究[J]. 航空材料学报,2001,21(1):1-4.

[24] 罗格夏特 E. 高温钎焊[M]. 庄鸿寿,译. 北京:国防工业出版社,1989.

[25] LUGSCHEIDER E,SCHITLNY T H,HALMOY E. Metallurgical aspects of additive-aided wide-clearance brazing with nickel-based filler metals[J]. Welding Journal,1989,68(1):9-13.

[26] ELLISON K A,LOWDEN P,LIBURDI J. Powder Metallurgy Repair of Tubine Components[J]. Journal of Engineering for Gas Turbines and Power. 1994,116:237-242.

[27] 中国航空材料手册编辑委员会. 中国航空材料手册:第一卷[M]. 2 版. 北京:中国标准出版社,2002.

[28] 贺运佳,等. 金属材料熔焊工艺[M]. 西安:西北工业大学出版社,1988.

[29] 埃里希·福克哈德. 不锈钢焊接冶金[M]. 栗卓新,朱学军,译. 北京:化学工业出版社,2004.

[30] 周振丰,张文钺. 焊接冶金与金属焊接性[M]. 北京:机械工业出版社,1987.

[31] 中国机械工程学会焊接学会焊接手册编委会. 焊接手册:第二卷[M]. 3 版. 北京:机械工业出版社,2007.

[32] 张启运,庄鸿寿. 钎焊手册[M]. 2 版. 北京:机械工业出版社,2008.

[33] 刘大响,金捷. 21 世纪世界航空动力技术发展趋势与展望[J]. 中国工程科学,2004,6(9):1-6.

[34] 钱九红. 航空航天用新型钛合金的研究发展及应用[J]. 稀有金属,2000.5:218-223.

[35] 张宝诚. 航空发动机的现状和发展[J]. 沈阳航空工业学院院报,2008,25(3):6-10.

[36] 杨国才,伍玥,范怡. AL-31F 发动机的改进新动态[J]. 燃气涡轮试验与研究,2004,17(2):59-62.

[37] 杨金侠,郑启,孙晓峰,等. K465 合金在冷热循环过程中的碳化物析出行为[J]. 稀有金属材料与工程,2007,36(1):42-45.

[38] 裴忠治,李俊涛,赵明汉,等. K465 合金的显微组织和性能研究[J]. 东北大学学报(自然科学版),2008,29(8):1126-1130.

[39] 赵阳,王磊,于腾,等. 定向凝固钴基高温合金 DZ40M 中碳化物析出与再结晶的交互作用[J]. 稀有金属材料与工程,2008,37(6):1032-1036.

[40] 李明怡. 航空用钛合金结构材料[J]. 世界有色金属,2000,6:17-20.

[41] LANE LINEBERGER. Titanium aerospace alloy[J]. Advanced Materials & Process,1998(5):45-46.

[42]　彭秀云. 航空发动机的表面涂层技术[J]. 航空制造技术,2007,6:93-95.

[43]　吴小梅,李伟光,陆峰. 压气机叶片抗冲蚀涂层的研究及应用进展[J]. 材料保护, 2007,10:54-57.

[44]　沈德久,王玉林,等. 碳化钨增强镍基喷熔层耐磨性的研究[J]. 粉末冶金技术, 1997,4:286-288.

[45]　郝兵,李成刚. 表面涂层技术在航空发动机上的应用[J]. 航空发动机,2004,30: 38-40.

[46]　徐德生,任露泉,等. 高频钎焊WC/Cu仿生非光滑耐磨复合涂层的研究[C]. 中国农业机械学会学术年会论文集,北京,2003:147.

第5章

弧焊和激光 3D 打印修复技术

5.1 概　　述

熔焊是航空飞机和发动机部件修复最常用的焊接技术,主要包括弧焊(手工电弧焊、钨极氩弧焊、等离子弧焊)、激光焊(激光 3D 打印)、电子束焊。与钎焊相比,熔焊时母材和焊接材料同时熔化,修复区域力学性能好,甚至可达到与母材等强,手工操作方便灵活,可达性好。不足是焊接变形较大,容易导致零件尺寸超差,不太适合焊接高 Al、Ti 含量的镍基高温合金,以及金属间化合物等脆性材料。

手工电弧焊是利用电弧加热、手工操纵焊条进行焊接的电弧焊方法,主要用于碳钢、低合金钢、不锈钢等强度级别较低的构件局部焊接修复,在第一代、第二代飞机及其发动机部件修复中应用较多,随着第三代飞机及其发动机大量采用了铝合金、钛合金、超高强度钢等低密度高强度材料,手工电弧焊已经很少用来修复零件。

钨极氩弧焊是最常用的焊接修复方法之一,主要特点是操作灵活方便,修复成本低,适用范围广,除一些高 Al、Ti 含量的镍基铸造高温合金不易采用氩弧焊,其他多数材料均可。可以用于涡轮叶片叶尖磨损、锯齿冠磨损、机匣安装凸台磨损、机匣裂纹、导向叶片裂纹、整体导向器密集裂纹等焊接修复。不足是某些高 Al、Ti 含量的镍基铸造高温合金及其某些结构采用氩弧焊补焊容易产生裂纹,较大面积补焊焊接热应力较大,焊接变形较大。

等离子弧焊与氩弧焊相比能量密度高,补焊热输入小,焊接变形小,产生裂纹倾向性小,一般多用于涡轮工作叶片叶尖磨损部位自动堆焊。在国内采用等离子弧焊方法修复发动机零件并不多。

激光 3D 打印方法在飞机和发动机修理行业应用越来越多,主要优点在于能量密度更高,焊接热输入更小,热影响区小,焊接变形小,特别对难焊接材料零件的局部缺陷,激光 3D 打印能抑制焊接裂纹。主要用于涡轮叶片尖端磨损等各种磨损、腐蚀类缺陷熔覆修复,也可用于裂纹修复。不足是设备昂贵,操作复杂,修复成本高。

电子束焊具有和激光 3D 打印同样的优点,可采用送丝或预置粉末方式进行局部堆焊,但修复成本更高,操作更复杂,在飞机和发动机修理行业应用较少。有报道称已经用于风扇整体叶盘叶片局部损伤补片修复。

可见,不同焊接方法优点不同,适应对象不同,没有哪种焊接方法能够适用于所有的损伤缺陷,修复时应针对具体零件、材料、缺陷类型、工作环境、性能要求选择不同的修复方法。但是不管选择哪种修复方法、采取哪种工艺规范,基本原则是高可靠性和低成本,这样飞机和发动机零件修复才有意义。表 5-1 是飞机和发动机零件常见损伤缺陷类型和可采用的熔焊修复方法。

表 5-1　飞机和发动机零件常见损伤缺陷类型和熔焊修复方法

部　位	零　件	损伤缺陷类型	修　复　方　法
起落架	作动筒、拉杆、活塞杆	磨损、腐蚀	激光 3D 打印
机翼	滑轨、螺栓	磨损	氩弧焊、激光 3D 打印
发动机舱	销	磨损	激光 3D 打印
旋翼系统	支架、销	裂纹、磨损	电弧焊、氩弧焊、激光 3D 打印
风扇	叶片、整体叶盘	外物打伤、变形	氩弧焊、激光 3D 打印、电子束焊
高压压气机	叶片	叶尖磨损、阻尼台磨损	氩弧焊、激光 3D 打印
	整体叶盘	叶尖磨损、打伤、封严齿	氩弧焊、激光 3D 打印、电子束焊
	机匣	磨损、裂纹	氩弧焊、激光 3D 打印
	盘	榫齿磨损、封严蓖齿磨损	激光 3D 打印
燃烧室	机匣	裂纹、烧蚀	氩弧焊、激光 3D 打印
	火焰筒	裂纹、烧蚀	氩弧焊、激光 3D 打印
涡轮	工作叶片	叶尖磨损、叶冠磨损	氩弧焊、等离子弧焊、激光 3D 打印
	导向叶片	烧蚀、裂纹、磨损	氩弧焊、等离子弧焊、激光 3D 打印
	整体铸造导向器	叶片密集裂纹	氩弧焊
	封严结构	磨损、烧蚀	氩弧焊、等离子弧焊、激光 3D 打印
	承力环	磨损	氩弧焊、激光 3D 打印
	机匣	裂纹、磨损、烧蚀	氩弧焊、激光 3D 打印
	盘	榫齿磨损、封严蓖齿磨损	氩弧焊、激光 3D 打印

本章主要介绍弧焊中的手工电弧焊、钨极氩弧焊技术和激光 3D 打印技术在航空部件修复中的应用。

5.2 手工电弧焊修复技术及应用

5.2.1 手工电弧焊修复特点及应用范围

1. 手工电弧焊修复特点

手工电弧焊是采用手工电弧加热、熔化焊条进行焊接的电弧焊方法,同其他弧焊方法相比,焊条电弧焊具有以下几个特点。

(1)通过焊条端部与工件之间的电弧加热,使焊条端部熔化形成熔滴,在电弧力和重力作用下向熔池过渡,与母材金属熔合在一起,冷却后形成焊缝熔敷金属。

(2)焊接材料是由焊芯和药皮组成的焊条。焊芯为丝径均匀的实心金属棒,焊接修复时既是电极又是主要填充金属;药皮能保护熔池、提高电弧稳定性、改善熔滴过渡和焊缝成形等,还能通过熔渣对熔池中熔化的母材进行脱氧、去硫磷等有害元素,并能进行渗合金,添加有益元素,获得理想的焊缝金属成分,满足修复部位的性能要求。

(3)无需采用保护气体,也无需采用焊剂保护熔化的焊条和熔池,而是通过焊条自身药皮熔化和分解后产生的二氧化碳和一氧化碳混合气体及熔渣来隔绝空气,防止熔滴和熔池中液态金属与空气接触,从而提高焊接修复质量。

(4)手工电弧焊设备由弧焊电源、焊钳和其他辅助工具组成,设备简单、操作灵活方便、适用性强,但对操作者有一定的技术水平要求。

手工电弧焊修复的主要缺点是效率低、劳动强度大,焊接修复质量受操作者技术因素的影响很大。

2. 应用范围

手工电弧焊是航空领域早期焊接修复中最常见的修复方法,其适用零部件范围广,特别适合批量小、形状复杂、不规则焊缝焊接生产。在飞机和发动机部件修复中主要用于用碳钢、低合金钢、耐热钢、不锈钢及铸铁等材料制件缺陷补焊,目前在一、二代飞机及发动机、较早型号的运输机、直升机零部件修复中还有少量应用。

5.2.2 结构钢手工电弧焊修复技术及应用

架圈是飞机和活塞发动机之间连接固定结构,采用 30CrMnSiA 高强钢管材焊接而成,在环管上焊有多个用于连接固定用的耳片,见图 5-1。大修时荧光检查发现架圈环管与耳片之间存在裂纹。架圈环管壁厚 1.8mm,耳片厚度 3.0mm,设计寿命为 2400h,飞机翻修周期为 600h。统计数据显示,架圈平均使用 2~3 个翻修周期后出现裂纹,约占架圈总数的 30%~40%。

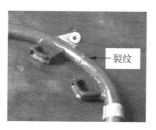

图 5-1　30CrMnSiA 钢架圈结构图和裂纹位置

30CrMnSiA 钢是一种含碳量较高的低合金高强度结构钢,在不同的热处理制度下具有不同的微观组织和力学性能。在退火态下为铁素体+珠光体;在淬火态下为马氏体或屈氏体+马氏体;在淬火回火后可得到屈氏体组织。在焊接热循环作用下,热影响区组织变化复杂,可能形成过热魏氏体组织。

30CrMnSiA 钢的焊后组织主要是高碳马氏体,由于高碳马氏体转变点较低,难以产生"自回火"效应,因此其焊接冷裂纹倾向较大。硅和碳在钢中容易偏析,可能产生焊接热裂纹。为避免焊接裂纹,改善焊缝和热影响区组织,降低焊接残余应力,可采取焊前预热,预热温度范围 200~300℃,或焊后消除应力热处理,热处理温度范围 300~680℃。

1. 裂纹分布与形貌检查

架圈制造时,采用手工电弧焊方法将耳片焊接在环管上,服役产生的裂纹总是集中分布在耳片的焊缝边缘或焊缝上,多从原始焊缝收弧处起裂,并沿焊缝或边缘熔合线扩展,裂纹微观形貌如图 5-2 所示。此外,裂纹扩展过程中也会从熔合区边缘重新启裂,裂纹扩展过程中甚至会向母材中发展。

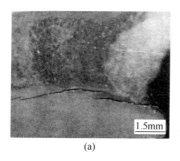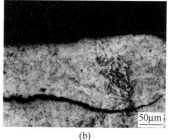

(a)　　　　　　　　　　　(b)

图 5-2　架圈裂纹微观形貌

(a) 起裂位置;(b) 裂纹尖端。

2. 原始焊接接头组织分析

经过焊接和焊后热处理,焊缝与母材微观组织区别不明显,均为回火索氏体,热影响区也为回火索氏体,其晶粒度级别与焊缝基本一致。但是,焊缝表面组织与焊缝中心组织不同,母材的表层组织与中心组织不同。距试样表面约200μm深度范围内主要为珠光体组织,而试样心部组织仍为回火索氏体,这是热处理过程中发生了氧化脱碳。各区域组织如图5-3所示。

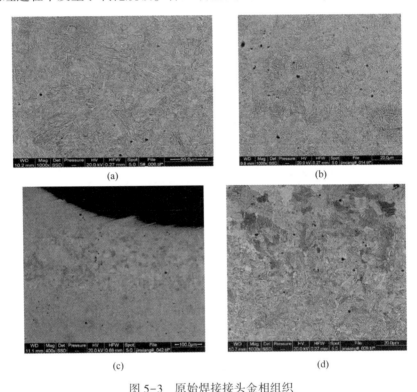

(a)　　　　　　　　　　　　　(b)

(c)　　　　　　　　　　　　　(d)

图5-3　原始焊接接头金相组织

(a)母材;(b)焊缝;(c)焊缝和母材过渡区域表层;(d)焊缝热影响区表层组织放大。

3. 原始接头硬度性能分析

架圈原始焊接焊缝处的洛氏硬度为29.6HRC,与架圈基体洛氏硬度值(管子和耳片均为29.5HRC)相当,这说明在架圈进行制造焊接后,对架圈进行了较高温度的回火处理。30CrMnSiA钢具有多种热处理工艺,不同的热处理工艺对应不同的性能水平,30CrMnSiA钢淬火+(540~560℃)高温回火处理后对应的洛氏硬度大约为26.5~35HRC,因此架圈焊后进行了淬火+高温回火热处理。

4. 裂纹产生原因分析

根据架圈不同部位化学成分分析结果,以及裂纹断口上未发现材质缺陷,说明架圈产生裂纹与材料的冶金质量无直接关系。

焊接缺陷是产生裂纹原因之一。30CrMnSiA 钢为中碳调质钢,碳含量较高 0.28%～0.35%(质量分数),并含有较多的合金元素如 Mn、Si、Cr、Ni 等,以提高它的淬透性,降低回火脆性。该合金在调质状态下具有良好的综合性能,屈服强度 $\sigma_s \geqslant 835MPa$。但由于它的碳含量较高、合金元素含量多,存在焊接热影响区硬化和软化及焊接裂纹等各种问题。手工电弧焊接时,因操作不良容易产生各种焊接缺陷,如气孔、咬边等。例如焊趾部位咬边的存在不仅直接破坏了材料的连续性,而且往往在这些缺陷的尖锐的前沿,形成很大的应力集中,使其在很低的应力下引起疲劳裂纹萌生和扩展。

焊接接头表面脱碳是产生裂纹另一个原因。对架圈焊接接头显微硬度的测试结果表明,焊后对架圈进行了调质处理(淬火+高温回火)。经过焊后的调质处理,焊缝与母材(耳片和管子)的硬度数据均匀一致,焊接接头各部分的性能较接近。对接头不同区域的金相组织分析也表明,调质处理后各区域主要为回火索氏体组织,这与硬度测试一致。但焊接接头金相组织分析也发现,经过调质处理后,焊接接头的心部组织与表层组织有明显差异,在热影响区和母材的表层存在明显的氧化脱碳层。焊后热处理引起的氧化脱碳会导致表面形成拉应力,同时也使材料表面层抗拉强度和疲劳极限下降。

受力不均衡和应力集中是产生裂纹的重要原因。飞机起飞、巡航和降落过程中,发动机的过载载荷,通过架圈耳片传递到机身上,耳片接头承受较大的拉、压交变应力,容易产生裂纹。另外,焊缝处于结构的拐角处,焊缝表面较粗糙,焊缝过渡不圆滑,加大了这些区域的应力集中。

5. 补焊修复后热处理工艺制定

架圈补焊修复后需要进行消除应力热处理,以缓解焊接接头的残余应力,降低接头的开裂倾向。表 5-2 是架圈原始焊接接头经历不同热处理工艺后的硬度值。从表 5-2 可以看出,与架圈原始状态相比,经过不同的热处理后,管子和耳片的硬度有下降趋势,580℃×40min 退火硬度下降明显;焊缝经历 500℃×40min 退火后硬度有明显的下降,但在 540℃×40min 或 580℃×40min 退火后,焊缝的硬度变化很小。图 5-4 是架圈管子不同状态下的金相组织,与原始状态相比,500℃×40min、540℃×40min、580℃×40min 退火组织均略有变化。因此选择 540℃×40min 做为架圈补焊修复后消除应力热处理制度。

6. 手工电弧焊修复

采用手工电弧焊补焊架圈裂纹,为提高抗裂性,选择了 HTJ-5 超低氢焊条,其焊态、540℃×40min、580℃×40min 的熔敷金属洛氏硬度值依次为 32HRC、31.8HRC 和 31.7HRC,这表明经过 540℃和 580℃热处理对焊缝金属的硬度影响不大,并且与同等条件下处理的架圈焊缝和母材的结果接近。

表 5-2　架圈原始焊接接头经历不同热处理工艺后的硬度值

部位	状　态							
	原 始 状 态		500℃×40min		540℃×40min		580℃×40min	
	HV 值	HRC 值	HV 值	HRC 值	HV 值	HRC 值	HV 值	HRC 值
焊缝	284	29.4	250	24.5	284	29.4	286	29.6
管子	284	29.4	268	27.3	272	27.8	261	26.1
耳片	284	29.4	288	29.9	280	28.9	261	26.1

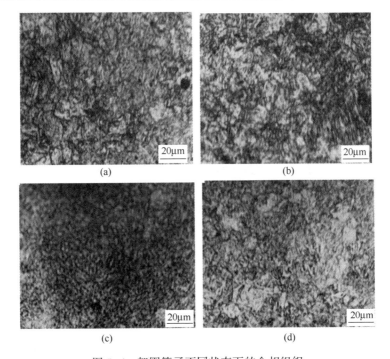

图 5-4　架圈管子不同状态下的金相组织

(a) 原始状态;(b) 500℃×40min;(c) 540℃×40min;(d) 580℃×40min。

对厚度为 δ2.0mm 的 30CrMnSiA 试板进行焊前调质处理,调质处理规范为淬火 890℃±5℃×20min+回火 580℃±5℃×50min,采用 HTJ-5 焊条对调质后的钢板进行对接焊,焊后进行消除应力退火处理,消除应力退火规范为 540℃±5℃×40min,氩气保护。对调质后的 30CrMnSiA 钢试板直接进行 540℃±5℃×40min 退火处理,氩气保护。表 5-3 是上述两种状态试样抗拉强度和冲击功,性能水平相当。

表 5-3 30CrMnSiA 钢板和焊接接头力学性能

材　　料	状　　态	σ_b/MPa	A_{ku}/J
焊接接头	调质处理+焊接+消除应力退火	1013	10
30CrMnSiA 钢板	调质处理+消除应力退火	1000	12

表 5-4 是补焊后消除应力退火前、后表面残余应力,退火处理有效降低了残余应力水平。图 5-5 是架圈补焊后的状态。

表 5-4 补焊后消除应力退火前、后应力状态

测试点位置	1	2	3	4
补焊状态/MPa	−56.4	−111.5	−118.5	−35.5
消除应力退火后/MPa	46.1	14.7	8.7	12.2

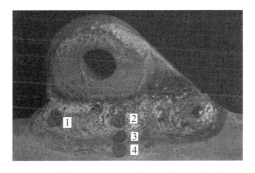

图 5-5 补焊后的耳片(数字为应力测试位置)

5.3　氩弧焊修复技术及应用

5.3.1　氩弧焊修复特点及应用范围

1. 氩弧焊修复特点

钨极氩弧焊(TIG)采用惰性气体保护,焊接修复过程中基体金属与填充金属中的合金元素不易氧化烧损。氩气不溶于金属,能够避免修复金属中出现气孔等缺陷。虽然熔敷速度不高,但修复金属冶金质量好,适合用于修复质量要求高且形状复杂的小尺寸零部件,如在发动机压气机叶片阻尼台、涡轮叶片叶尖修复很薄的同类合金。

2. 应用范围

钨极氩弧焊主要广泛应用于有色金属、特殊合金钢的焊接修复,包括镁合

金、钛合金、不锈钢、高温合金等。由于是惰性气体保护,修复区质量优良,也适用于不锈钢与合金钢或高温合金的异种焊接修复,目前在各种型号飞机及发动机部件修复中获得了广泛的应用。

5.3.2 铝镁合金氩弧焊修复技术及应用

飞机桨毂整流罩前支架的材料为 ZM5 镁合金,对应的牌号是 ZMgAl8Zn,支架出现裂纹的区域壁厚为 6.5mm,裂纹长度 3~20mm,穿透 6.5mm 壁厚,见图 5-6。

(a)   (b)

图 5-6 桨毂整流罩前支架裂纹位置和形貌

(a) 开裂位置;(b) 裂纹形貌。

ZM5 是一种镁铝锌系合金,经固溶处理后具有较高的抗拉强度、塑性和中等屈服强度,人工时效处理后,塑性降低,屈服强度提高。可在铸态 F、固溶处理 T4、固溶+人工时效 T6 状态下使用。合金具有良好的流动性、可焊性,焊接热裂倾向低,铸造显微疏松倾向高。主要用于飞机舱体隔框、机匣、壳体、轮毂、轮缘、支架等构件。合金铸态组织是由 α-Mg 固溶体和沿晶界不连续网状分布的 $Mg_{17}Al_{12}$ 化合组成。化合物的大小、数量、形状与凝固的冷却速率有关。

采用 HB/Z 328—1998《镁合金铸件补焊工艺及检验》标准中规定的钨极氩弧焊补焊,工艺参数为:焊接电流约为 100A,电压约为 14.0V,填加直径为 φ2.5mm 的 ZM5 焊丝。按照 HB/Z 5462—1990《镁合金铸件热处理》标准焊后在 200℃空气炉中进行时效处理。

图 5-7 是桨毂整流罩前支架的原始铸态组织。ZM5 镁合金的平衡组织是 α+γ 相,其中 α 相是以镁为基的溶入铝和锌的固溶体,是 ZM5 的基体组织;γ 相则是镁铝金属间化合物 $Mg_{17}Al_{12}$,主要以网状分布在晶界上。支架原始状态下晶粒尺寸约为 100~250μm,如图 5-7(a)所示,在 ZM5 镁合金的 α 相基体中析出少量弥散分布的黑色相,该黑色相为细小的 Mn-Al 金属间化合物相,如图 5-7(b)所示。

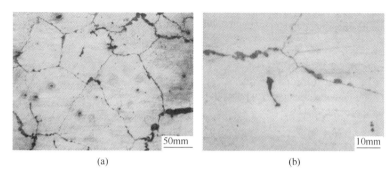

(a)   (b)

图 5-7　桨毂整流罩前支架原始状态微观组织

　　图 5-8 是桨毂整流罩前支架裂纹氩弧焊补焊接头组织。与原始母材相比，焊缝晶粒尺寸明显变小，仅在 $10\sim40\mu m$ 范围，在白色树枝晶周围分布着黑色的晶间析出相，并且在晶间还存在不规则的白色析出相，见图 5-8(a)。其中，白色基体为 $\alpha\text{-Mg}$ 相，黑色的晶间相为 $Mg_{17}Al_{12}$ 金属间化合物，晶间白色析出相是 $\alpha+Mg_{17}Al_{12}$ 组成的共晶体。相比于母材，焊缝中的 $Mg_{17}Al_{12}$ 相显著增多。焊接接头熔合区和热影响区组织见图 5-8(b)、(c)，热影响区的晶粒出现了一定的粗化，晶界处的 $Mg_{17}Al_{12}$ 相也比原始母材明显增多。可见焊接热循环促进了 ZM5 镁合金中 $Mg_{17}Al_{12}$ 相析出。

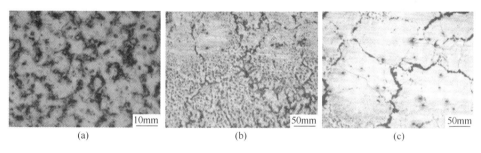

(a)   (b)   (c)

图 5-8　桨毂整流罩前支架焊接接头微观组织
(a) 焊缝；(b) 熔合区；(c) 热影响区。

　　表 5-5 是桨毂整流罩前支架原始母材、焊接接头焊态和时效状态下的室温拉伸性能，与原始母材相比，焊态和焊后时效状态焊接接头抗拉强度下降不明显，处于大致相当水平，焊接接头延伸率下降明显，但都符合 HB 7780—2005《镁合金铸件规范》要求，试样断在热影响区附近。

　　表 5-6 是桨毂整流罩前支架焊接接头时效处理后的维氏硬度。熔合线附近、热影响区的维氏硬度高于母材的，这与焊接接头延伸率下降相对应。由于焊缝硬度提高，因此拉伸试样在硬度较低的热影响区附近发生变形和断裂。对

149

比图 5-8 焊接接头组织,力学性能变化和试样断裂位置是由焊缝和热影响区中 $Mg_{17}Al_{12}$ 脆硬相增多导致的。

表 5-5　桨毂整流罩前支架母材、焊接接头室温拉伸性能

类　　别	原 始 母 材		焊接接头焊态		焊接接头 200℃ 退火	
	σ_b/MPa	δ_5/%	σ_b/MPa	δ_5/%	σ_b/MPa	δ_5/%
平均值	246	13.9	238	9.9	240	7.7
HB 7780 标准	≥175	≥3.0	—	—	—	—

表 5-6　桨毂整流罩前支架焊接接头时效处理后的维氏硬度

硬度	母材的硬度 /HV	热影响区的硬度 /HV	熔合线附近的 硬度/HV	焊缝中心的硬度 /HV
平均值	62	64	77	74

5.3.3　钛合金氩弧焊修复技术及应用

1. BT20 钛合金零件氩弧焊修复

发动机自由涡轮Ⅳ、Ⅴ支点壳体与主减 BP-14 相连,工作介质为高温燃气,工作温度在 350℃ 左右,壳体外径 φ125mm、壁厚 1.5mm,如图 5-9 所示。材料为 BT20 钛合金,对应中国牌号是 TA15 钛合金。法兰盘与筒体为钨极氩弧焊焊接,制造时由于少数壳体焊缝局部位置存在未焊透或局部区域存在密集气孔,服役时在上述缺陷位置出现裂纹,因此大修过程中对该焊缝全部进行 X 射线检测,对局部区域的未熔合和密集气孔进行补焊消除。

(a)　　　　　　　　　(b)

图 5-9　自由涡轮Ⅳ、Ⅴ支点壳体
(a) 壳体外形;(b) 出现裂纹的焊缝。

自由涡轮Ⅳ、Ⅴ支点壳体补焊修复要求:焊缝表面平整,与母材过渡光滑,不允许存在咬边;荧光检测补焊区域不允许存在表面裂纹,允许存在个别点状

显示;X 射线检测补焊区域不允许存在裂纹、未焊透和未熔合缺陷,焊接气孔优于航标三级焊缝。因此采用钨极氩弧焊对 BT20 钛合金壳体进行补焊,工艺参数为:焊接电流约为 80A,电压约为 13.5V。焊前、焊后三坐标测量安装法兰同轴度和平行度,确定焊接变形量,保证装配要求,焊后进行真空退火处理,消除焊接应力。

BT20 是近 α 型钛合金,主要以 Al 固溶强化,加入中性元素 Zr 和 β 稳定元素 Mo、V 以改善工艺性能。该合金具有良好的热强性和焊接性,主要用于制造 500℃ 以下长时间工作的飞机、发动机零件和焊接承力构件。

图 5-10 为Ⅳ、Ⅴ支点壳体母材、焊缝以及母材焊缝交界处的显微组织。从图 5-10(a)中可以看出,母材晶粒尺寸较细小,浅色为 α 晶粒,β 晶粒呈片状分布于 α 晶粒之间,呈现 α+β 双相显微组织。焊缝及热影响区的晶粒表现出一定程度的粗化。焊缝组织较粗大,如图 5-10(b)所示。焊缝金属凝固后,在 β→α′ 转变区间,α′ 相首先在 β 晶界上形核,并向晶内生长,形成片状 α′ 组织,且呈一定位相排列,而原始 β 晶界则保留下来。在原始 β 相晶界上分布有 α′ 相,原 β 相晶内由片状 α′ 相束和 α′ 相之间的 β 相组成。由于热影响区温度比焊缝的温度低,高温停留时间短,焊接加热过程中只有部分 α 相转变为 β 相,部分未发生转变,因此只在局部出现少量 α′ 相,另外由于热影响区冷却速率更快,该区域的 α′ 相较焊缝的更细小一些。显微组织观察发现,焊缝与母材结合良好,热影响区及焊缝均未发现裂纹以及其他焊接缺陷。

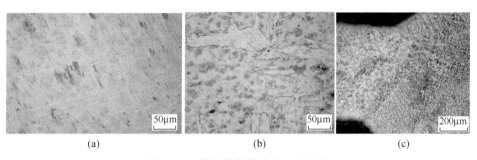

图 5-10　母材及焊接接头金相组织
(a) 母材;(b) 焊缝;(c) 焊缝与母材过渡区域。

Ⅳ、Ⅴ支点壳体氩弧焊补焊焊接接头的抗拉强度和屈服强度分别为 811MPa、740MPa,达到了母材抗拉强度(981MPa)的 82%、屈服强度(952MPa) 的 77%,焊缝硬度(266HV)达到了母材(293HV)的 91%。

图 5-11 是补焊修复后的焊接修复区域照片。补焊焊缝经荧光、X 射线检查,原有的未焊透、密集气孔缺陷被消除,补焊焊缝气孔达到航标一级要求,三坐标检查变形满足装配要求。

图 5-11　补焊修复区域

2. TC4 钛合金零件氩弧焊修复

钛合金风扇叶片、压气机叶片服役过程中易出现外物打伤、磨损等损伤,通常采用钨极氩弧焊方法修复,用于恢复叶片尺寸。

压气机工作过程中,阻尼凸台端面由于承受压应力和相互间的振动摩擦,导致凸台端面磨损。为了提高阻尼凸台端面的耐磨性能,在叶片制造时一般会设计耐磨层,经过一个翻修周期耐磨层磨损,修复耐磨层后继续使用。阻尼凸台端面耐磨层的修复在第 4 章已经讨论。

有些情况下,经过一个飞行周期后,不仅填加的耐磨层磨损,部分叶片阻尼凸台钛合金母材也严重磨损,因此必须补焊恢复尺寸后才能填加耐磨层。与叶身相比,钛合金叶片阻尼凸台受力相对简单,除了端面磨损,不出现其他形式损伤,因此可采用氩弧焊方法恢复尺寸。

斯贝、WS9 发动机低压压气机 Ⅰ 级、Ⅴ 级和高压压气机 Ⅰ 级转子叶片为 TC4 钛合金,叶身上设计有阻尼凸台,如图 5-12 所示。经一个翻修周期后,部分叶片阻尼凸台钛合金母材磨损了 0.5~2.0mm,需要先补焊修复凸台端面,然后再恢复耐磨层。

磨损

图 5-12　压气机带有阻尼凸台的钛合金叶片

　　TC4 钛合金是一种中等强度的 α+β 型两相钛合金,该合金具有优异的综合性能,长期工作温度可达 400℃。在航空工业主要用于制造发动机风扇、压气机盘和叶片,以及飞机结构中的梁、接头和隔框等重要承力构件。TC4 钛合金可采用氩弧焊、电阻焊、钎焊、电子束、摩擦焊等多种方法焊接,焊接接头强度与母材金属接近。

　　由于阻尼凸台端面工作过程中承受的是压应力,以及两两凸台相对振动摩擦造成磨损,因此补焊金属的硬度和耐磨性能应与母材相当,同时其力学性能也应接近母材;补焊焊缝应同母材结合良好,不能出现裂纹等缺陷;焊接变形不应影响使用。因此,针对该型叶片采用钨极氩弧焊补焊,填加 TC4 钛合金焊丝。

　　修复过程中,叶片经过了两次加热过程,即焊接和焊后热处理,焊后热处理是为了消除焊接残余应力。因此,需要明确焊接状态、焊后热处理状态、堆焊金属力学性能与原始母材的差异,以及热处理对原始母材拉伸性能的影响。

　　表 5-7 是不同状态下 TC4 的室温力学性能。表明消除应力热处理对叶片母材抗拉强度没有明显影响,数据相当,而延伸率增加了 7.9%,叶片使用过程中由于振动疲劳产生的硬化得到消除;消除应力热处理对焊接接头拉伸性能没有明显影响,数据相当;焊接接头抗拉强度与母材抗拉强度接近,但屈服强度和延伸率明显低于母材,分别为母材的 93% 和 90%。焊缝为完全固溶状态,屈服强度较低,塑性较好;而延伸率下降是由于变形主要发生在焊缝,而不是试样的整个标距长度。对比冲击韧性数据可知,消除应力热处理对叶片原始母材的冲击韧性没有明显影响,焊缝的冲击韧性高于原始母材,这是因为焊缝为固溶状态,韧性较好。

表 5-7　不同状态下 TC4 室温力学性能

状　　态	σ_b/MPa	$\sigma_{p0.2}$/MPa	δ_5/%	a_{ku}/(J/cm²)
原始状态叶片母材	1040	1002	16.4	39.8
消除应力热处理后母材	1053	1006	17.7	38.9
焊接接头焊态	1020	949	15.4	52.5
焊接接头消除应力热处理态	1022	931	14.1	45.0
HB 5432—1989《飞机用钛合金锻件》	≥895	≥825	≥10	≥35

　　工作时由于凸台端面承受压应力,相互之间存在振动磨损,希望堆焊金属硬度同母材相当,以提高耐磨性能和在压应力作用下不发生塑性变形。图 5-13 所示的为热处理状态下母材、热影响区和焊缝显微硬度值。可见,焊缝修复区硬度与母材硬度相当。

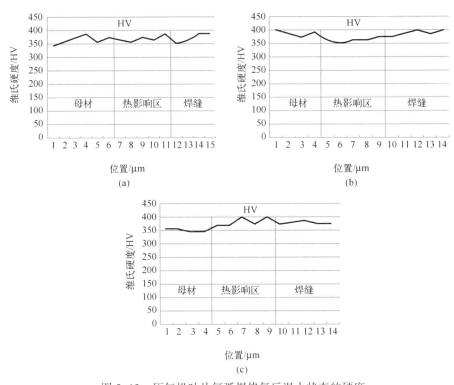

图 5-13　压气机叶片氩弧焊修复后退火状态的硬度

（a）低压Ⅰ级叶片焊后退火状态硬度曲线；（b）低压Ⅴ级叶片焊后退火状态硬度曲线；

（c）高压Ⅰ级叶片焊后退火状态硬度曲线。

母材晶粒尺寸细小，为等轴细晶组织；焊缝为网篮组织，晶粒尺寸较大；与母材相比，焊接热影响区晶粒尺寸明显长大。焊缝和母材结合良好，未发现焊接缺陷，如图 5-14 所示。

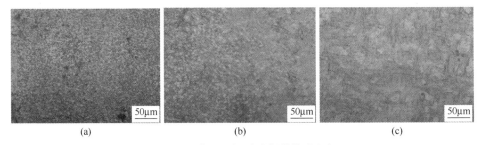

图 5-14　高压Ⅰ级叶片焊接接头组织

（a）母材；（b）热影响区；（c）焊缝。

由于焊接部位为阻尼凸台，焊接面积较小、厚度相对较大，位置又远离叶身，因此焊接热应力不会使叶片变形，但是焊后消除应力热处理，如果工艺规范不当可能导致热处理变形,因此采用三坐标测量仪对退火处理前、后叶片变形进行了测量,结果表明未出现明显变形。

上述修复工艺,也可以用于修复该型叶片叶身打伤,见图 5-15。但在修复叶身时,应根据不同位置、缺陷大小、应力状态,确定修复范围。

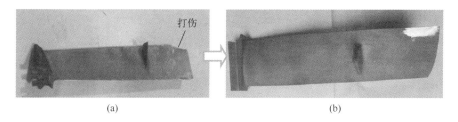

(a)	(b)

图 5-15　TC4 钛合金叶片叶身打伤修复

(a) 叶片服役时出现的外物打伤;(b) 氩弧焊修复后的叶片形貌。

3. BT22 钛合金零件氩弧焊修复

钛合金滑轨材料为 TC18 钛合金。工作时滚轮在滑轨上滚动,带动襟翼收放,当襟翼收放到位时,滚轮与滑轨的相对位置不动,此时飞机飞行过程中襟翼振动,使滚轮和滑轨之间处于一种冲击和微动磨损状态,导致滑轨局部位置出现磨损凹坑,见图 5-16。滑轨工作型面压坑深度一般为 0.05~0.15mm,个别压坑最大深度为 0.3mm,侧限位面压坑深度一般为 0.1~0.5mm 之间,个别压坑深度达到 0.7~0.95mm。

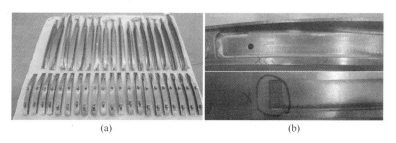

(a)	(b)

图 5-16　钛合金滑轨和磨损凹坑

(a) 滑轨零件;(b) 滑轨磨损部位。

滑轨曲率半径偏差允许±1mm,但 400mm 弧长范围内曲率半径偏差不超过±0.25mm。制造时滑轨表面经振动强化,采用 X 射线衍射法测试表面应力,结果显示滑轨表面全部为压应力,正表面压力值处于 -267.9 ~ -413.2MPa,侧表面压力处于 -139.2 ~ -447.0MPa。

BT22 为 α+β 型高强钛合金,名义成分为 Ti-5Al-5Mo-5V-1Cr-1Fe,焊接性能良好,可以采用各种方法焊接。主要用于制造飞机机身和起落架大型承力结构。在俄罗斯广泛用于伊尔76、伊尔78、伊尔96、安124、图204等飞机构件，在我国已经用于某飞机起落架轮叉、T形梁、扭力臂、滑轮架、滑轨等构件。

由于滑轨制造过程中进行了振动强化，表面均为压应力，补焊后不易进行消除应力退火处理，这就导致了焊缝及热影响区表面局部区域可能存在较大的拉应力。结构表面存在较大的残余拉应力，会大大降低结构的疲劳性能，使用过程中裂纹首先在拉应力区域表面萌生，继而扩展形成裂纹。因此，在补焊方案设计上应重点关注两方面：一是采用低匹配焊接材料，焊缝强度低于母材，使焊接区域有良好的塑性储备，在较大应力作用下首先出现塑性变形，使大的拉应力得到释放而松弛，避免裂纹萌生；二是对焊接区域进行表面喷丸强化，使表面产生压应力，避免在疲劳载荷作用下表面萌生裂纹。

图5-17是滑轨型面补焊焊缝的正面和背面、滑轨侧限位面补焊焊缝表面在喷丸前和喷丸后的表面应力状态，焊态下焊缝表面以及背面存在拉、压应力，喷丸后全部转变为压应力，改善了焊缝表面应力状态。

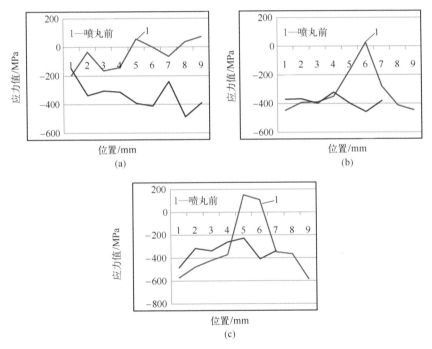

图5-17　补焊焊点喷丸前后正面、背面、侧面表面应力状态
（a）滑轨型面焊缝正面；（b）滑轨型面焊缝背面；（c）滑轨侧限位面补焊焊缝。

图5-18是滑轨修复前和修复后在垂直于滑轨表面在深度方向上的残余应力分布。可见在深度方向上，补焊焊缝经喷丸后形成了理想的压应力层，大小

和变化趋势同原始滑轨大体相当,针对本焊缝采用的喷丸工艺形成的压应力层厚度大于 0.1mm。

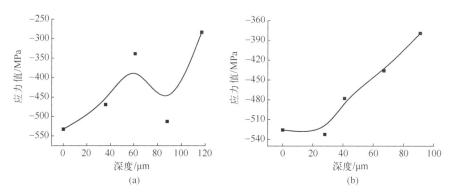

图 5-18 在垂直于滑轨表面的深度方向上的残余应力分布
(a) 修复前;(b) 经氩弧焊和喷丸修复后。

图 5-19 为焊缝正、背表面焊态、喷丸状态下的维氏硬度,可见未喷丸情况下,焊缝硬度与母材硬度相当,焊缝背面母材的硬度和原始母材相当,焊接热循环对焊缝背面硬度没有明显影响;喷丸后焊缝和母材硬度均有一定提高,喷丸后焊缝表面硬度略低于原始母材喷丸后的硬度。

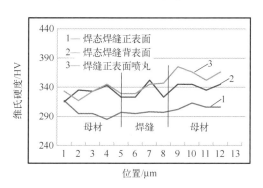

图 5-19 焊缝正、背表面焊态、喷丸状态下的维氏硬度(注:焊缝左侧母材未喷丸)

对滑轨原始母材和氩弧焊修复接头进行室温拉伸性能测试,结果显示氩弧焊修复接头的抗拉强度(874MPa)和屈服强度(803MPa)均达到母材抗拉强度(1079MPa)和屈服强度(992MPa)的 81%。

图 5-20 是滑轨母材及焊接接头金相组织,母材和焊缝金属之间熔合良好,未发现焊接缺陷,热影响区晶界较母材更加清晰,晶粒有长大的趋势,进一步放大观察热影响区与母材的 α+β 双相组织形态未发生明显变化。

157

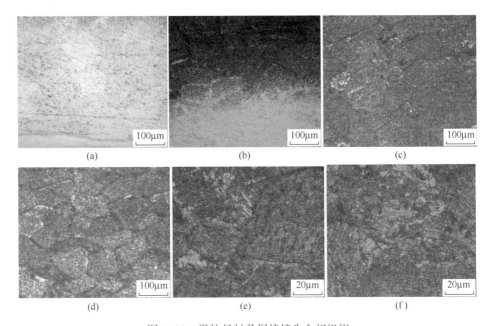

图 5-20　滑轨母材及焊接接头金相组织

（a）焊缝 100×；（b）熔合线 100×；（c）母材 100×；（d）热影响区 100×；

（e）热影响区 500×；（f）母材 500×。

采用三坐标测量仪测量焊接变形量。焊前分别对不同的滑轨进行测量获得对比基准数据，焊后对同一个位置进行二次测量，得到变形数据。焊接变形小于±0.05mm，满足小于±0.25mm 的变形要求。

5.3.4　不锈钢氩弧焊修复技术及应用

1. ZG1Cr12Ni3Mo2Co2V 铸造马氏体不锈钢零件氩弧焊修复

扩散机匣位于高压压气机机匣后端、燃烧室机匣前端，根据发动机机构不同扩散机匣可与高压压气机机匣或者燃烧室机匣设计成整体，也可以设计成独立结构。

某发动机扩散机匣为双层壁、独立机匣结构，采用 ZG1Cr12Ni3Mo2Co2V 马氏体不锈钢分体铸造然后组合焊接而成。经一个飞行周期后，在内壁两孔之间出现裂纹。裂纹多从孔边开裂，然后贯穿两个孔。分析认为，产生裂纹与扩散机匣制造过程有关，如焊接导致的应力集中、铸造导致的孔附近局部区域壁较薄。

ZG1Cr12Ni3Mo2Co2V 为马氏体不锈钢，经淬火+高温回火后，抗拉强度超过 1000MPa，该钢焊接性能良好，可以采用多种方法焊接。

在扩散机匣上切取焊接试样，采用手工钨极氩弧焊焊接，焊接接头金相组织如图 5-21 所示。焊缝和母材结合良好，焊缝树枝晶细小，与母材的板条马氏体组织不同。

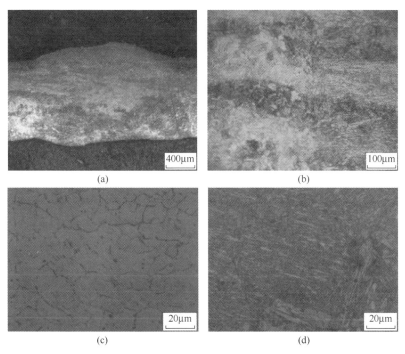

图 5-21 ZG1Cr12Ni3Mo2Co2V 焊接接头金相组织

(a) 焊接接头；(b) 熔合区；(c) 焊缝；(d) 母材。

ZG1Cr12Ni3Mo2Co2V 扩散机匣母材的抗拉强度和屈服强度分别为 1023MPa 和 875MPa，其氩弧焊修复接头的抗拉强度分别达到了 1463MPa 和 989MPa。可见，氩弧焊修复接头的强度得到显著提高，这是由于修复接头焊态下为淬硬的马氏体组织。与抗拉强度升高 440MPa 相比，屈服强度仅升高了 114MPa，这主要是断裂位置导致的。由于在扩散机匣上无法切取标准拉伸试样，只能切取 34mm 长非标试样，修复时焊接接头在标距范围内均出现不同程度的硬化，使断裂位置远离了焊缝中心，偏离到标距之外的 R 角处，见图 5-22(b)。因此，实际焊缝抗拉强度要高于 1463MPa，屈服强度也要远高于 989MPa，这里测得的屈服强度，实际是试样 R 角处母材的屈服强度。

ZG1Cr12Ni3Mo2Co2V 扩散机匣母材和氩弧焊修复接头室温冲击韧性分别为 80.5J/cm² 和 45.4J/cm²。显然与母材相比，焊态焊缝的冲击韧性较低，这是因为焊缝出现淬硬的结果。

焊态下，由于组织淬硬，导致焊接接头强度过高，韧性过低，这种淬硬组织可能导致裂纹再一次萌生和快速扩展。因此必须进行焊后热处理，图 5-23 是

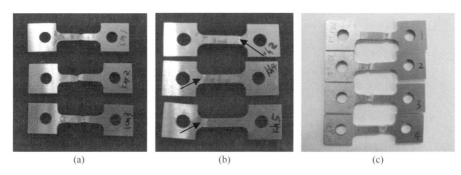

图 5-22　ZG1Cr12Ni3Mo2Co2V 扩散机匣母材和焊接接头拉伸试样断裂位置
（a）扩散机匣母材；（b）焊接接头（焊态，箭头为断裂处）；（c）焊接接头回火态。

焊后经过回火处理的组织。对比焊缝、热影响区、母材三个区域,组织差异不明显;与焊态组织相比,回火态焊缝组织具有较好的均匀性,表明回火热处理对接头组织起到了一定的均匀化作用。

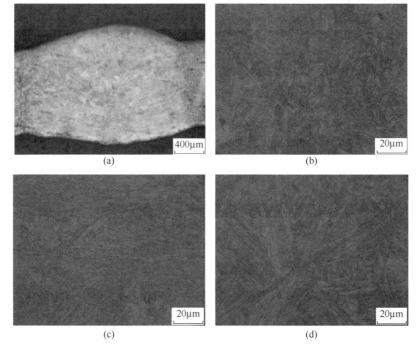

图 5-23　回火处理后焊接接头显微组织
（a）焊接接头；（b）焊缝；（c）热影响区；（d）母材。

经回火处理后,ZG1Cr12Ni3Mo2Co2V 钢扩散机匣焊接接头的室温抗拉强度和屈服强度分别为 1039MPa 和 930MPa,室温强度出现显著降低,拉伸试样主要在焊缝边缘及热影响区断裂,如图 5-22(c) 所示。氩弧焊修复接头的冲击韧性和延伸率出现了显著提高,分别达到了 81.3J/cm² 和 14.2%。这表明淬硬的马氏体发生了转变。图 5-24 是 ZG1Cr12Ni3Mo2Co2V 焊接接头焊态和回火状态下的硬度分布,可见回火后不但硬度降低,同时焊缝、热影响区、母材硬度趋于一致。

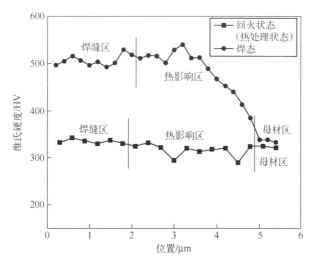

图 5-24　焊接接头焊态和回火状态下的硬度分布

通过以上试验,确定了 ZG1Cr12Ni3Mo2Co2V 钢扩散机匣补焊工艺,补焊修复后形貌如图 5-25 所示。

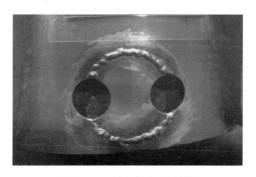

图 5-25　补焊修复后形貌

2. ZG2Cr21Ni11W2.5 铸造奥氏体不锈钢氩弧焊修复

一些小型航空发动机整流叶片、导向叶片、整体导向器可以采用铸造马氏体不锈钢、奥氏体不锈钢制造,如采用 ZG1Gr17Ni3、ZG1Cr11Ni2WMoV 马氏体不锈钢铸造压气机整流叶片,采用 ZGCr25Ni20 奥氏体不锈钢铸造压气机叶片、涡轮导向叶片、导向器整流窗,在俄罗斯曾采用21-11-2.5奥氏体不锈钢铸造涡轮导向器,我国也采用与之相近的ZG2Cr21Ni11W2.5铸造整流器。

航空发动机涡轮部分的铸造不锈钢构件一般工作温度不超过700℃,长期工作后会在不同部位出现裂纹。这种裂纹是在腐蚀气氛作用下产生的热机械疲劳裂纹,往往多条密级分布,同时伴有材料脆化现象,焊接修复难度大。铸造奥氏体不锈钢裂纹一般可以采用钎焊、激光焊、等离子焊、氩弧焊方法焊接修复,对于多条密级裂纹采用手工钨极氩弧焊或手工等离子焊修复更可行。下面就发动机整体涡轮导向器裂纹焊接修复进行讨论。

发动机Ⅲ、Ⅳ级涡轮导向器采用同种奥氏体不锈钢整体铸造而成,发动机工作1000~1500h以后在导向器不同部位出现裂纹。Ⅲ级导向器在外环安装凸台、内环边缘处出现多条裂纹,裂纹在边缘起裂,沿内环、外环壁向内延伸,裂纹长度1~15mm,深度一般小于1mm,个别裂纹裂穿安装凸台,叶片处无裂纹,见图5-26(a)。而Ⅳ级导向器在叶片和内环上出现密级裂纹,叶片上的裂纹多分布在排气边,垂直排气边由外向内生长,少数导向器叶身上也存在大量裂纹;内环裂纹均从边缘开裂向内生长,形成穿透性裂纹,见图5-26(b)、(c)。Ⅲ级导向器外环安装凸台位置和Ⅳ级导向器叶片工作温度约440~550℃。

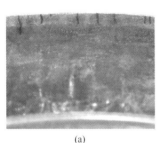 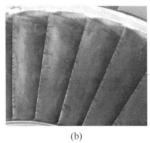 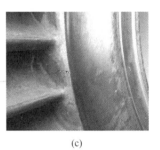

(a)　　　　　　　　　　(b)　　　　　　　　　　(c)

图5-26　TB3发动机Ⅲ、Ⅳ级涡轮导向器外环、叶片、内环裂纹位置

(a)Ⅲ级导向器外环裂纹;(b)Ⅳ级导向器叶片裂纹;(c)Ⅳ级导向器内环裂纹。

导向器材料为俄21-11-2.5铸造不锈钢,相当于我国的ZG2Cr21Ni11W2.5。该材料属于奥氏体不锈钢,具有良好的高温抗氧化性能、热强性能,铸造性能、焊接性能良好,可采用电阻点焊、电弧焊和氩弧焊进行焊接。主要用于铸造涡轮外壳、导向器、联结管等环型零件,构件长期工作温度小于700℃。

1) 裂纹分析

图5-27(a)是Ⅳ级涡轮导向器叶片排气边裂纹,裂纹沿柱状晶晶界由外向内扩展,图5-27(b)是该导向器内环裂纹尖端,同样是沿晶开裂。此外,导向器原始制造过程中进行了铸造缺陷补焊,在原始补焊点周围还有少量裂纹,如图5-27(c)所示。该导向器裂纹以图5-27(a)、(b)为主,为热机械疲劳裂纹,

图 5-27(c)裂纹全部产生在原始补焊焊点热影响区内,为晶间腐蚀裂纹。

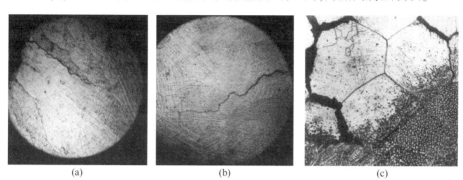

(a)   (b)   (c)

图 5-27 Ⅳ级涡轮导向器叶片、内环裂纹形貌

(a)叶片排气边裂纹;(b)导向器内环裂纹尖端;(c)晶间腐蚀裂纹。

(1)热机械疲劳裂纹。Ⅲ级导向器在外环安装凸台、内环边缘处,存在多条密集裂纹,而叶片上几乎没有裂纹;在Ⅳ级导向器叶片和内环上出现密级裂纹,叶片上的裂纹多分布在排气边,少数导向器叶身上也存在大量裂纹,导向器外环安装凸台无裂纹。Ⅳ级导向器叶片工作温度约 440~550℃,Ⅲ级导向器外环安装凸台、内环边缘处,工作温度估测为 500℃左右。因此,裂纹位置特点是在 440~550℃特定温度区间开裂、在温度变化梯度大的位置开裂。

(2)晶间腐蚀裂纹。奥氏体不锈钢焊缝热影响区产生晶间腐蚀裂纹可以用“贫铬理论”解释,这种裂纹只在不含 Ti、Nb 等稳定化元素的非超低碳不锈钢焊接接头中发生,并且随着 C 含量升高晶间腐蚀敏感性增加。该涡轮导向器 C 含量为 0.18%(质量分数),又不含有与 C 亲和力强的 Ti、Nb 稳定元素,因此焊缝热影响区极易发生晶间腐蚀裂纹。金相分析发现,导向器铸造缺陷采用了氩弧焊(或电弧焊)补焊,焊点在叶身、内外环均有分布,焊缝周围微观呈现晶间腐蚀开裂,目视检查难以发现。

2)断口分析

图 5-28 是Ⅳ级涡轮导向器叶片冲击试样断口形貌,其断口完全不同于一般奥氏体不锈钢冲击试样的断口,难以区分放射区、纤维区、剪切唇,几乎找不到韧窝,表现出沿晶和穿晶混合脆性断裂特征。冲击韧性约 30~50J/cm^2,不足一般铸造奥氏体不锈钢冲击韧性的 50%,韧性大幅度下降。断口还有一个突出特征,存在类似疲劳裂纹扩展时形成的条纹,并且在每个晶粒断面或界面均有,如图 5-28(b)、(c)所示。以晶界为边界,条纹在晶粒内部有大致相同的取向,有的也会越过晶界与相邻晶粒内部条纹保持大致相同的取向,条纹还表现出以一定角度交叉分布的现象。分析认为,这些条纹是各滑移面形成的断裂小台

阶。叶片工作时,受热和应力作用晶粒内部各滑移面出现滑移,并形成大量位错,大量析出相在滑移面位错"点阵缺陷"处形核长大,导致位错被"钉扎"不能移动,滑移面不能相对滑移,使材料脆化。

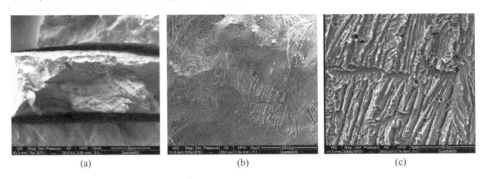

图 5-28 Ⅳ级涡轮导向器叶片冲击试样断口形貌
(a) 断口宏观形貌;(b) 断口微观形貌;(c) 裂纹扩展形成的条纹。

图 5-29 是Ⅳ级涡轮导向器叶片裂纹断口表面形貌,可以看出除存在少量氧化膜外,裂纹断口表面形貌与冲击断口形貌大致相同,同样存在大量断裂小台阶。在晶界处析出了大量的析出相,形成了界面清晰的析出相带,在晶粒内部存在由析出相构成的二次晶界,如图 5-29(c) 所示。晶界上的连续的析出相带起到两方面作用:①形成了脆硬的空间骨架,阻碍了在应力作用下的晶界滑移,限制了晶粒变形,增大了脆性;②抑制了晶界的迁移,在高温下晶粒长大倾向极小。

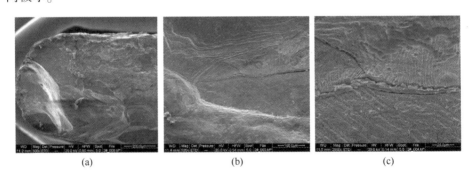

图 5-29 Ⅳ级涡轮导向器叶片裂纹断口形貌
(a) 断口宏观形貌;(b) 断口微观形貌;(c) 晶界析出相。

3) 相分析

图 5-30 是导向器叶片原始状态扫描电镜下的显微组织照片,可以看出在奥氏体基体上存在大量的析出相。基体金属中主要存在两种形态相,一种是棒

状,另一种是颗粒状。棒状相长度为 $1\sim8\mu m$,直径小于 $1\mu m$,主要分布在晶内,具有明显的方向性,如图 5-30(a)所示。棒状相分布不均匀,有的晶粒内部密集析出,而有的晶粒内部很少,甚至没有。颗粒状析出相在晶粒内部和晶界均有析出,在晶内呈弥散分布,在原始铸造晶界上呈链状或带状分布,在二次晶界上呈链状分布,如图 5-30(b)所示。在一些晶粒内部颗粒状析出相还呈方向性排列析出,颗粒排列成多条平行的直线,如图 5-30(c)所示。分析认为,棒状析出相的方向性和粒状析出相呈方向性排列可能与滑移面及位错滑移的方向性相关,析出相更容易在滑移面位错点阵畸变位置析出长大。

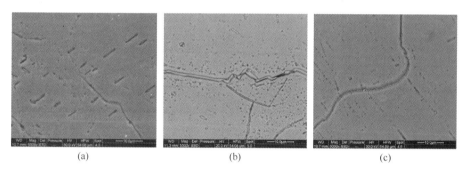

图 5-30　Ⅳ级涡轮导向器显微组织形貌

(a)棒状析出相;(b)晶界上的颗粒状析出相;(c)晶内的颗粒状析出相。

透射电镜下颗粒状析出相形貌大体为平行四边形,尺度在 $100\sim500nm$ 之间,在晶粒内部分布不均匀。颗粒状析出相周围存在较多位错,颗粒多分布在位错线上,如图 5-31(a)所示。棒状析出相形貌也呈平行四边形,只不过长宽比较大,观察到的棒状相长约 $1\mu m$,宽约 $0.2\mu m$,如图 5-31(b)所示。颗粒相成分见表 5-8,主要为 Cr、Fe、W、Ni、Si 元素,且 Cr 约 62.49%(质量分数)。

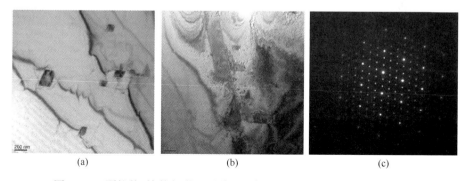

图 5-31　颗粒状、棒状相微观形貌和衍射斑点(JEM-2010 型透射电镜)

(a)颗粒状析出相;(b)棒状析出相;(c)析出相衍射斑点。

表 5-8　颗粒相能谱仪分析

元　素	质量分数/%	原子分数/%
Cr	62.49	69.25
Ni	2.47	2.42
Fe	21.17	21.84
Si	1.22	2.50
W	12.62	3.95
Mn	0.04	0.04
总计	100.00	100.00

对颗粒状、棒状析出相做结构分析,两种析出相衍射斑点均与基体衍射斑点重合,且析出相晶格常数为基体的三倍,表明两种相具有相同结构,如图 5-31(c)所示。经衍射斑点标定,确定化合物为 $Cr_{1.36}Fe_{0.52}$,为 σ 相。

奥氏体不锈钢脆化有三种原因:一是 475℃ 脆化;二是 σ 相析出脆化;三是 $M_{23}C_6$ 等碳化物析出脆化。碳化物析出造成的脆化不显著。

铁素体或含有铁素体的奥氏体不锈钢,在 475℃ 退火时会发生 475℃ 脆化,随着 Cr 含量增加,475℃ 脆化趋势增加。475℃ 脆化是由铁素体偏析形成富 Fe、Cr 相引起的,铁素体含量不同,脆化的倾向不同,一般奥氏体不锈钢焊缝 δ 铁素体为 6～25FN 时,475℃ 脆化可使冲击韧性下降到原始状态 92%～70%。已经发生 475℃ 脆化的不锈钢,在 600～700℃ 加热可以恢复原有的性能。本导向器,原始补焊焊缝存在 δ 铁素体,而其他区域未发现铁素体,因此发生 475℃ 脆化可能性较低。

σ 相是一种四角形晶体结构的 Cr-Fe 化合物。在 Cr-Fe 系中,含大约 47%(原子分数)的 Cr,在复杂的合金系中,σ 相实际还包含 Mo、W、Mn、Si、Ti 等元素。在不锈钢中,σ 相通常只有在含 Cr 量大于 16%(原子分数)时才能析出,一般认为 σ 相的形成与 δ 铁素体有关,存在 δ 铁素体时有利于 σ 相的形成。另外,高 Cr 的奥氏体不锈钢中也会从 γ 相中直接析出 σ 相。δ 铁素体转变为 σ 相过程迅速,而 γ 相转变为 σ 相过程缓慢。另外,W、Mo、Nb 能促进 σ 相转变,增加 Cr、Si 使 σ 相析出更迅速。一般认为金属间化合物 σ 相析出温度范围约为 570～1000℃,在 800～850℃ 形成最快,温度超过 1000℃ 以上开始溶解。

不锈钢中 σ 相析出,使材料韧性大大下降,硬度增加,耐腐蚀性能下降。在双相不锈钢中,析出 1%(体积分数)的 σ 相,可使冲击韧性下降 50%,析出 10%(体积分数)时,材料完全脆化。Cr-Ni 奥氏体不锈钢经 700℃×10h 退火析出 σ 相,冲击韧性下降可达 30%。

综合分析裂纹、断口、冲击韧性、σ 相形貌和分布,认为大量 σ 相的析出,是导致导向器材料脆化的原因。

4）不同热处理温度对析出相的影响

在导向器叶片上切取试样，分别在 600℃、650℃、700℃、750℃、800℃、900℃、1070℃、1100℃下热处理。由图 5-32（a）、（b）、（c）、（d）可以看出，试样在 750℃以下热处理，微观组织没有发生明显变化。晶界、棒状相、颗粒状相大小和形态没有明显变化，表明在上述热处理制度下析出相没有发生大的变化。图 5-32（e）、（f）中不规则区域为铁素体相，这一区域是导向器制造过程中的补焊焊点，在这一温度下非补焊区域也未发现析出相有明显变化。图 5-32（g）、（h）与原始状态组织对比可以发现，在 1070℃、1100℃下热处理，部分颗粒状析

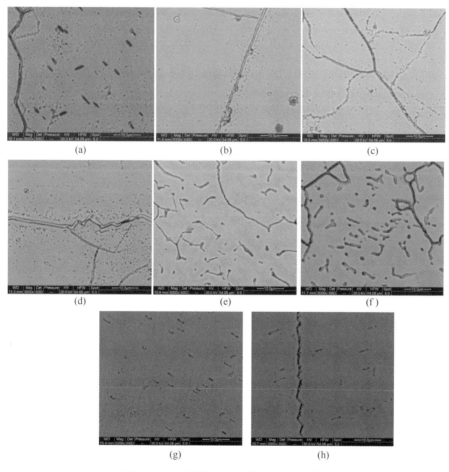

图 5-32 不同热处理状态下的金相组织

（a）600℃热处理；（b）650℃热处理；（c）700℃热处理；（d）750℃热处理；
（e）800℃热处理；（f）900℃热处理；（g）1070℃热处理；（h）1100℃热处理。

出相出现溶解现象,颗粒与基体颜色差异减小,边缘界面由于溶解变得不清晰;棒状相有变短趋势;晶界变化不明显。

图5-33(a)、(b)分别为经700℃、1100℃热处理放大1000倍的组织对比,在较低倍数下观察这种变化更加清晰,可以看出在1100℃下热处理的组织,整个金相照片显得更"干净",二次晶界也模糊不清,这种差异是部分析出相溶解的结果。

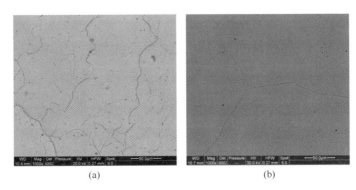

(a) (b)

图5-33 700℃和1100℃热处理下的组织对比

(a) 700℃热处理; (b) 1100℃热处理。

5) 不同热处理温度下析出相形貌和结构

采用JEM-2010型透射电镜对热处理后的试样进行分析,与原始状态相比,经1070℃×1h、1100℃×1h固溶处理后,颗粒状、棒状σ析出相形貌变化并不明显,有些σ相存在类似溶解迹象,如图5-34所示。

再次制备试样,采用JEM-2000FX型透射电镜分析,如图5-35所示,发现经1070℃×1h固溶处理后,颗粒状σ相出现了回溶现象,颗粒相与基体边界变得模糊,并且相周围位错明显增多,位错增多可能与相溶解有关。经1100℃×1h热处理后,回溶量增大,颗粒由原来的平行四边形变为圆形,晶界上的析出相也同样出现了溶解。对比图5-34、图5-35可以发现,在同一个温度下固溶处理,不同的σ相颗粒表现出不同的溶解趋势。一般认为金属间化合物σ相析出温度范围约为570~1000℃,温度超过1000℃以上开始溶解。不锈钢化学成分不同,σ相析出温度范围和溶解温度不同,如Ni含量提高,σ相回溶温度提高,一些不锈钢中的σ相只有在1120~1150℃热处理,才能消除。因此,上述两次取样试验观察到不同溶解趋势,可能与σ相中的W、Ni、Si等其他成分的差异有关,这种成分差异主要是铸造过程中成分偏析造成的。

导向器试样经热处理后,再进行氩弧焊补焊,热影响区不再出现裂纹。说明经热处理降低了材料的脆性,塑性得到了一定的恢复,改善了材料的焊接性。

(a)　　　　　　　　　(b)　　　　　　　　　(c)

(d)　　　　　　　　　(e)　　　　　　　　　(f)

图 5-34　经 1070℃、1100℃固溶后,颗粒状、棒状 σ 析出相形貌和衍射斑点
(a) 棒状相 1070℃固溶;(b) 颗粒状相 1070℃固溶;
(c) 析出相衍射斑点 1070℃固溶;(d) 棒状相 1100℃固溶;
(e) 颗粒状相 1100℃固溶;(f) 析出相衍射斑点 1100℃固溶。

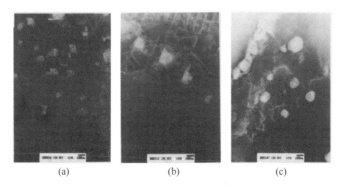

(a)　　　　　　　　　(b)　　　　　　　　　(c)

图 5-35　经 1070℃、1100℃固溶处理后,颗粒状 σ 相回溶情况
(a) 原始状态;(b) 1070℃固溶;(c) 1100℃固溶。

采用更高温度热处理,会使 σ 相进一步回溶,甚至全部溶解,但热处理温度提高,不但会增大热处理变形,造成更严重的表面氧化,还可能使导向器内环不可拆卸的 1Cr18Ni9Ti 封严附件性能下降。因此,热处理温度应适中。

6）补焊修复及修复组织分析

经热处理后再进行氩弧焊补焊,焊后经荧光检查,焊缝和母材无裂纹。可见焊前热处理,明显降低了导向器脆性,改善了老化奥氏体不锈钢的焊接性能。

图5-36是焊态下焊缝和母材组织,焊缝是单一的奥氏体组织,与母材结合良好。在熔合线靠近焊缝一侧,组织状态与正常的奥氏体不锈钢焊缝熔合线附近组织存在差异,表现为网络状,这是此区域处于半熔化状态,原始的晶界化合物析出带还没有来得及充分溶解和扩散,如图5-36(c)所示。在靠近熔合线的焊缝热影响区,在焊接热循环作用下,母材晶界和晶粒内部析出相均出现了明显的回溶现象,晶界变窄,晶粒内部变得"干净",这同热处理的原理相同。由于靠近熔合线的热影响区温度要远远高于上述的热处理温度,因此析出相回溶更显著,如图5-36(d)所示。

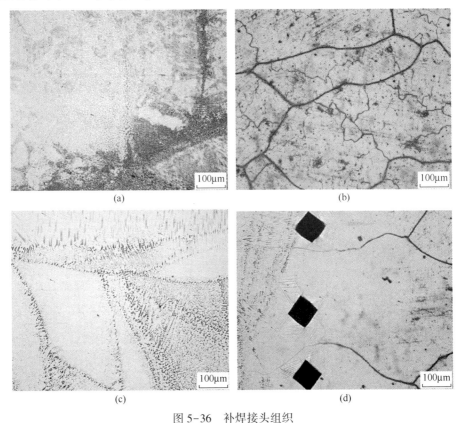

图5-36 补焊接头组织

（a）焊缝；（b）母材；（c）熔合线（焊缝侧）；（d）热影响区。

7）多次补焊分析

一般认为,不锈钢补焊要控制补焊次数,多次热循环会导致母材过热,热影响区晶粒长大,根据"贫铬"理论,还会加重晶间腐蚀倾向。但对于在高温状态下长期工作,晶内和晶界存在大量析出相的铸造奥氏体不锈钢,不但不存在这些问题,反而有利于热影响区性能的改善。

(1)焊接热循环作用使析出相回溶,释放了被固化在 σ 相等富铬化合物中的铬,提高了耐腐蚀性能,同时由于析出相的减少,降低了脆性。

(2)由于晶界存在大量析出相,晶界被牢牢固定,焊接热作用,无法使晶界迁移。虽然焊接热循环会溶解晶界上的析出相,但这种溶解只是部分,不是全部。

(3)晶间腐蚀基于"贫铬"理论,而晶界上析出相的溶解恰恰增加了晶界附近的铬。图 5-37 所示为多次补焊对母材组织的影响,可见不同补焊次数对热影响区组织没有明显影响。但是,多次焊接累积的焊接变形会导致导向器变形过大无法装配,因此补焊应控制在 3 次以内。

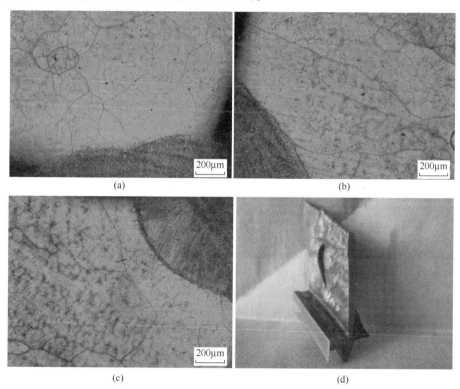

(a)　　　　　　　　　　　　　　　(b)

(c)　　　　　　　　　　　　　　　(d)

图 5-37　多次补焊对母材组织的影响
(a)1 次补焊;(b)3 次补焊;(c)5 次补焊;(d)内环表面密集裂纹多道堆焊。

8)补焊后退火

焊后退火目的是降低或消除焊接应力。在原始状态下,导向器在 900℃以下退火,HV 硬度数据分散,这是由于析出相不均匀以及取样位置不同造成的影响。经焊前热处理,再经焊后退火处理,HV 硬度数据分散度减小,是 σ 相部分溶解的结果。

5.3.5 高温合金氩弧焊修复技术及应用

1. GH4648 镍基高温合金零件氩弧焊修复

根据燃烧室材料、结构和损伤情况不同,可以采用钨极氩弧焊填加相应焊丝补焊修复。大致过程是全部或局部去除涂层,然后采用氩弧焊补焊裂纹,对于大面积过烧区域,应去掉局部烧蚀材料,然后加工或者从其他报废燃烧室上在同一位置切取大小相当的补片,补焊到烧蚀区域。补焊后恢复涂层,控制变形。

发动机燃烧室为环形结构,如图 5-38(a)所示,内、外壁截面如图 5-38(b)所示。燃烧室采用 GH4648 合金环形件,通过机械加工成图 5-38(b)截面形状后,再采用铆接和焊接的方法将三件环形件组装在一起。由于机械加工量大、工序多,材料利用率低、材料昂贵,该环形燃烧室制造成本很高。燃烧室经一个飞行周期后,在内、外壁 U 形槽的内壁上出现多条裂纹,裂纹超标后即报废,如图 5-38(c)所示。该裂纹为局部冷却不佳,温度过高,导致的材料开裂或过烧。

(a) (b)

(c)

图 5-38 环形燃烧室结构和故障特征
(a) 环形燃烧室(内、外壁双层结构);(b) 内、外壁截面;(c) 内、外壁裂纹。

GH4648 合金是高 Cr 镍基变形高温合金。该合金采用 W、Mo、Nb 固溶强化,采用 Al、Ti、Nb 时效强化,采用 B、Ce 强化晶界,来提高合金的高温拉伸性能和持久性能,合金主要强化相为 γ'、$\alpha-Cr$、MC、$M_{23}C_6$,$\alpha-Cr$ 在 900℃ 析出达到峰值。另外,合金中含有 32%~35%Cr,在高温下具有极佳的抗氧化性能和耐腐蚀性能。

该合金具有良好的焊接性能,可采用氩弧焊、电阻焊、电子束、激光等方法焊接,焊接接头强度可达母材的 80% 以上。

但是经 300h 高温工作后的燃烧室机匣,修复时极易产生焊接裂纹,甚至经过 3 次补焊也无法消除,这主要是由于材料长时间高温下工作老化导致的。镍基变形高温合金老化表现在微观组织方面主要有晶粒严重长大,晶界晶内有大量的析出相,特别是晶界上的析出相往往连接成带状,强化相长大和聚集,材料表面层晶界氧化;表现在力学性能方面是材料明显脆化,冲击韧性显著下降,塑性下降,抗拉强度变化不大,甚至升高;表现在工艺性能方面是极易产生焊接裂纹,材料由易焊变得难焊。塑性下降是导致补焊开裂的主要原因,因此恢复材料塑性、改善焊接性能是实施补焊的基础工作。

1) 服役后原始组织分析

图 5-39 是燃烧室工作 300h 后母材原始状态低倍组织。图 5-39(a) 是在燃烧室裂纹附近过烧区域切取的试样,表面存在严重的晶间氧化现象,深度约 50μm。图 5-39(b) 是在燃烧室表面完好区域切取的试样,晶粒尺寸约 200~500μm,远大于原始锻造状态的细晶组织,说明在高温环境下母材晶粒发生了显著长大,表面层未出现晶间渗入和氧化现象。

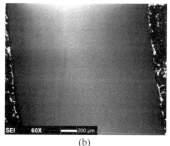

(a)　　　　　　　　　　(b)

图 5-39　母材原始状态低倍组织
(a) 裂纹附近过烧区域;(b) 正常区域。

表面层存在晶间氧化和过烧是补焊开裂的原因之一。在表面层存在晶间氧化情况下补焊,由于晶界大量的氧化物和夹杂物的影响,使熔化金属流动性降低,焊缝铺展和成形不易控制,获得铺展良好的焊缝需要更大的热输入。晶间氧化使母材表面层抗拉强度下降,在焊接热应力作用下热影响区极易开裂,焊缝金属由于过多熔入了氧化物和夹杂物,也极易出现裂纹。原本焊接性良好的合金,由于过烧使焊接性能下降,因此补焊时必须判断过烧的区域范围和深度,并彻底机械去除过烧区域或过烧表面层。

母材晶界和晶内析出大量析出相是燃烧室补焊开裂的重要原因。燃烧室经300h工作后,在晶界和晶内析出了大量白色析出相,特别是晶界析出相连接成链。一方面链状析出相使晶界无法移动,抑制了高温下晶粒进一步长大,因此焊接热影响区过热倾向小,这对补焊修复有利;另一方面链状析出相又限制了晶内滑移面和晶界的滑移,焊接热应力不能通过母材的局部区域塑性变形来释放,因此容易产生焊接裂纹,这又不利于补焊修复。恢复性能热处理是减少析出相,提高母材塑性的有效方法。

图5-40是燃烧室母材分别经过 $T℃$、$T+40℃$、$T+80℃$ 固溶处理后的组织。随着固溶温度提高,母材原始晶界上的链状析出相减少,由原来的连续链状分布逐渐变成了离散状分布,固溶温度到 $T+80℃$ 时,晶界上链状析出相全部消失。随着固溶温度提高,晶粒内部白色碳化物析出相也同步减少,尺度减小,而灰黑色氮化物析出相无变化。固溶温度超过 $T+40℃$ 以上时,γ' 相大部分分解。因此,通过对老化的 ЭП648-ВИ 合金恢复性能热处理工艺控制,可以有效地调整析出相的数量和形态。

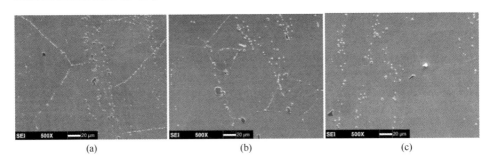

(a)　　　　　　　　　(b)　　　　　　　　　(c)

图5-40　母材经固溶处理后的组织

（a）$T℃$固溶；（b）$T+40℃$固溶；（c）$T+80℃$固溶。

2) 恢复性能热处理对力学性能的影响

表5-9是燃烧室母材在不同退火温度下的 800℃ 高温拉伸和 800℃、176MPa 下高温持久性能。随着退火温度升高,高温拉伸强度下降,延伸率提高,持续时间下降。与原始状态相比,采用表5-9中退火制度得到的高温拉伸强度和持续时间都较低,而延伸率都较高,这是析出相溶解的结果,降低了强度,提高了塑性。

表 5-9　燃烧室母材在不同退火温度下的 800℃高温拉伸和
800℃、176 MPa 下高温持久性能

性 能 参 数		原始状态	退火温度(低)	退火温度(中)	退火温度(高)
高温拉伸性能	σ_b/MPa	544	489	460	319
	δ_5/%	23.7	30.2	24.7	57.9
高温持久性能	持续时间/h	71.8	64.2	61.4	11.5

表 5-10 是燃烧室母材在不同固溶时效状态下的 800℃高温拉伸和 800℃、176MPa 下高温持久性能,固溶温度分低、中、高,而时效温度不变。在固溶时效状态下,在一定温度范围内,固溶温度变化对高温拉伸强度、延伸率、持续时间影响不大。与原始状态相比,采用表 5-10 中固溶时效制度得到的高温拉伸强度都较低,而延伸率总体都较高,持续时间相当。说明通过固溶溶解了部分析出相,降低了母材抗拉强度,提高了塑性,通过后续时效又析出了相当水平的强化相,弥补了不同固溶处理时强化相的损失,使抗拉强度和持续时间处于同一相当水平。

表 5-10　燃烧室母材在不同固溶时效状态下的 800℃高温拉伸和
800℃、176 MPa 下高温持久性能

性 能 参 数		原始状态	固溶(低)+时效	固溶(中)+时效	固溶(高)+时效
高温拉伸性能	σ_b/MPa	544	484	484	492
	δ_5/%	23.7	28.8	22.1	27.0
800℃、176MPa 高温持久性能	持续时间/h	71.8	70.1	70.5	69.2

通过上述试验,可以获得一个较好的恢复性能热处理制度,即保持材料有较高的综合力学性能,又显著改善焊接性,抑制补焊裂纹。

选择与燃烧室母材和热处理制度相匹配的焊丝补焊裂纹,氩弧焊修复接头 800℃高温拉伸抗拉强度可达 516MPa、延伸率为 17.8%;同时在 800℃、176MPa 应力作用下的高温持久时间可达 69.4h。采用优化后恢复性能热处理工艺、补焊工艺、焊后退火工艺修复了环形燃烧室,修复后的燃烧室见图 5-41。

2. XH65BTIOMP 镍基高温合金零件氩弧焊修复

如前所述,铸造奥氏体不锈钢导向器一般工作温度在 700℃以下,只能用于工作温度较低的后级涡轮导向器或压气机的整流器制造,而对于工作温度较高的Ⅰ、Ⅱ涡轮导向器叶片或整体铸造导向器来说必须采用耐热性能更好的高温合金。如采用 K406C、K418B 制造 900℃以下工作的涡轴涡桨发动机整体涡轮导向器,采用 K423 制造 1000℃以下工作的整体铸造导向器。在俄罗斯曾采用

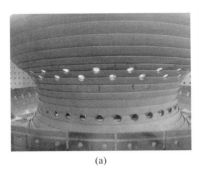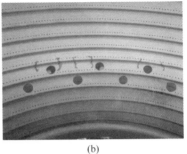

(a)   (b)

图 5-41　补焊修复后的燃烧室内、外壁

(a) 内壁；(b) 外壁。

XH65BTЮMP 合金制造涡轴发动机整体涡轮导向器。

发动机 Ⅱ 级涡轮导向器采用 XH65BTЮMP 镍基高温合金整体铸造而成，最高工作温度约为 850℃。飞行一个翻修期后，在叶片排气边、叶背及叶盆、内环与叶片型腔交汇处出现裂纹，长度 2~10mm，这些裂纹主要是在热应力和气动应力作用下在铸造缺陷处萌生、扩展。在制造过程中，采用氩弧焊补焊铸造缺陷。图 5-42 是导向器局部，图 5-42(a) 中叶片上的半圆形缺口是大修过程中采用打磨方法排除裂纹后留下的，在一定范围内允许存在。图 5-42(b) 中叶片黑色区域是原始补焊焊点，可见在原始补焊焊点处已经存在掉块现象。

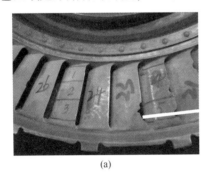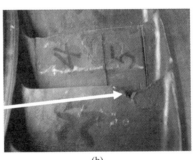

(a)   (b)

图 5-42　TB3 发动机 Ⅱ 级涡轮导向器损伤缺陷

1) 原始组织和成分分析

图 5-43 是原始母材微观组织，在 γ 基体上分布着白色条块状、黑色三角形或方形、黑色球形相。白色条块状相主要是碳化物，在晶界、晶内都有析出，尺度从几微米到十几微米不等，如图 5-43(a) 所示。扫描电镜下能谱分析表明白色相主要富集 Ti、Mo、W，个别的富集 Mo。黑色三角形或方形相是以氮化物为主的化合物，尺度为几微米，如图 5-43(a)、(b) 所示。黑色球状相为 γ′ 相，是该合金的主要强化相，如图 5-43(c) 所示。可以看出，该合金中含有大量的 γ′ 相，

分布均匀,尺度约在 100nm 以下。从微观组织可以看出该合金经长期高温使用后,未大量析出脆性相,组织稳定,完全不同于铸造不锈钢的组织状态,有利于裂纹的补焊。

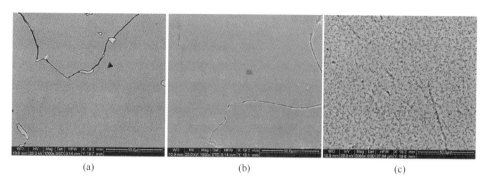

(a)　　　　　　　　　　　(b)　　　　　　　　　　　(c)

图 5-43　发动机 Ⅱ 级涡轮导向器微观组织

表 5-11 是导向器解剖试样经能谱分析获得的化学成分,可见 Al、Ti 含量大于 5%(质量分数),合金焊接性较差,容易产生焊接裂纹。

表 5-11　导向器解剖试样经能谱分析获得的化学成分

%(质量分数)

位置	Al	Ti	Cr	Co	Mo	W	Fe	Ni
叶片	2.55	2.78	17.27	4.44	4.66	5.40	0.62	余
补焊点	0.88	1.15	5.70	1.46	19.93	1.80	4.10	余

图 5-44 是 TB3 发动机 Ⅱ 级涡轮导向器原始补焊点微观组织,树枝晶特征明显,枝晶干和枝晶间存在成分偏析,枝晶干白色相析出较多,枝晶间 γ′ 相析出较多,但大小不均匀。原始补焊点很好地保留了焊态下的组织特征,说明补焊后未进行均匀化或固溶处理。原始补焊采用的是低 Cr 高 Mo 镍基固溶强化焊丝,其化学成分见表 5-11。这种焊丝的特点是抗裂性能和热强性能好,但高温抗氧化性能不佳,这正是导向器叶片原始补焊点发生掉块的根本原因,见图 5-42(b)。

2) 补焊工艺分析

铸造高温合金焊接易产生三类裂纹,即结晶裂纹、液化裂纹、应变时效裂纹。结晶裂纹主要是焊缝金属凝固过程中形成的低熔共晶造成的,铸造高温合金结晶裂纹的敏感性随 B、C、Al、Ti 增加而增大,当(Al+Ti)达 6%(质量分数)时裂纹敏感性显著增加。液化裂纹是晶界上的低熔点化合物或低熔共晶焊接时液化形成液膜,并在热应力作用下产生的。液化裂纹产生在近缝区,具有沿晶

177

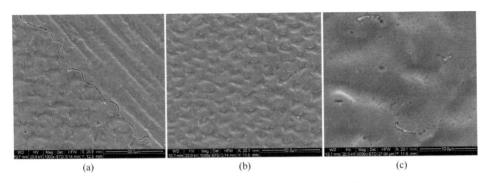

(a)   (b)   (c)

图 5-44 TB3 发动机 II 级涡轮导向器原始补焊点微观组织

开裂、从熔合线向母材扩展的特征。应变时效裂纹是时效强化高温合金和铸造高温合金焊接后在时效过程中产生于熔合线附近的沿晶扩展裂纹，一般认为是由焊接残余应力和时效过程中的塑性损失造成的。可见用于整体导向器的铸造高温合金 Al、Ti 含量较高，补焊时易产生焊接裂纹。

综合以上分析，针对该导向器采用手工钨极氩弧焊方法补焊，选择镍基高温合金焊丝为填充材料。为了提高补焊点的高温抗氧化性能，焊丝中 Cr 含量提高到 15% 以上。图 5-45 是 TB3 发动机 II 级涡轮导向器叶片补焊焊缝微观组织。可见，焊缝与母材熔合良好，焊缝未出现结晶裂纹，热影响区也未出现液化裂纹。但在多次补焊或线能量过大时易出现热影响区液化现象，如图 5-45(b)热影响区黑色区域为局部液化。热影响区的液化极易导致液化裂纹的产生，因此补焊时应严格控制焊接热输入。

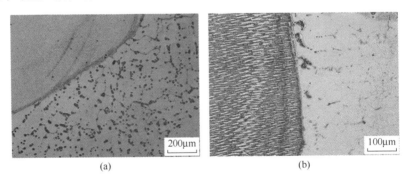

(a)   (b)

图 5-45 TB3 发动机 II 级涡轮导向器叶片补焊焊缝微观组织
(a) 焊缝与母材结合良好；(b) 热影响区出现局部液化裂纹。

补焊后需经退火处理以减少或消除焊接应力，避免在使用过程中在补焊区域再次开裂。退火温度越高消除焊接应力越完全，但是过高的退火温度会给导向器性能带来损害：一方面过高的退火温度会损害被焊母材性能；另一方面导向器上其他不可拆卸的结构也不允许退火温度过高。图 5-46 是 TB3 发动机 Ⅱ 级涡轮导向器 γ′相数量和尺度与退火温度的关系,与原始状态相比 950℃下退火 γ′相没有明显变化,退火温度提高到 1050℃时,γ′相明显减少(图 5-46(b)),退火温度提高到 1150℃时 γ′相几乎全部溶解(图 5-46(c))。因此,焊后退火要保证 γ′相不明显减少或尺寸不明显长大,同时不能有其他有害相析出。

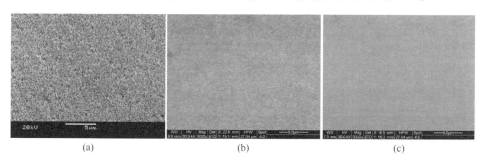

(a)　　　　　　　　　　　　(b)　　　　　　　　　　　　(c)

图 5-46　TB3 发动机Ⅱ级涡轮导向器 γ′相数量与退火温度的关系
(a) 950 ℃;(b) 1050℃;(c) 1150℃。

试验表明,该导向器焊接过程以及焊后在室温条件下长期放置都不出现裂纹,而消除应力退火后则极易出现裂纹。内环上的补焊点裂纹主要发生在焊缝,叶片上的补焊点裂纹主要发生在焊接热影响区。分析认为,叶片补焊点热影响区开裂机理类似于应变时效开裂;而内环补焊点位于叶片 V 形型腔尖角与内环交汇处,尖角处焊接应力集中严重,同时焊缝结晶凝固时又存在薄弱部位,在应力和高温作用下首先在结晶凝固薄弱部位开裂。也正因为焊缝开裂后释放了应力而抑制了热影响区的开裂。因此,为了控制焊后退火开裂,补焊应尽量减少热输入,降低焊接热应力,焊后退火时应尽量减少高温停留时间。

3. K465 铸造镍基高温合金零件氩弧焊修复

1) 涡轮工作叶片叶尖磨损氩弧焊修复

涡轮工作叶片尖端磨损是一种典型的损伤形式,是叶片在工作过程中与封严环之间接触及高温高压燃气腐蚀冲刷形成的。由于磨损使叶尖和封严环之间的间隙变大,导致发动机推力下降。涡轮工作叶片材料通常为等轴铸造高温合金、定向凝固高温合金、单晶高温合金,均为难焊材料,极易出现焊接裂纹。本节讨论等轴晶涡轮工作叶片叶尖磨损修复。

发动机 Ⅰ 级涡轮工作叶片采用 K465 合金铸造而成,为空心气冷结构,叶片端面如图 5-47(a)所示。工作一个翻修周期后叶盆一侧的叶尖出现磨损,导致装配间隙变大,需补焊恢复尺寸。K465 合金 Al+Ti 约为 7%~9%(质量分数),同时含有 W、Mo、Nb 合金元素,焊接性差。补焊该叶片需要解决以下问题:

（1）堆焊材料。应有与母材相当的高温抗氧化性能、耐腐蚀性能;抗裂性能满足氩弧焊要求;与 K465 合金相容性良好;焊接接头应有良好的高温力学性能。

（2）母材焊接裂纹。由于 K465 合金焊接性能差,采用氩弧焊焊接非常容易开裂,因此需解决热影响区开裂问题。

（3）焊后热处理。补焊后叶片必须进行消除应力退火处理,以消除焊接应力,防止工作过程中出现裂纹,需要制订可行的热处理工艺。

采用手工钨极氩弧焊方法补焊,选择 Ni-Cr-W 合金作为堆焊材料。补焊后的状态见图 5-47(b)。

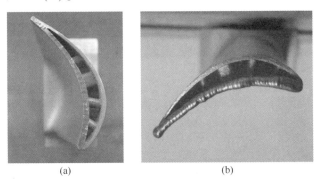

(a)　　　　　　　　　　(b)

图 5-47　K465 合金叶片尖端氩弧焊补焊

(a) 补焊前;(b) 补焊后。

从图 5-48 可以看出堆焊焊缝成形良好,堆焊金属与叶片母材熔合良好,通过焊接工艺优化可以控制母材和焊缝不产生焊接裂纹。

(a)　　　　　　　　　　(b)

图 5-48　叶尖补焊焊缝形貌和组织(光学显微镜)

(a) 叶尖堆焊金属形貌;(b) 熔合区组织(退火态)。

表 5-12 是叶片补焊后焊接接头不同区域在焊态下和焊后退火状态下的维氏硬度平均值,焊态焊缝金属硬度较低时,退火后硬度明显提高,表明焊缝金属

退火后得到了强化,而母材退火前后硬度未发生明显变化。因此,该叶片焊后退火实现了两个目的,即消除焊接应力和提高焊缝金属强度。从表 5-12 中数据还可以发现,熔合区附近不管母材一侧还是焊缝一侧,硬度值均较高,表明在这一区域出现了硬化现象。图 5-48 熔合区退火状态下 a、b 点硬度分别为 460HV、505HV。

表 5-12　叶尖补焊焊态和退火状态下维氏硬度

位　　置	焊态硬度/HV	焊后退火硬度/HV
母材	400	406
HAZ	486	482
焊缝	236	356

图 5-49 是熔合线区域及母材组织照片,在熔合线附近有较多灰色针状相和较少白色块状相析出,见图 5-49(a)、(b),母材中也存在这种相,见图 5-49(c),对比可以发现熔合线附近的灰色针状相明显比母材的多,这是焊接热循环影响的结果。能谱分析表明,灰色针状相是富 Ti、Nb 的碳化物,白色块状相是富 Cr、W 的碳化物。在焊接热循环作用下,热影响区中 γ′ 相形态发生了明显变化,与原始状态相比尺度更加细小、分布相对均匀,表明 γ′ 相经历了一个回溶和重新析出的过程。但由于焊接热循环作用时间短,回溶和析出并不充分,因此 γ′ 相形状并不规则,见图 5-49(b)、(c)。可见,热影响区 γ′ 相变得细小、均匀,以及针状相析出是这一区域硬度提高的原因。

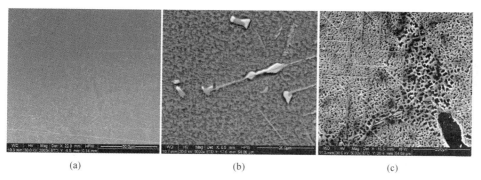

(a)　　　　　　　　　　(b)　　　　　　　　　　(c)

图 5-49　叶尖补焊熔合线区域及母材金相组织
(a) 熔合线;(b) 热影响区;(c) 母材。

表 5-13 是 K465 合金板材采用补焊焊丝焊接的接头 900℃ 拉伸性能,焊后经过退火处理。可见 900℃ 下焊接接头平均强度达到母材金属强度的 85%。由于堆焊金属层厚度小于 1mm,重量小,工作时承受的离心载荷很小,远远小于焊接接头强度,因此焊接接头是安全可靠的。

表 5-13　K465 焊接接头 900℃拉伸强度

试　　样	试 验 温 度	σ_b/MPa	δ_5/%	断 裂 位 置
焊接接头	900℃	697	3.4	焊缝
K465	900℃	820	5.8	—

封严蓖齿磨损是涡轮工作叶片叶尖磨损的另一种形式,是叶片工作时叶冠上的封严蓖齿与机匣上的封严结构相对运动摩擦导致的。叶冠封严蓖齿磨损同样可以采用氩弧焊填加焊丝修复。图 5-50 是 RB211 发动机低压涡轮工作叶片,为 IN713LC 合金,采用手工钨极氩弧焊修复后,以及机械加工后的状态。

图 5-50　发动机低压涡轮工作叶片叶冠封严蓖齿修复

2) 涡轮工作叶片叶冠接触面磨损氩弧焊修复

涡轮工作叶片另外一种常见损伤形式是叶冠接触面磨损。叶冠侧面一般为锯齿状或平面状,工作时两两叶片叶冠侧面接触振动摩擦导致磨损,使间隙增大,需要补焊恢复尺寸,典型叶冠形状见图 5-51,箭头所指处为接触磨损位置。修复叶冠侧面的磨损缺陷,通常选择高温下耐磨性能较好的补焊材料,常用的有 Co-Cr-W、Co-Cr-Mo 或铸造镍基合金及金属间化合物材料,具体选择哪种材料要根据发动机工作状态和要求来定。

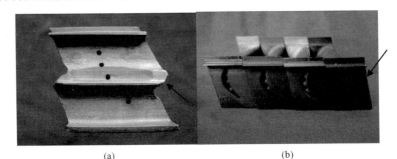

(a)　　　　　　　　　　　　　　(b)

图 5-51　两种形式的叶冠(箭头所指为接触磨损面)

(a) 锯齿冠;(b) 平冠。

182

在第 4 章 4.3 节中讨论了采用真空钎焊方法修复 Д30 发动机涡轮工作叶片锯齿冠磨损缺陷,下面简要讨论采用手工钨极氩弧焊方法修复同一部位的可行性。

前面已经叙述了采用手工钨极氩弧焊修复叶尖磨损时需要解决的三个问题,即焊接材料、母材焊接裂纹和焊后热处理。与修复叶尖相比,修复锯齿冠磨损部位更困难,主要在于:堆焊材料要求高温耐磨,合金化程度高,本身焊接性不好,补焊时焊缝金属极易出现焊接裂纹;锯齿冠补焊部位形状为近似方形,这与叶尖细长条状不同,在补焊面积相同的情况下,方形截面更容易产生焊接裂纹。

图 5-52 是采用手工钨极氩弧焊在 K465 合金块上堆焊 Co-Cr-Mo 合金的焊缝裂纹位置和形貌,图中显示了焊接裂纹在母材金属和焊缝金属上产生的典型位置和形貌,通常这些裂纹即使采用焊前预热也很难完全消除,研究表明即使在 600℃ 以上预热,出现裂纹的概率也超过 50%。在焊缝金属上产生的裂纹经肉眼或荧光检查就可以发现,而在母材金属上出现的裂纹,采用荧光检测方法不能全部被发现,存在脱落掉块风险,给安全带来隐患。

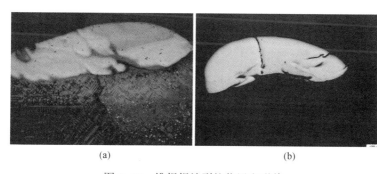

(a)　　　　　　　　　　　　　(b)

图 5-52　堆焊焊缝裂纹位置和形貌

(a) 热影响区裂纹;(b) 堆焊金属裂纹。

在 K465 合金块上采用手工钨极氩弧焊堆焊 Co-Cr-Mo 合金并适当填加钎剂,焊接接头如图 5-53 所示。可以看出,此方法可以完全避免焊缝金属、母材金属产生焊接裂纹。对比图 5-52 和图 5-53,其主要差别在于焊接熔深,因此避免锯齿冠堆焊产生焊接裂纹,必须要控制焊接熔深,即严格控制焊接热输入。

选用 K465 试板,采用 Co-Cr-Mo 合金进行对接焊,得到无裂纹焊接接头,焊态测试 900℃ 拉伸强度和延伸率分别为 520MPa 和 0.9%。在 K465 试块上堆焊 Co-Cr-Mo 合金,堆焊金属平均硬度达到 50HRC。可见采用 Co-Cr-Mo 合金焊接 K465 合金焊接接头强度约为母材的 60% 以上。叶片工作时,堆焊金属承受的剪切应力和压应力,且堆焊金属重量很小,焊接接头强度远远大于所承受

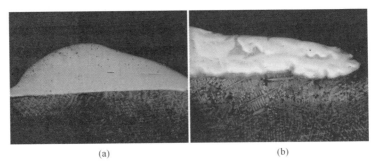

(a)　　　　　　　　　　　　　(b)

图 5-53　填加钎剂的氩弧焊焊接接头

(a) 规范 1;(b) 规范 2。

的应力。另外,Co-Cr-Mo 堆焊金属高温耐磨性能良好。国内外应用表明,采用 Co-Cr-Mo 合金作为叶冠堆焊材料,效果良好。

5.3.6　异种合金氩弧焊修复技术及应用

发动机在 Ⅱ、Ⅲ 涡轮之间装有安装轴承的三支点壳体,该壳体采用马氏体不锈钢和铁基高温合金拼焊而成,两侧安装边采用自动氩弧焊焊接,安装座采用手工氩弧焊焊接。在壳体外侧分布有六个安装座,其中五个连有管路,均匀分布,另一个安装座带有固定用的连接耳片。壳体最高工作温度为 700℃,一个大修周期为 1500h,设计寿命 12000h。工作 2000~3000h 后,约一半以上壳体在安装座与壳体外壁之间的焊缝处出现裂纹,裂纹主要集中在长方形安装座的焊缝拐角处,在壳体安装边以及内壁焊缝上也出现密集裂纹。图 5-54 是三支点壳体开裂位置。

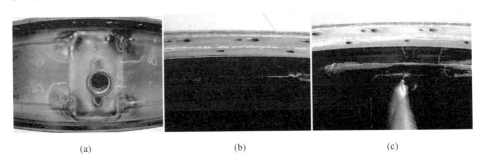

(a)　　　　　　　　　　(b)　　　　　　　　　　(c)

图 5-54　三支点壳体开裂位置

(a) 安装座拐角处裂纹;(b) 安装边裂纹;(c) 内壁焊缝裂纹。

1. 原始结构和成分分析

图 5-55 是三支点壳体解剖截面图,可以看出壳体主体是由六部分拼焊而

成,外壁焊有 6 个安装座,其中构件 6 插入构件 7 的凹槽中,插接处未焊接。构件 1、7 是上下安装边,构件 4 是壳体外壁,上下分别与构件 1、7 焊接,构件 5 一个带耳片的安装座以及构件 8(未标出)五个带导管的安装座,周围与构件 1、4、7 以搭接形式焊接。构件 2 是上安装边上的密封部位,外侧与构件 1 焊接,下侧与构件 3 焊接,构件 3、6 为壳体内壁,之间为焊接。各构件及焊缝焊接材料牌号见表 5-14。可见内壁是由耐温性能较好的铁基高温合金和同质焊丝制造;外壁及两端的法兰由强度较高的马氏体不锈钢并用奥氏体不锈钢焊丝焊接制造;6 个安装座中带耳片的安装座采用了与外壁同质的马氏体不锈钢和相同奥氏体不锈钢焊丝制造,其他安装座采用了塑韧性及耐蚀性能较好的铁基高温合金并用镍基高温合金焊丝焊接制造。三支点壳体结构和各构件材料以及焊接材料的分析,是补焊选材和制订补焊工艺的基础。

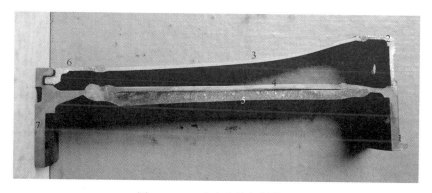

图 5-55　三支点壳体解剖截面

表 5-14　各构件及焊缝焊接材料相近材料牌号

构件(对应图 5-55 所示)与焊缝	相近材料牌号
1　4　5　7	1Cr11Ni2W2MoVA
2　3　6	GH1139
8	GH1035A
1+4　1+5　4+5　4+7	H1Cr21Ni10Mn6
1+2　2+3　3+6	HGH1139
1+8　4+8	HGH3044
注:能谱分析。	

2. 原始组织分析

1Cr11Ni2W2MoVA 马氏体不锈钢一般在淬火+回火状态下使用,根据零件受力情况不同可以采取不同的回火温度来调整材料的强度和塑性,以满足不同使用要求。本支撑壳体上安装边 1、外壁 4、下安装边 7,以及耳片安装座 5,均由 1Cr11Ni2W2MoVA 不锈钢制成,但从图 5-56 可以看出构件 1、4、7、5 组织存在差异,外壁 4 马氏体组织形貌已经不明显,淬火过程中形成的板条或针状马氏体在较高回火温度下已大部分分解。从表 5-15 维氏硬度分析也可以看出,构件 4 硬度最低。构件 1、构件 7 组织状态接近,马氏体组织形态清晰,但马氏体也出现了分解,两者维氏硬度接近。构件 5 马氏体组织形貌清晰,分解较少,维氏硬度也最高。造成这种差异原因有两种:一是制造时各部件回火温度不同;二是工作环境温度存在差异。根据组织和硬度分析,与构件 1、7、5 相比构件 4 产生焊接裂纹的倾向性小。构件 8 是铁基高温合金,为奥氏体组织,未出现严重析出现象,焊接性好。

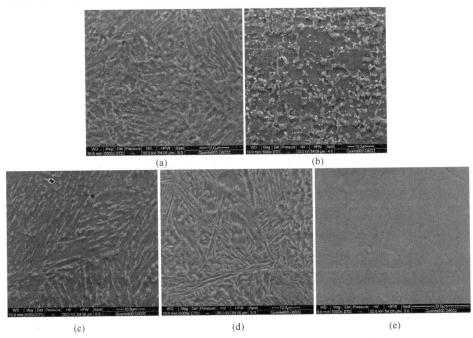

图 5-56　三支点壳体外部各材料金相组织

(a) 构件 1;(b) 构件 4;(c) 构件 7;(d) 构件 5;(e) 构件 8。

表 5-15　原始状态下各构件维氏硬度

构　件　号	硬度/HV	构　件　号	硬度/HV
1	263	2	200
4	217	3	250
7	273	6	262
5	345	8	227

　　图 5-57 是构件 2、3、6 金相组织,可以看出构件 3 晶粒尺寸明显小于构件 2、6,这是由于在构件成型时方法不同或变形量不同形成的。三个构件均有较多的颗粒状、棒状相析出,在一些晶粒内部析出相呈链状排布,并且"链条"相互平行或以相同角度交叉,在晶界上析出相形成连续的析出带。析出相形态和排列特征同铸造不锈钢导向器非常相似,这使材料严重脆化,焊接性变差。补焊试验也表明,构件 2、3、6 及其焊缝焊接性差,极易在热影响区及其以外的区域开裂。

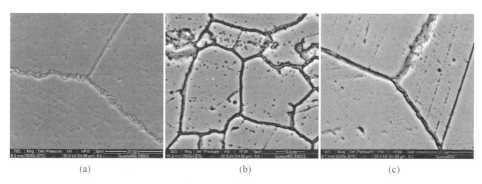

(a)　　　　　　　　　(b)　　　　　　　　　(c)

图 5-57　构件 2、3、6 金相组织
(a) 构件 2;(b) 构件 3;(c) 构件 6。

3. 补焊工艺分析

　　1Cr11Ni2W2MoVA 马氏体不锈钢室温强度、持久强度均较高,有良好的韧性和抗氧化性能,适宜制造在 550℃ 以下及在潮湿条件下工作的承力构件。该钢焊接性能良好,可以采用电弧焊、氩弧焊、电阻焊等焊接方法焊接。采用熔焊方法焊接时,根据构件对焊接接头性能要求不同可以选择相近成分的马氏体不锈钢焊丝,也可选择奥氏体不锈钢焊丝。GH1139 是铁基高温合金,在我国主要用作焊丝,作为结构件材料在航空发动机上应用较少。该合金具有良好的焊接性能,可采用多种焊接方法焊接。GH1035A 是固溶强化铁基高温合金,主要用于 900℃ 以下长期工作的涡轮发动机燃烧室及涡轮外环、排气装置等零件。合金焊接性能良好,可以采用电弧焊、氩弧焊、电阻焊等多种焊接方法焊接。

　　由表 5-14 可以看出,壳体制造时 1Cr11Ni2W2MoVA 马氏体不锈钢之间焊接采用了 H1Cr21Ni10Mn6 奥氏体不锈钢焊丝。用该焊丝焊接 1Cr11Ni2W2MoVA 不锈钢,接头为奥氏体组织上存在少量铁素体相,抗拉强度大于 520MPa,抗裂性能和抗晶间腐蚀性能良好。GH1139 铁基高温合金之间的焊接采用了与母材同材质焊丝,GH1139 与马氏体不锈钢之间焊接采用了 HGH1139 焊丝,目的是使焊缝金属与母材金属线膨胀系数、抗氧化性能、力学性能保持基本一致。

GH1035A 与马氏体不锈钢之间焊接采用了 HGH3044 镍基高温合金焊丝,目的是提高焊缝抗裂性能,减少焊接冷、热裂纹。

可以看出,壳体制造时选择的各种材料都具有良好的焊接性,适于制造焊接构件,但使用 2000h 以后材料焊接性发生了变化。补焊试验发现,不管是安装座拐角处裂纹补焊,还是安装边、内部焊缝裂纹补焊,在焊缝和热影响区都极易出现裂纹。根据前面壳体结构和组织分析,补焊开裂的主要原因在于大量析出相导致材料脆化以及壳体结构应力。

三支点壳体补焊工艺要点:①较小的焊接热输入。不管采用氩弧焊还是等离子焊,都需要将线能量控制到最低。②选择抗裂性能好的焊丝。外壁裂纹可以采用镍基高温合金焊丝补焊,内部裂纹可以采用铁基高温合金补焊。③焊后及时退火。焊后可采用较低温度退火,消除部分焊接残余应力。

5.4　激光 3D 打印修复技术及应用

激光 3D 打印方法在飞机和发动机修理行业应用越来越多,主要优点在于能量密度更高,焊接热输入更小,热影响区小,焊接变形小,特别适用于难焊材料零件局部缺陷的熔覆修复。主要用于涡轮工作叶片尖端磨损、机匣磨损、飞机零件局部磨损和腐蚀等损伤缺陷熔覆修复,也可用于裂纹修复。

5.4.1　结构钢及不锈钢激光 3D 打印修复技术及应用

1. 18Cr2Ni4WA 调质钢零件激光 3D 打印修复

垂直销是直升机旋翼中央件与复合材料桨叶相连接的重要部件,其材料为 18Cr2Ni4WA 调质结构钢。轴向长为 188mm,工作区域(即磨损区)长约 170mm,内径为 $\phi47.1$mm。直升机飞行时,垂直销与桨叶连接件存在振动磨损,局部磨损深度约 $0.1\sim0.2$mm,使外圆柱面局部尺寸不足。垂直销外径标准尺寸为 $\phi66.96\sim\phi66.98$mm,垂直销及磨损部位见图 5-58。

1) 修复方案

垂直销是直升机的重要承力构件,对表面粗糙度、尺寸精度、表面硬度要求较高,需要选择强度较高、耐磨性能好的粉末材料,采用热输入小的工艺规范进行修复,因此确定的主要修复工序为激光 3D 打印修复、精细磨削、消除应力退火、表面喷丸强化,修复流程见图 5-59。

采用激光 3D 打印修复,工艺参数为激光功率 1000W、熔覆速度 1200mm/min、保护气流量 20L/min、送粉速度 2500r/min。

2) 组织分析

图 5-60 是激光 3D 打印制备的拉伸试样截面形貌,热影响区宽度在 0.5mm

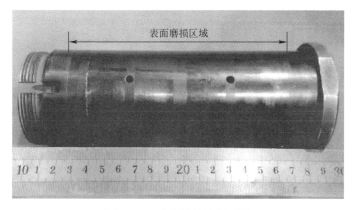

图 5-58 垂直销及磨损区域

图 5-59 垂直销修复流程简图

左右,激光每一次热循环对母材的热作用清晰可见。用同样的腐蚀介质腐蚀截面,熔覆层没有明显腐蚀,说明耐腐蚀性能优于母材。

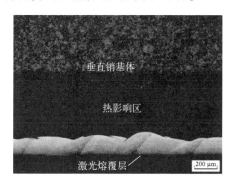

图 5-60 修复后熔覆层截面形貌

图 5-61 是垂直销原始母材显微组织,晶粒尺寸为 $10 \sim 50 \mu m$,组织均匀。根据文献和垂直销的化学成分分析,垂直销母材的显微组织是粒状贝氏体,其中灰色的为铁素体,白色条状是渗碳体。

图 5-62 是垂直销激光 3D 打印熔覆状态熔覆层与热影响区的显微组织。熔覆层与母材冶金结合良好,界面处无气孔和裂纹等缺陷,熔覆层组织是沿着某一方向生长的柱状晶,该方向是熔池金属凝固过程中温度梯度最大的方向。熔覆层柱状晶主要是条状马氏体组织,见图 5-62(b)。与原始状态母材组织相

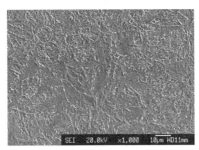

图 5-61　垂直销原始母材显微组织

比,热影响区组织发生了明显的变化,由最初的粒状贝氏体组织转变成了片状的马氏体组织,这一组织转变归因于激光熔覆过程中对热影响区的快速加热和快速冷却作用,见图 5-62(c)。

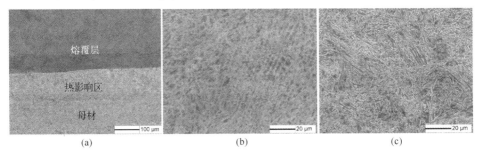

(a)　　　　　　　　　　(b)　　　　　　　　　　(c)

图 5-62　垂直销激光 3D 打印修复后的熔覆状态显微组织

(a) 熔覆接头;(b) 熔覆层;(c) 热影响区。

图 5-63 是垂直销熔覆后再进行低温退火的熔覆层、热影响区和母材的显微组织。与图 5-62 对比,熔覆层、热影响区和母材的组织未出现明显的变化,母材仍是粒状贝氏体组织,热影响区仍为马氏体组织,熔覆层组织形态也未发生明显变化。

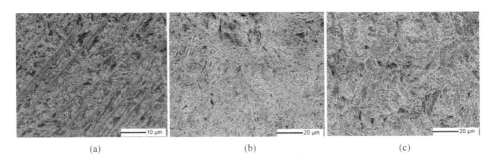

(a)　　　　　　　　　　(b)　　　　　　　　　　(c)

图 5-63　低温退火后垂直销熔覆层显微组织

(a) 熔覆层;(b) 热影响区;(c) 母材。

图 5-64 是垂直销熔覆后再进行中温退火的熔覆层、热影响区和母材的显微组织。与图 5-63 对比,熔覆层、热影响区和母材的组织都出现明显的变化,熔覆层中的柱状晶晶杆显著变细,即出现了明显的溶解,大块状马氏体组织明显减少,出现了大量的与柱状晶垂直生长的针状或长条状马氏体,见图 5-64(a)。热影响区的马氏体组织也出现了变化,由原来的片状转变为团絮状,见图 5-64(b)。母材原始片状、块状马氏体明显分解,以离散、小块状或点状的形态分布,见图 5-64(c)。

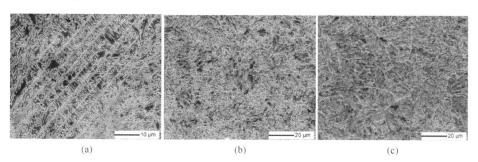

(a)　　　　　　　　　(b)　　　　　　　　　(c)

图 5-64　中温退火后垂直销熔覆层显微组织

(a) 熔覆层;(b) 热影响区;(c) 母材。

3) 力学性能分析

外圆柱面要求耐磨性能要好,硬度是反映耐磨性能的重要参考指标。表 5-16 给出了垂直销修复前母材、修复后的熔覆态、低温退火态、中温退火状态下的各区域的显微硬度以及洛氏硬度,熔覆态、低温退火态下试样各区域的硬度满足垂直销的硬度要求,中温退火状态下热影响区、母材硬度偏低,不满足要求。激光 3D 打印熔覆过程中会产生较大的残余应力,必须对熔覆后的垂直销去应力退火处理,根据试验结果,应选择低温退火工艺对垂直销进行去应力退火。

表 5-16　垂直销激光 3D 打印熔覆前、后和不同状态下的显微硬度

处 理 状 态	测 试 区 域	硬度/HV	硬度/HRC[①]
原始态	喷丸强化层	422	42.9
	母材	393	40.1
熔覆状态	熔覆层 (喷丸强化)	465	46.5
	熔覆层	444	44.8
	热影响区	436	44.1
	母材	384	39.2

191

(续)

处理状态	测试区域	硬度/HV	硬度/HRC①
低温退火	熔覆层	472	47.1
	热影响区	413	42.1
	母材	391	40.0
中温退火	熔覆层	414	42.2
	热影响区	310	31.0
	母材	277	26.8
① HRC 值是由检测设备根据 HV 值直接转化而来,仅作参考。			

采用确定的工艺制备力学性能试样,加工后的拉伸和冲击试样经低温退火和喷丸处理,测试修复后与修复前垂直销的室温拉伸和冲击性能。拉伸试样的熔覆层平均厚度约为 0.26mm,占试样总厚度的 26%;冲击试样的尺寸是 5mm×5mm×40mm,V 形缺口深为 1.5mm,修复后冲击试样的熔覆层厚度约为 0.32mm,占冲击截面的 6.4%。表 5-17 是垂直销原始母材与熔覆修复后的室温拉伸性能和冲击韧性。带有熔覆层的试样抗拉强度达到原始母材的 96%,延伸率与原始母材相当;冲击韧性超过了原始母材,韧性升高的贡献主要来源于熔覆层。

表 5-17　垂直销原始母材与熔覆修复后的室温拉伸性能和冲击韧性

编　　号	原 始 母 材			修复后带有熔覆层		
	σ_b/MPa	δ_5/%	a_{kv}/(J/cm²)	σ_b/MPa	δ_5/%	a_{kv}/(J/cm²)
测试值	1252	14.5	62.4	1206	14.4	66.5
GJB 2068—1996 标准	1130	12.0	—	—	—	—

4) 垂直销样件修复

采用上述工艺方案对垂直销进行激光 3D 打印熔覆修复,获得了满足要求的零件。图 5-65 是熔覆修复后和机加工后的垂直销。

需要指出的是,对垂直销表面损伤采用激光 3D 打印修复过程中,如果工艺参数不当,在靠近界面的熔覆层中易出现不规则形状夹渣,见图 5-66。螺栓、销类零件疲劳断裂源 90% 以上在表面和近表面,如果在熔覆层界面附近存在不规则夹渣,易发展成为疲劳裂纹,给飞行安全带来极大的安全隐患,因此应严格控制激光 3D 打印修复工艺,以控制夹渣的形成,同时需采用无损检测方法有效地检出这类近表面夹渣。

2. 30CrMnSiNi2A 超高强度钢零件激光 3D 打印修复

飞机飞行一个翻修周期后,主起落架作动筒上部与钛合金转向杠杆连接部

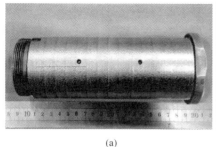 

(a)　　　　　　　　　　　　　　(b)

图 5-65　激光 3D 打印修复后的垂直销

(a) 激光 3D 打印熔覆后状态;(b) 机械加工后状态。

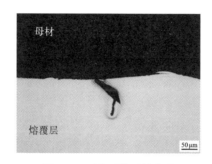

图 5-66　界面附近的夹渣

位的 8 个螺栓孔边缘出现腐蚀掉块现象,腐蚀掉块的最大深度约 2mm,最宽处约 3mm,见图 5-67(a)。前起落架作动筒中部带有两组键,每组为 5 个凸起键,与钛合金摇臂配合,控制前起落架转向。键的正面和侧面出现腐蚀磨损,同时键周围的外筒表面也出现腐蚀,见图 5-67(b)。分析认为,孔和键的位置容易积水,在长期潮湿的条件下,作动筒金属发生了自然腐蚀,同时这两个位置又与钛合金构件接触,由于电位差的存在,加速了作动筒的腐蚀。

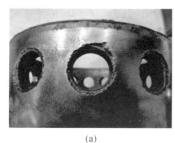 

(a)　　　　　　　　　　　　　　(b)

图 5-67　伊尔 76 飞机起落架作动筒损伤缺陷

(a) 主起落架作动筒腐蚀;(b) 前起落架作动筒键腐蚀磨损。

1）起落架激光熔覆技术指标确定

主起落架作动筒、前起落架外筒材料为 30CrMnSiNi2A 钢，强度为 $\sigma_b = 1617 \pm 98MPa$，$\alpha_{KU} \geq 59J/cm^2$，硬度为 47~52HRC。主起落架作动筒螺栓孔在腐蚀深度未超差时，允许加工后镶 2Cr13 衬套恢复配合尺寸，规定 2Cr13 衬套 38~42HRC，对应强度 $\sigma_b \approx 1200~1300MPa$，冲击韧性 $\alpha_{KU} \approx 40~50J/cm^2$。考虑到飞机设计时，通常结构强度留有 1.5 以上的安全系数，因此确定熔覆层力学性能指标为：熔覆金属抗拉强度 $\sigma_b \geq 1200MPa$，$\alpha_{KU} \geq 59J/cm^2$；熔覆金属硬度 $\geq$ 40HRC；熔覆金属耐腐蚀性能优于 30CrMnSiNi2A。由于激光熔覆后不再喷涂防腐层，因此熔覆层金属耐腐蚀性能要求优于 30CrMnSiNi2A 钢。

其他尺寸精度符合图纸要求：主起落架作动筒配合段尺寸精度：ϕ220mm（$-0.075~-0.195$）；前起落架外筒配合段尺寸精度：ϕ246mm（$-0.075~-0.195$）；前起落架外筒键的尺寸为 33mm（长）×12mm（宽）×5mm（高），公差满足：宽 12mm（$0~0.12$），高 5mm（$-0.06~-0.105$），位置偏差满足装配要求。修复后的主起落架和前起落架作动筒最终满足装配要求。

2）修复方案

针对主起落架作动筒上部孔的腐蚀，采用激光 3D 打印填加粉末材料进行修复；针对前起落架外筒键的腐蚀：对键的侧面和正面，采用激光 3D 打印恢复尺寸；对于键底采用超声速火焰喷涂方法修复，本节不讨论。熔覆粉末采用高强钢材料，耐腐蚀性能和韧性均优于 30CrMnSiNi2A 钢。

3）激光熔覆试验

采用激光 3D 打印对 30CrMnSiNi2A 钢试样进行表面熔覆，截面形貌见图 5-68，A 区为母材、B 区为热影响区、C 区为熔覆层。试样腐蚀表明，熔覆层金属耐酸腐蚀性能明显优于母材。

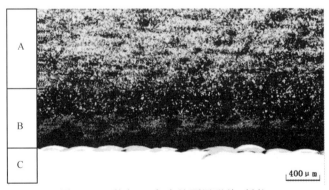

图 5-68 激光 3D 打印熔覆层形貌（低倍）

A 母材；B 区热影响区；C 熔覆层。

图 5-69 是各区域放大组织。熔覆层为细小的树枝晶；热影响区宽度约
0.6mm，分为细晶区和软化区，与母材相比细晶区组织明显得到细化，软化区组
织形貌大体与母材相当，但更容易腐蚀。图 5-70 是试样截面维氏硬度曲线，说
明采用激光熔覆 30CrMnSiNi2A 钢热影响区出现了软化现象，最低硬度 366HV，
宽度约 0.1~0.2mm。从硬度测试结果可以看出，激光 3D 打印修复这种超高强
度钢，在工艺参数得当时，可以避免热影响区产生淬硬组织，这有利于抑制冷
裂纹。

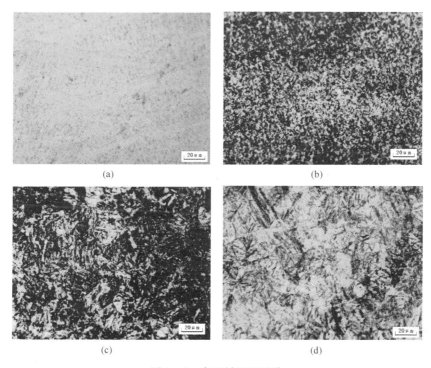

图 5-69 各区域组织形貌

（a）熔覆层；（b）热影响区（超细晶区）；（c）热影响区（软化区）；（d）母材。

表 5-18 是从起落架作动筒上切取试样获得的原始状态和退火状态下拉伸
性能和硬度数据，可见修复后退火工艺对作动筒母材强度、韧性、硬度没有显著
影响。表 5-19 是激光 3D 打印修复试样室温拉伸、冲击和表面硬度性能。激光
熔覆修复层厚度为 1.0mm 的复合试样和熔覆层强度数据，熔覆层本身的强度
为 1378MPa，为母材的 83.6%，而该强度已超过了起落架上焊接接头的强度。
当熔覆层厚度为 1.0mm 时，熔覆层与母材的共同强度达到了母材的 92.0%。
相比于起落架作动筒母材，不同厚度的熔覆层经退火后的冲击韧性明显均超过
了母材。此外，熔覆层消除应力退火处理前、后的硬度值无明显变化。

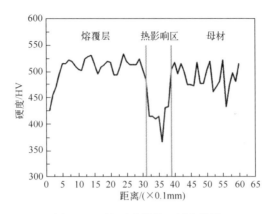

图 5-70　熔覆试样截面硬度曲线

表 5-18　作动筒母材不同状态下的强度、韧性和硬度

试样状态	σ_b/MPa	α_{KU}/(kJ/m²)	硬度/HRC
原始母材	1649	1189	49.0
退火状态	1636	1221	49.7

表 5-19　激光 3D 打印试样室温拉伸、冲击和表面硬度性能

试样状态	室温拉伸性能			室温冲击性能			表面硬度
	σ_b/MPa	熔覆层厚度/mm	试样厚度/mm	α_{KU}/(kJ/m²)	熔覆层厚度/mm	试样厚度/mm	HRC
熔覆态	—	—	—	—	—	—	46.2
退火态	1517	1.0	2.5	1203	1.0	5	45.7
	1378	2.5		1074	2.5		
	—	—		1764	4.8		

表 5-20 是采用优化工艺对作动筒修复时,母材的熔化深度,平均深度为 0.08mm。

表 5-20　作动筒母材的熔化深度

试样编号	母材熔化深度/mm								平均值
16#	0.13	0.09	0.04	0.05	0.07	0.09	0.08	0.07	0.08

对激光 3D 打印熔覆试样进行摩擦磨损试验,制备四个样品,两个为母材试样分别为母材-1、母材-2,两个为激光熔覆层试样分别为熔覆层-1、熔覆层-2。试验设备为 UMT-2 微摩擦试验机,采用往复对偶方式,母材和熔覆层试样作为

下试样,摩擦副为直径 4mm 的 SiN 球,在空气中进行干摩擦试验。试验参数见表 5-21。

表 5-21　摩擦试验参数

载荷/N	频率/Hz	时间/min	冲程/mm
10	5	30	4

在 UMT-2 试验机上得到的数据为摩擦系数曲线,将摩擦试验后的表面利用白光干涉仪进行观察,测得磨痕的深度及宽度。摩擦系数曲线见图 5-71。可以看出在相同的试验条件下,熔覆层与 30CrMnSiNi2A 钢具有大致相当的摩擦系数,30CrMnSiNi2A 钢的磨痕深度(371mm)、宽度(164mm)与熔覆层的磨痕深度(367mm)、宽度(170mm)相当,这都表明两种材料室温耐磨性能相当。

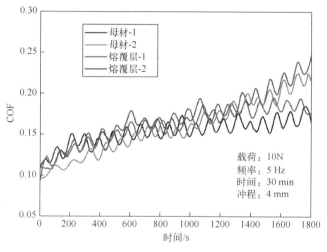

图 5-71　母材与熔覆层摩擦系数曲线

4) 作动筒修复

作动筒腐蚀部位为端部筒体外壁和近端部 8 个螺栓孔孔壁及倒角。采用前面试验确定的工艺参数进行修复,采用钢丝轮和手持电枪(金属打磨头)打磨去除螺栓孔、端部筒体腐蚀层。所有打磨表面用钢丝轮抛光,并用丙酮清洗表面油污等杂质。采用激光 3D 打印熔覆方法恢复缺陷位置的尺寸,并留有 0.5~1.0mm 的加工余量。为防止激光熔覆后筒体变形,一方面选用较小功率 300~500W,另一方面采用接触测温仪测量筒体温升,将其控制在一定温度以内,控制热应力和减小变形。图 5-72 是主起落架作动筒激光 3D 打印修复后状态。

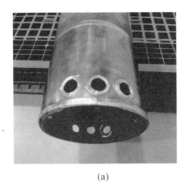

(a)   (b)

图 5-72 主起落架作动筒激光 3D 打印修复后状态

(a) 熔覆后状态；(b) 机械加工后状态。

激光熔覆后对镀铬面进行测量，最大跳动量为 0.03mm，在公差范围内，变形量符合图纸要求。

采用荧光、X 射线、磁粉探伤方法，对修复部位熔覆层进行检查，符合 HB 5133—79 一级焊缝标准，未发现超标缺陷。采用局部加热退火方法消除熔覆层应力。

机械加工修复区域，恢复尺寸，使尺寸精度满足图纸或装配要求。加工时，和与之连接的钛合金摇臂配合加工。加工大致流程为：总检、车工、磨工、磁粉探伤、喷涂、磨工、磁粉探伤、数控铣、钳工、超精处理和成检。加工完成后螺栓孔尺寸符合图纸尺寸要求，与摇臂装配后符合装配要求。加工后经磁粉探伤检查，加工部位未发现缺陷。

前起落架作动筒腐蚀部位是与钛合金摇臂配合的 10 个键的顶面、侧面和底面以及附近的筒体。采用激光 3D 打印熔覆修复 10 个键的顶面和侧面，然后采用超声速火焰喷涂对键的底面和附近筒体进行修复，最后机械加工恢复尺寸。

采用钢丝轮和手持电枪（金属打磨头）打磨去除键及周围区域油漆、腐蚀层，所有打磨表面用钢丝轮抛光，图 5-73 为前起落架作动筒腐蚀清理前后照片。

采用激光 3D 打印熔覆方法恢复缺陷位置的尺寸，并留有 0.3~0.8mm 的加工余量。为防止激光熔覆后筒体变形，一方面选用较小功率 300~500W，另一方面采用接触测温仪测量筒体温升，将其控制在一定温度范围内，尽可能降低热输入，控制应力和变形。熔覆厚度尽量小，但应保证每个键各个面都留有足够的加工余量。图 5-74 是前起落架作动筒修复后形貌。

激光熔覆后，测量镀铬面处筒内径，最大跳动量为 0.03mm，在公差范围内，

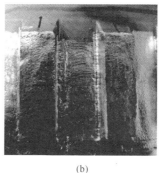

(a)　　　　　　　　　　　　(b)

图 5-73　前起落架作动筒腐蚀清理前后照片

（a）键腐蚀清理前；（b）键腐蚀清理后。

(a)　　　　　　　　　　　　(b)

图 5-74　前起落架作动筒修复后形貌

（a）键熔覆后形貌；（b）加工后的键。

变形量符合图纸要求。

对键顶面和侧面的熔覆层进行荧光检查,符合 HB 5133—79 一级焊缝检验标准要求。采用局部加热退火方法消除熔覆层应力。

机械加工恢复尺寸,使尺寸精度满足图纸或装配要求。加工时,和与之连接的钛合金转向摇臂配合加工,加工后经磁粉探伤检查,花键及焊缝处未发现缺陷。

修复后的前起落架、主起落架装机飞行一个检修周期后,孔、键等修复部位未出现腐蚀、磨损、裂纹等现象,状态良好。

3. 1Cr15Ni4Mo3N 沉淀硬化不锈钢零件激光 3D 打印修复

端轴颈是连接飞机和发动机的关键承力构件,一般采用超高强度钢或高强不锈钢制造。某飞机端轴颈材料是 1Cr15Ni4Mo3N 马氏体不锈钢,实测力学性能为 $\sigma_b = 1353\text{MPa}$、$\delta_5 = 22\%$、$a_{kv} = 795\text{kJ/m}^2$、硬度 43HRC。端轴颈在拆装、工作过程中,表面出现划痕、压坑等浅表损伤缺陷,见图 5-75。

图 5-75　端轴颈划痕

发动机的推力通过端轴颈传递给飞机,受力较大,因此熔覆层金属应有与母材接近的强度、相当的硬度和较好的塑性,同时应避免熔覆层金属和母材热影响区开裂、淬硬。另外,考虑熔覆层近表面裂纹、未熔合、气孔、夹渣等缺陷的可检性,选择填加同类型马氏体不锈钢粉末的激光 3D 打印修复方法修复损伤缺陷。

基本修复过程为:测量端轴颈原始尺寸;修复前表面机械清理;采用激光同轴送粉的熔覆方法修复端轴颈表面损伤区域,留有 0.2~0.5mm 的加工余量,控制工件温升;采用荧光和磁粉(涡流)探伤,无裂纹、未熔合等线性缺陷;消除应力退火处理;机械加工恢复尺寸。

1) 组织分析

图 5-76 是端轴颈激光 3D 打印熔覆层低倍形貌,通过工艺控制,可以获得无气孔、夹渣、未熔合和裂纹等缺陷的熔覆层。热影响区宽度约为 0.5mm,母材和合金粉末互熔混合层厚度约为 0.2mm,熔覆层与端轴颈母材为致密的冶金结合。

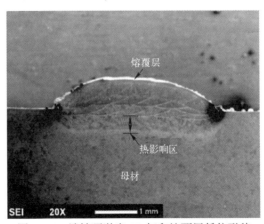

图 5-76　端轴颈激光 3D 打印熔覆层低倍形貌

图 5-77 是端轴颈激光熔覆区域熔覆状态显微组织照片,熔覆区域由热影响区、熔合区和熔覆层三部分组成,图 5-77(a)为熔覆区域低倍组织,图 5-77

(b)为热影响区局部放大,图 5-77(c)为熔合区局部放大,图 5-77(d)、(e)为熔覆层局部放大。三个区域组织存在一定差异。热影响区为奥氏体、粗大板条马氏体组织;熔合区呈现出沿着某一方向生长的柱状组织,是熔覆层柱状组织的起始端,熔合区宽度约为 100μm,为粗大的板条马氏体;熔覆层组织为奥氏体、马氏体组织。与其他区域相比,熔覆层晶粒更加细小。

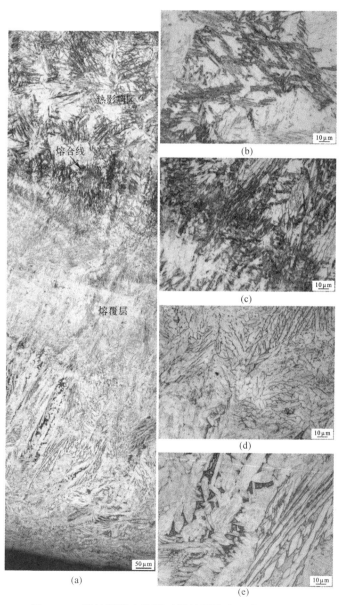

图 5-77　端轴颈激光熔覆区域熔覆状态显微组织照片

图 5-78 是激光熔覆层不同状态下的组织,与原始状态组织相比,经 370℃、500℃退火处理,熔覆层未出现明显的组织变化,均为方向不一的马氏体和残余奥氏体组成。

(a)   (b)   (c)

图 5-78　激光熔覆层不同状态下的组织

(a) 熔覆状态;(b) 370℃退火;(c) 500℃退火。

2) 力学性能

表 5-22 和表 5-23 分别是端轴颈修复前与修复后不同状态下的室温拉伸性能、冲击韧性和硬度,激光熔覆状态下熔覆层金属抗拉强度,明显高于母材,退火状态下抗拉强度、延伸率与原始母材相当;而冲击韧性两种状态下均高于原始母材,说明熔覆层金属具有比母材好的冲击韧性;熔覆层金属硬度低于原始母材,在不同状态下大约为母材的 85%~95%,这主要是由填加的粉末材料成分决定的,热影响区存在软化现象,是激光热循环对母材退火所致,不存在热影响区淬硬现象。

表 5-22　端轴颈修复前与修复后不同状态下的室温拉伸性能和冲击韧性

材料状态	母　材			熔覆层熔覆态			熔覆层 370℃热处理态		
	σ_b/MPa	δ_5/%	a_{kv}/(J/cm²)	σ_b/MPa	δ_5/%	a_{kv}/(J/cm²)	σ_b/MPa	δ_5/%	a_{kv}/(J/cm²)
平均值	1353	22.1	79.5	1490	17.3	88.1	1370	23.2	87.8

表 5-23　端轴颈激光熔覆前后不同区域维氏硬度平均值

状　　态	熔覆层/HV	熔合线/HV	热影响区/HV	母材/HV
熔覆态	402	—	353	427
200℃	405	329	346	445
300℃	394	359	348	423
370℃	397	357	385	444
400℃	409	360	374	444
500℃	399	341	382	464

3）端轴颈实物修复

采用优化的修复工艺,尺寸修复后的端轴颈如图 5-79 所示。采用荧光、涡流检查,修复区域无裂纹、气孔、未熔合等缺陷。

图 5-79　尺寸修复后的端轴颈

5.4.2　高温合金激光 3D 打印修复技术及应用

1. GH2150、GH4169 镍基高温合金零件激光 3D 打印修复

航空发动机高压压气机后级转子叶片工作温度较高,主要采用镍基、铁基高温合金锻造而成。GH2150、GH4169 合金是常用材料,例如 AL-31F 发动机高压压气机 6~9 级转子叶片采用了 GH2150 铁基高温合金制造。高压压气机转子叶片转速高,离心力大,承受振动疲劳、冷热疲劳载荷,是发动机关键部件。压气机叶片工作过程中会出现叶尖磨损、进排气边磨损减薄、叶身外物打伤等损伤缺陷,叶尖磨损和叶身局部打伤可采用焊接方法修复,进排气边磨损减薄采用焊接方法较难修复。

由于高压压气机叶片尺寸较小,叶尖位置较薄,特别在叶尖进排气边尖角处薄如刀刃,焊接成形难度较大。另外,叶尖尺寸薄,焊接容易过热,使原始锻造的细晶组织粗化而过多的损失力学性能。激光 3D 打印修复具有能量密度高、作用时间短、母材热影响区小等优点,特别适合于修复叶片叶尖这类细小部位,可以通过能量精确控制、光斑尺寸精确控制,来实现精确修复。

本节针对 AL-31F 发动机高压压气机 6~9 级 GH2150 合金转子叶片叶尖磨损、某型发动机高压压气机 4~9 级 GH4169 合金转子叶片叶尖磨损,采用激光 3D 打印修复方法分别填加本体材料粉末修复进行讨论。修复过程中重点解决的问题是:

（1）叶尖进气边、排气边尖角成形问题。由于待修复的两型转子叶片尺寸较小,叶尖进气边、排气边尖角更加精细,在激光熔覆过程中,极易产生塌陷。需要严格控制激光熔覆工艺参数才能实现良好修复,见图 5-80。

（2）后续热处理对母材性能的影响程度。热处理目的是降低或消除焊接

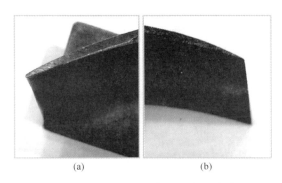

(a)　　　　　　　　(b)

图 5-80　GH2150、GH4169 合金叶片进、排气边尖角

(a) GH2150 合金叶片进气边尖角;(b) GH4169 合金叶片排气边尖角。

残余应力,减小使用过程中变形和开裂的可能性,调整熔覆层和热影响区组织,提高熔覆层力学性能。但是,对修复后叶片进行后续热处理可能会损伤叶片材料力学性能,因此需要控制再次热处理对母材性能的不利影响。

(3) 控制叶片变形。由于叶片尺寸较小,因此需要严格控制修复过程中的热输入,以及后续热处理工艺,以免叶片发生过大的变形。

1) 激光 3D 打印修复试验

GH4169 是一种镍基变形高温合金,由 γ 基体、γ′相、γ″相、δ 相、NbC 相组成;GH2150 是一种铁基变形高温合金,除奥氏体基体外,还有 γ′相、MC 相和微量 μ 相。两种合金都具有良好的焊接性能,可以采用多种焊接方法焊接。

采用真空氩气雾化制备 GH4169、GH2150 合金粉末,粉末外观形貌见图 5-81,GH4169 合金粉末粒度为 53～106μm,GH2150 合金粉末粒度为 30～50μm。

(a)　　　　　　　　(b)

图 5-81　GH4169、GH2150 合金粉末形貌

(a) GH4169 粉末;(b) GH2150 粉末。

采用激光 3D 打印熔覆技术,将上述合金粉末熔覆在同种合金的块体材料上，并进行后续热处理。图 5-82 是 GH4169 母材及熔覆层不同状态下微观组织，GH4169 母材熔覆后经过两级时效处理。无论是母材还是熔覆层，γ 基体上都分布着大量 γ′相、少量 γ″强化相，而经过热处理之后，γ 基体中的析出相有所增多。熔覆层与母材形成了良好的冶金结合，熔覆态熔覆层为典型的铸造组织特征，经过热处理后，熔覆层和母材的微观组织趋于均匀化。

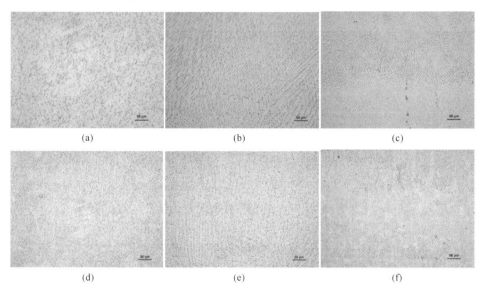

图 5-82　GH4169 母材及熔覆层不同状态下微观组织

（a）原始母材；（b）热处理态母材；（c）熔覆态熔覆层；
（d）热处理态熔覆层；（e）熔覆态界面；（f）热处理态界面。

图 5-83 是 GH2150 母材及熔覆层不同状态下微观组织，熔覆后进行了固溶+两级时效处理。经过热处理后，母材和熔覆层组织的晶粒都发生了粗化。从界面组织照片中可以看到，熔覆层与母材之间的微观组织区别明显，但两者形成了良好的冶金结合，同时，经过热处理后，熔覆层中的析出相明显增多。由于固溶+两级时效处理使叶片母材晶粒长大，导致力学性能下降，因此这种制度不适合 GH2150 合金叶片熔覆后的热处理。

两种高温合金试样母材、熔覆层以及界面处维氏硬度分布曲线见图 5-84。

图 5-84(a) 是 GH4169 试样不同区域不同状态下的硬度曲线。在熔覆态下，熔覆层的维氏硬度与母材相比较低，经过热处理后，强化相析出使熔覆层强化，硬度值升高，热处理后 GH4169 试样的显微硬度分布趋于均匀化。

图 5-84(b) 是 GH2150 试样不同区域不同状态下的硬度曲线。在熔覆态下，熔覆层硬度比母材略低，经过热处理后，熔覆层与母材的维氏硬度值均提

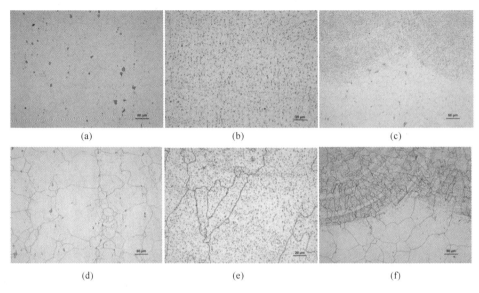

图 5-83 GH2150 母材及熔覆层不同状态下微观组织
（a）原始母材；（b）热处理态母材；（c）熔覆态熔覆层；
（d）热处理态熔覆层；（e）熔覆态界面；（f）热处理态界面。

高,且熔覆层硬度超过了母材硬度。总的来讲,整个试样中的硬度值分布较为均匀。

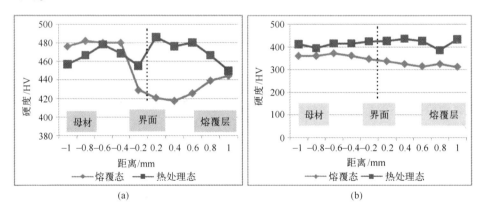

图 5-84 两种高温合金试样母材、熔覆层以及界面处维氏硬度分布曲线
（a）GH4169 试样维氏硬度分布曲线；（b）GH2150 试样维氏硬度分布曲线。

以熔覆层和母材界面为中心,制备力学性能试样,试样的一端为熔覆金属,另一端为母材金属。测试 GH4169 熔覆试样在室温、650℃下的拉伸性能见图 5-85,以及 650℃、700MPa 条件下的持久性能见图 5-86。

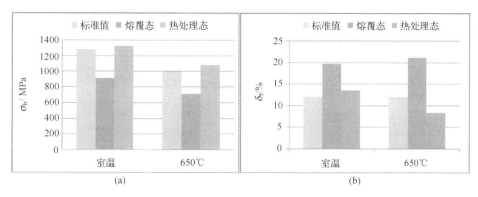

图 5-85　GH4169 熔覆试样室温、650℃下的拉伸性能

（a）GH4169 试样室温、650℃下的抗拉强度；

（b）GH4169 试样室温、650℃下的延伸率。

在室温条件下,熔覆态 GH4169 试样的抗拉强度低于该材料的标准值,延伸率高于标准值;经过热处理后,试样的抗拉强度有了明显提高,高于材料标准值,延伸率经过热处理有所下降,但仍然高于标准值。在 650℃ 条件下,熔覆态试样的抗拉强度低于标准值,延伸率高于标准值;经过热处理后,试样抗拉强度超过标准值,而延伸率下降至低于标准值。

GH4169 熔覆试样经过热处理后,在 650℃、700MPa 条件下的持续时间高于材料的标准值,而延伸率略低于标准值,如图 5-86 所示。

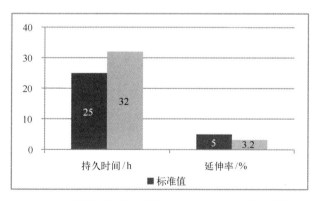

图 5-86　GH4169 熔覆试样热处理态 650℃、700MPa 条件下的持久性能

按照上述方法制备力学性能试样,测试 GH2150 熔覆试样力学性能,见图 5-87。试样在经固溶+两级时效处理之后,抗拉强度为标准值的 92%,延伸率是标准值的 25%。可见,固溶+两级时效处理导致材料晶粒长大,最终降低了抗拉强度和延伸率。由于压气机叶片叶尖磨损量一般小于 0.3mm,加工后留下

的熔覆层金属极少,工作时结合面和熔覆层金属受力极小,抗拉强度不需要很高。母材晶粒长大的原因在于固溶时加热温度过高,因此应去掉固溶过程,直接采用时效温度或稍高温度的退火处理。调整热处理后,母材抗拉强度变化很小,但熔覆层金属强度要远低于母材金属,事实上这是安全的。

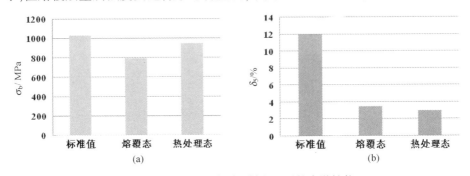

图 5-87　GH2150 熔覆试样室温下的力学性能

(a) GH2150 熔覆试样室温抗拉强度;(b) GH2150 熔覆试样室温延伸率。

2) 叶片叶尖修复

GH4169 模拟叶片尖端激光 3D 打印熔覆见图 5-88。由于模拟叶片叶尖两端厚度非常薄,极易将两端尖角直接熔掉而造成塌陷,图 5-88(a)是模拟叶片叶尖熔覆塌陷情况。因此需要严格控制激光功率,同时需要调节激光功率、扫描速度、送粉量、载粉器流量、保护气流量、光斑直径等工艺参数,获得好的成形,工艺参数见表 5-24。

表 5-24　激光 3D 打印修复 GH4169、GH2150 叶片工艺参数

叶 片	激光功率/W	扫描速度 /(mm/min)	送粉量 /(r/min)	载粉器流量 /(L/min)	保护气流量 /(L/min)	光斑直径/mm
GH4169 叶片	100~130	500~600	800~1000	5~8	20	0.8
GH2150 叶片	90~110	400~500	700~900	5~8	20	0.8

图 5-88(b)是 GH4169 实物叶片的修复情况,可以看到,实物叶片叶尖的修复效果较好。

GH2150 模拟叶片和实物件激光 3D 打印修复见图 5-89。模拟叶片激光 3D 打印修复尖端,边缘位置同样会出现塌陷,同样需要严格控制工艺,并在尖角处断续熔覆填满塌陷。图 5-89 是 GH2150 模拟叶片和实物叶片尖角激光 3D 打印修复尖角塌陷情况。优化后的工艺参数见表 5-24。

2. DZ125 定向凝固铸造高温合金零件激光 3D 打印修复

定向凝固高温合金补焊,要重点考虑:粉末材料的设计或选择;控制熔覆层

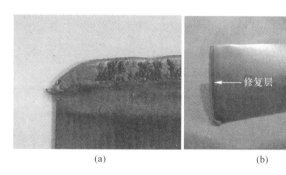

(a)　　　　　　　　　　　　　(b)

图 5-88　GH4169 模拟叶片和叶片实物激光 3D 打印修复

（a）模拟叶片叶尖熔覆；（b）实际叶片叶尖熔覆。

(a)　　　　　　　　　　　　　(b)

图 5-89　GH2150 模拟叶片和叶片实物叶尖激光 3D 打印修复尖角塌陷

和母材热影响区开裂；补焊后消除应力退火处理工艺；焊接热循环对叶片定向凝固组织的影响。

DZ125 合金具有良好的中、高温性能和热疲劳性能，适合制造 1000℃ 以下工作的发动机涡轮工作叶片和 1050℃ 以下工作的涡轮导向叶片。在 γ 固溶体中分布有 γ′ 相、碳化物、硼化物、Ni_5Hf、硫碳化合物、γ/γ′ 相，γ′ 相约占 60%。

DZ125 合金涡轮工作叶片主要存在叶尖磨损、叶尖沿晶裂纹损伤缺陷。根据叶片损伤特点和性能要求，设计和选择了 Ni-Cr-Co-Ta-Hf-Re、Ni-Cr-Co-W-Nb、Co-Cr-Mo 三种合金作为熔覆材料，其中 Ni-Cr-Co-Ta-Hf-Re 合金是根据 DZ125 成分，并期望补焊金属获得定向组织而设计的，与 DZ125 合金相比化学元素做了较大调整，减少了 Ni，增加 Re。化学成分对于熔覆层的组织结构有相当大的影响，设计适当成分的熔覆合金粉末，可有效降低熔覆层的裂纹倾向，有利于熔覆层定向生长。Re 元素是促进形成单晶和定向凝固的主要元素之一，同时也是提高合金耐温能力的重要元素。Re 元素可以细化单晶高温合金中的 γ′ 相、立方化及提高分布均匀性，使单晶高温合金的 γ′ 相体积分数增大。Re 元素是低扩散元素，可以抑制 γ′ 相的长大和粗化，不但可以明显提高高温合金的蠕变强度,还可以在一定程度上改善其疲劳性能。

采用真空感应熔炼合金、真空氩气雾化制备粉末,粉末粒度约为 45 ~ 106μm。制备的合金锭和粉末如图 5-90 所示。

 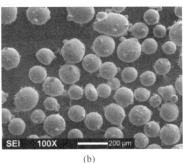

(a)   (b)

图 5-90 Ni- Cr- Co- Ta- Hf- Re 合金锭和粉末

(a) 铸锭;(b) 粉末形貌。

激光 3D 打印熔覆工艺试验,调整的工艺参数主要包括激光功率、扫描速度、送粉量、保护气流量、光斑直径等,典型工艺参数见表 5-25。

表 5-25 典型工艺参数

工艺编号	粉末粒度/μm	激光功率/W	扫描速度/(mm/min)	送粉量/(r/min)	载粉气流量/(L/min)	保护气流量/(L/min)	光斑直径/mm
工艺 1	45~106	600	500	1000	5	20	0.8
工艺 2		400	800	1500	5	20	0.8
工艺 3		500	600	1200	5	20	0.8

工艺 1 功率较大,扫描速度较小,单位时间热输入量较大,同时送粉量较小,在微观组织中出现了微裂纹,材料表现出较高的热裂纹敏感性,见图 5-91(a)。

工艺 2 功率较小,扫描速度较大,熔池凝固时间较短,同时送粉量较大,凝固过程中形核数量多且微观组织中出现大量不同取向的细小枝晶,见图 5-91(b)。

工艺 3 各参数匹配较好,熔覆层金属在激光作用下定向生长,获得了微观组织取向一致的长条柱状晶,见图 5-91(c)。

形成定向生长的柱状晶,其核心在于热输入量与送粉量的合理搭配,并不一定非得局限于工艺 3 的参数。

对 DZ125 试板采用激光 3D 打印进行逐层熔覆方式制备力学性能试样。为了防止开裂,打印过程中采取了预热措施。打印后对制备的力学性能试样分别进行消除应力退火热处理、完全热处理,力学性能见表 5-26。可见,熔覆层金

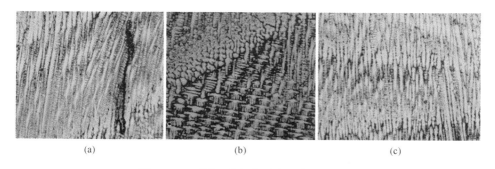

图 5-91　不同工艺规范形成的熔覆层组织

（a）工艺 1：微裂纹；（b）工艺 2：不同取向的小枝晶；（c）工艺 3：取向一致的柱状晶。

属在去应力退火状态下室温、高温拉伸强度都较低，经过完全热处理后室温拉伸强度明显提高，因此从提高熔覆层金属力学性能出发，叶片补焊后只进行消除应力退火处理是不够的，应进行完全热处理，即进入固溶和时效全过程。

表 5-26　采用 Ni-Cr-Co-Ta-Hf-Re 合金粉末打印的 DZ125 接头力学性能

试验温度/℃	σ_b/MPa	状　　态	断 裂 位 置
25	451	消除应力退火	焊缝
760	109		
980	154		
25	806	完全热处理	

经完全热处理后，DZ125 母材和熔覆层的硬度分别为 437HV 和 458HV，可见熔覆层硬度略高于母材，与原始母材相比热影响区硬度升高。

图 5-92 是室温拉伸试样垂直于断口方向的组织，可以看出激光 3D 打印多层界面之间晶粒定向生长出现了"拐弯"现象，并且断裂面表现为锯齿状，基本与定向生长的"拐弯"相对应，表明断裂面在柱状晶生长方向的"拐弯"处。定向凝固合金的薄弱环节在于晶界，由于设计、工艺等原因，特别是晶界强化元素较少时，就更容易引发晶界开裂。因此，在设计激光 3D 打印用粉末合金时，一方面要具有强的定向凝固特性，另一方面应关注晶界强化问题。

图 5-93 是采用 Ni-Cr-Co-Ta-Hf-Re 合金粉末在 DZ125 合金叶片叶尖上激光 3D 打印的低倍组织，照片取自同一个叶片叶尖的不同部位，熔覆三层。可以看出，在同一个叶片叶尖上，形成的组织状态并不一致，位置 1 未形成典型的定向结晶，位置 2 中间部位形成了典型的定向结晶，定向生长结构穿过了三层熔覆层，而边缘形成了多晶结构，位置 3 中间区域定向结晶状态良好，层与层之间界面清晰可见，边缘存在多晶。图 5-94 是 DZ125 合金叶片叶尖三维数据

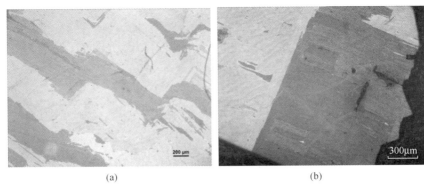

(a)   (b)

图 5-92　拉伸试样断裂区域组织特征(垂直于断口截面)

模型和激光 3D 打印后的叶尖,由于叶尖不同部位厚度不一致,在激光 3D 打印过程中,为了保持完整的形状,不同区域工艺规范并不一致,一些区域的热输入量和送粉量对形成定向凝固组织不利,不能有效形成较为完整的定向凝固组织,出现了图 5-94 的结果。

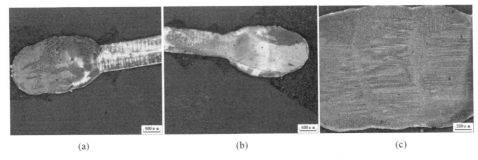

(a)   (b)   (c)

图 5-93　采用 Ni- Cr- Co- Ta- Hf- Re 合金粉末熔覆 DZ125 合金叶片叶尖低倍组织
(a) 位置 1;(b) 位置 2;(c) 位置 3。

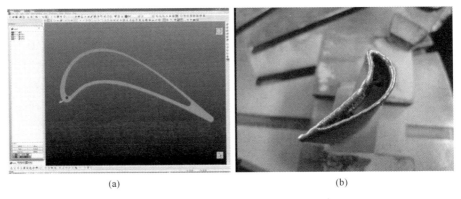

(a)   (b)

图 5-94　DZ125 合金叶片叶尖三维数据模型和激光 3D 打印后的叶尖

针对 DZ125 合金叶片还选择了另外两种成熟的 Ni-Cr-Co-W-Nb、Co-Cr-Mo 材料,分别制备成粉末。激光 3D 打印后进行消除应力退火处理。结果分别见表 5-27。

表 5-27 采用 Ni-Cr-Co-W-Nb 合金粉末和 Co-Cr-Mo 合金
粉末打印 DZ125 合金的抗拉强度

试验温度/℃	状　　态	Ni-Cr-Co-W-Nb 合金粉末	Co-Cr-Mo 合金粉末
		σ_b/MPa	σ_b/MPa
25	消除应力退火	554	586
760		287	390
980		213	223
断裂位置		焊缝	焊缝

对比表 5-26 和表 5-27 数据,采用 Ni-Cr-Co-W-Nb、Co-Cr-Mo 合金粉末,在消除应力退火处理状态下,抗拉强度要高于同种状态下的新设计的粉末,导致这种结果的重要原因是熔覆层组织状态不同和取样方向不同,对定向凝固合金试验取样方向力学性能较低。另外,从断裂面分析,也表现出新设计的合金晶界强化不足。

但是,从工艺性能方面,采用新设计合金可以获得无裂纹的熔覆层,而采用 Ni-Cr-Co-W-Nb、Co-Cr-Mo 合金粉末产生裂纹的倾向性较大,很难获得稳定的无裂纹的熔覆层。

参考文献

[1] 孙红梅,陈飞,王晓娟,等. 航空发动机高压涡轮叶片叶冠焊后裂纹分析及控制[J]. 失效分析与预防,2014(3):162-166.

[2] 陈冰清,郭绍庆,张学军,等. NiCuNbCr 焊料 Ti₃Al/GH4169 合金氩弧焊接头的组织及性能[J]. 材料工程,2014(4):13-17,25,27(6):40-44.

[3] 李能,郭绍庆,周标,等. 时效处理对 0Cr15Ni5Cu4Nb 钢焊接接头力学性能的影响[J]. 航空材料学报,2012,32(4):38-43.

[4] 马瑞,张学军,陶春虎,等. 国内首家航空关键件维修工程技术中心成立[J]. 航空维修与工程,2014(4):43-44.

[5] 李能,张学军,刘文慧,等. Аи25Тлк 型发动机高压涡轮导向器外机匣的焊接修复[J]. 航空维修与工程,2014(4):45.

[6] 张学军. 焊接技术在航空部件修复中的应用[J]. 航空维修与工程,2014(5):47-48.

[7] 张学军,李能,刘文慧,等. TB3-117 型发动机Ⅲ、Ⅳ级涡轮导向器的焊接修复[J]. 航空维修与工程,2014(5):51-52.

[8] 张学军. 恢复性能热处理在航空部件修复中的应用[J]. 航空维修与工程,2014(6):

28-33.

[9]　张学军,李能,刘文慧.TB3-117型发动机Ⅱ级涡轮导向器的焊接修复[J].航空维修与工程,2014(6):49.

[10]　曾晓利,秦仁耀,张学军,等.飞机封严盖的焊接维修[J].航空维修与工程,2015(9):123-124.

[11]　秦仁耀,张学军,于波,等.飞机端轴颈的激光3D熔覆维修[J].航空维修与工程,2015(9):125-126.

[12]　李晓红,熊华平,张学军,等.先进航空材料焊接技术[M].北京:国防工业出版社,2012.

[13]　中国机械工程学会焊接学会焊接手册编委会.焊接手册,第二卷[M].3版.北京:机械工业出版社,2007.

[14]　中国航空材料手册编辑委员会.中国航空材料手册,第一卷[M].2版.北京:中国标准出版社,2002.

[15]　中国航空材料手册编辑委员会.中国航空材料手册,第二卷[M].2版.北京:中国标准出版社,2002.

[16]　中国航空材料手册编辑委员会.中国航空材料手册,第三卷[M].2版.北京:中国标准出版社,2002.

[17]　中国航空材料手册编辑委员会.中国航空材料手册,第四卷[M].2版.北京:中国标准出版社,2002.

[18]　贺运佳,等.金属材料熔焊工艺[M].西安:西北工业大学出版社,1988.

[19]　埃里希·福克哈德.不锈钢焊接冶金[M].栗卓新,朱学军,译.北京:化学工业出版社,2004.

[20]　周振丰,张文钺.焊接冶金与金属焊接性[M].北京:机械工业出版社,1987.

[21]　李幼寰,田志明.$18Cr_2Ni_4WA$钢组织与性能关系[J].黑龙江冶金,2011,31:1-4.

[22]　姜锡山.特殊钢金相图谱[M].北京:机械工业出版社,2002.

[23]　高玉芳.M-A组织对拉伸和冲击性能的影响[J].理化检验-物理分册,2000,36:442-444.

第6章

表面损伤及高温涂层修复技术

6.1　热喷涂代铬修复技术及评价

　　磨损和腐蚀是导致机械零部件尺寸超差乃至配合失效/密封失效的主要原因之一,是影响零部件使用效果的重要因素。在飞机大修过程中,通常采用电镀铬工艺进行尺寸恢复。人们在 150 年前发明了电镀硬铬技术并逐渐转化为工业应用,作为传统的耐磨防护和尺寸恢复也已经有近百年的历史,广泛应用于机械、化工、石油、航空等领域。但由于镀铬层工艺的特点和本身的镀层性质,目前在使用中也出现了一些问题:①随着飞机性能的提高,30CrMnSiA、30CrMnSiNi2A、300M 等高强度钢应用数量越来越多,而这些高强钢均为氢脆敏感材料,镀铬会为零部件引入氢脆风险,所以镀铬厚度及次数具有严格的控制要求;②电镀铬层是一个阴极性镀层,且具有遍布的微裂纹,所以电镀铬的耐蚀性能较差,容易因腐蚀导致涂层剥落失效;③电镀铬具有拉应力的性质,对材料疲劳寿命产生较大的影响,数据显示,镀铬工艺会使疲劳极限下降 1/3;④电镀铬过程会对环境产生很大的污染。所以替代镀铬工艺的先进技术一直是国内外研究的热点。

　　热喷涂是利用热源将金属或非金属材料加热到熔化或半熔化状态,用高速气流将其吹成微小颗粒,喷射到经处理的工件表面,形成牢固的覆盖层,从而使工件表面获得不同硬度、耐磨、耐腐、耐热等特殊物理化学性能。因此,热喷涂技术成为零部件修复的重要手段之一。

　　热喷涂技术工艺方法众多,各有特点。根据所使用热源的不同,主要分为燃烧法和电加热法两大类,根据使用的涂层材料形状、喷涂操作的气氛环境等特点,可进一步细分为具体的工艺方法。目前应用于热喷涂的热源类型有气体燃烧、气体放电、电热、激光和聚焦光等。气体燃烧火焰喷涂方法主要包括普通火焰喷涂、爆炸喷涂和超声速火焰喷涂;气体放电方式的喷涂技术主要包括电弧喷涂、等离子喷涂;电热喷涂技术主要包括线材电热喷涂和高频喷涂;另外还有激光喷涂。按照涂层加热和结合方式,热喷涂有喷涂和喷熔两种。前者是基体不熔化,涂层与基体形成机械结合;后者是经再加热重熔,涂层与基体互熔并扩散形成冶金结合。

其中爆炸喷涂(D-Gun)、超声速火焰喷涂(HVOF)过程中,喷涂粒子具有最大的动能,对金属材料、碳化物材料及中间合金等喷涂材料,涂层具有低的孔隙率和好的结合强度。与常规热喷涂相比,其制备的涂层内部应力一般为压应力状态,所以可以喷涂更厚的涂层,因此是可以代替电镀硬铬对零部件进行表面修复的工艺方法。

6.1.1 超声速火焰喷涂修复

超声速火焰喷涂具有工艺环保、无氢脆、对基体疲劳性能影响较小的特点,可在钢和钛零件表面制备致密度高、结合强度高的金属和金属陶瓷涂层,可代替电镀铬用于服役条件不同的零部件表面修复,如不锈钢涂层可用于绝大部分常温下零部件磨损、腐蚀和加工造成超差修复,以恢复零部件的尺寸和密封功能,并同时提高其耐腐蚀能力;碳化物类金属陶瓷涂层则可用于高强度磨损部件的表面修复,以恢复零部件的尺寸、增强其耐磨损性能。

1. 超声速火焰喷涂技术概述

超声速火焰喷涂是通过燃烧气体获得高速气流、使喷涂粉末颗粒速率到达超声速而获得涂层,其工艺原理如图6-1所示。它具有焰流温度低(2800℃左右)、焰流速率高(最高可达2400m/s)的特点,由此制备的涂层具有致密度高、氧化物含量低,涂层与基体结合强度高等特点,可制备耐磨、耐蚀、导热、绝缘、导电和密封等涂层,在机械制造、航空航天、水利电力、矿山冶金、石油化工和造纸皮革等领域有广阔的应用前景。

图6-1　超声速火焰喷涂原理

早在20世纪90年代,美国海军航空部门联合Boeing、Goodrich、GE Aircraft Engines、Roll Royce、JG-PP等共三十多家公司开始进行超声速火焰喷涂代替镀铬的研究,并选用P-3飞机起落架和液压部件、EA6飞机起落架部件等作为考核件。其中俄亥俄州辛辛那提的METCUT研究中心进行了超声速火焰喷涂

WC-17%Co 涂层和电镀硬铬涂层的室温高周和低周轴向疲劳试验,试样材料选用 4340 钢。试验结果表明:高周疲劳和低周疲劳试验结果非常一致,镀铬件疲劳强度显著降低,超声速火焰喷涂试样降低很少。此外 Greene Tweed 密封制造厂还进行了涂层的密封磨损试验,采用超声速火焰喷涂分别喷涂 WC-12Co 和 WC-17Co 涂层,并与铬镀层等一起进行可变程油缸试验,对比考察密封寿命,结果表明镀铬件磨损严重,WC-12Co 和 WC-17Co 涂层柱塞磨损极小。电镀硬铬与超声速火焰喷涂碳化钨涂层的性能对比见表 6-1。

表 6-1　电镀硬铬与超声速火焰喷涂碳化钨涂层的特性对比

性　　能	电 镀 硬 铬	超声速火焰喷涂碳化钨涂层
显微硬度/HV	750~1000	1000~1400
结合强度	>100MPa	>70MPa,直到>100MPa
孔隙率	<2%	<1%
抗磨粒磨损	中等	磨损量比铬镀层少 80%~90%
抗腐蚀	中等,不能通过 750h 中性盐雾试验	WC-CoCr 可通过 750h 中性盐雾试验
疲劳性能	严重降低	影响很小
涂层厚度	不均匀,有限制	均匀,可以很厚
环保性	污染环境	粉末可回收处理
现场修复能力	差	强
成本	高,需除氢、沉积速率慢	低,不需除氢、沉积快

2. 工艺及评价

超声速火焰喷涂修复的工艺程序一般为:零件喷涂前验收→除油清洗→消除缺陷→喷砂→喷涂前准备→零件安装→超声速火焰喷涂→去除喷涂保护物→修复涂层机械加工→消除应力→检验。

在热喷涂修复过程中,零部件的边界、倒角等边缘区域的涂层控制是必须考虑的方面之一,不合适的涂层边界容易造成涂层的剥落、开裂等缺陷,会对零部件服役造成严重的影响。对于热喷涂来说,应避免直角边缘喷涂涂层,应设计合适的圆滑过渡以使涂层具备优良的性能。涂层边界的控制原则一般如图 6-2 所示。

超声速火焰喷涂修复后的性能评价主要包括零件的检验和性能试样的检验。零件的检验项目包括涂层外观、涂层厚度及尺寸,一般采用目视检查和通用量具进行测量;性能试样的检验项目包括弯曲结合力、显微组织、显微硬度、残余应力和结合强度,具体检验方法如下:

(1) 弯曲结合力。一般选用尺寸为 (75~100) mm×25mm×(1~1.5) mm 的

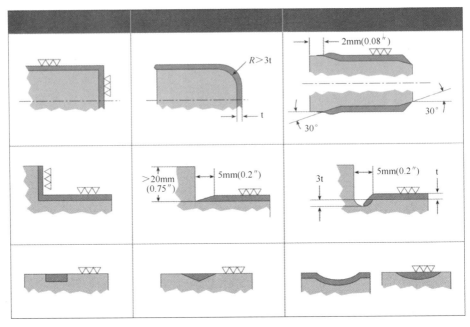

图 6-2　涂层边界的控制原则

试样。在试样一侧喷涂厚度为 75~125μm 的底层,测试时有涂层的表面向外,将试样绕着直径为 12~13mm 的棒,以一定的速率弯曲至 180°并保持,目视观察涂层表面状态。

(2) 显微硬度。一般选用尺寸为 (75~100) mm×25mm×(1~1.5) mm 的试样。在试样一侧喷涂厚度不小于 200μm 的底层,然后制备涂层截面的金相试样,按照 ASTM E384 进行显微硬度测试,加载载荷 0.3kg,加载时间不低于 15s,选取 10 个典型的区域进行测量,去除最大值和最小值后取平均值;其质量要求与修复涂层材料种类相关。

(3) 显微组织。一般选用与零件材料相同或类似的试样,试样规格为 (75~100) mm×25mm×(1~1.5) mm,在试样一侧喷涂厚度不小于 200μm 的涂层。将距离端头至少 25mm 处的截面制备金相试样进行观察,切割试样时应沿垂直于涂层的方向、从涂层向基体切割,以使涂层产生的损伤最小。推荐采用自动化金相制备设备进行磨抛制样,并在一定倍数下进行显微组织的观察和检验。

(4) 残余应力。一般采用 2 个标准 N 型阿尔门(Almen)试样,对阿尔门试样的待喷涂涂层表面和不喷涂涂层表面进行吹砂清理,吹砂清理后的弧高值应小于 50μm。将试样的凸起面向上,固定后在其一侧喷涂厚度为 100~150μm 的底层。待试样温度降至室温后,测量弧高值,喷涂涂层后的弧高值减去喷涂前的弧高值即代表喷涂涂层的残余应力。

（5）结合强度。一般采用直径尺寸为 $\phi(25\sim25.5)$ mm×33mm 的试样,数量为 3 件,在试样一端喷涂厚度为 $200\sim300\mu m$ 的涂层,将已喷涂的试样与不喷涂的试样粘接,不喷涂的试样材料种类不限。粘接时推荐使用 FM-1000 胶,并在 180℃±5℃固化至少 1h 或按各制造商推荐的参数固化,多余的胶黏剂应在固化后采用氧化铝砂纸打磨去除。胶接的试样按 ASTM C633 进行拉伸试验,试验夹具的中心线应与试棒的中心线重合,拉伸速率为 1.27mm/min,拉断后计算拉伸结合强度。

3. 超声速火焰喷涂代铬修复的应用

目前超声速火焰喷涂技术在航空领域的制造、维修方面已应用非常成功,如多个型号的军用、民用飞机起落架均采用超声速火焰喷涂涂层替代镀硬铬,在维修过程中也大量采用该技术修复原有镀铬零部件,修复厚度最高可达 0.38mm。

梅西埃公司(Messier-Dowty)采用超声速火焰喷涂 WC-CoCr 涂层工艺实现了对 F-18 飞机的主起落架轴进行尺寸修复并通过了飞行验证(图 6-3);加拿大 Vac Aero 公司采用超声速火焰喷涂 WC-Co 涂层工艺实现了对庞巴迪飞机滑轨的表面修复(图 6-4);美国 Southwest Aeroservice 公司也采用该技术对多个飞机的滑轨进行了修复,包括波音 707、727、737、767、MD-80、MD-11、DC-9、DC-10 和洛克希德 L-1011 等。

图 6-3　超声速火焰喷涂修复的 F-18 主起落架轴

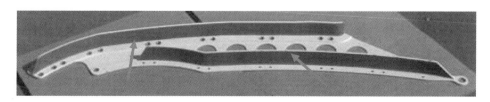

图 6-4　超声速火焰喷涂修复的滑轨

1999 年,波音公司在其飞机起落架维修手册中允许了采用超声速火焰喷涂、爆炸喷涂和超级爆炸喷涂工艺代替镀铬对零部件进行表面修复,这使得超声速火焰喷涂代铬修复在民航领域获得了更快的发展,应用在飞机起落架活塞杆、轴承和套筒等零部件的维修(图6-5)。

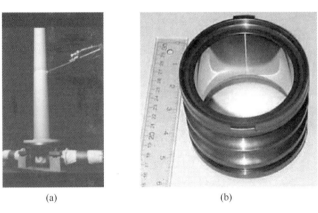

(a)   (b)

图6-5　超声速火焰喷涂修复的零部件

(a) 737前起内筒;(b) 737前起轴承减震支柱。

经过多年的发展,国内的超声速火焰喷涂技术日趋成熟,在航空关键部件维修中也已经开展了大量的研究。唐斌等针对某型飞机燃油接收探管外筒导轨铬层损伤剥落这一多发性故障,采用超声速火焰喷涂 WC-Co 替代镀铬修复,解决了飞机主要构件批量性严重损伤、备件难以采购的瓶颈问题。北京航空材料研究院联合修理厂针对多个零部件进行了超声速火焰喷涂代铬修复验证研究。

某型机在大修过程中,大量高强钢零件由于磨损和腐蚀导致尺寸超差乃至配合失效/密封失效,故障率较高的典型零件见图6-6和图6-7。其原用的修复方法为:排除基体缺陷、镀铬、除氢、磨削。为了克服铬层易漏气、易腐蚀的缺点,通常采用封孔、金刚石滚压等工艺消除铬层本身的微裂纹,工艺难度大,同时镀铬工艺针对高强钢具有引入氢脆和电镀次数不大于 5 次要求等缺点,所以为了提高修复成功率、获得更好的服役性能,确定采用超声速火焰喷涂技术对其进行修复。

图6-6　主起活塞杆

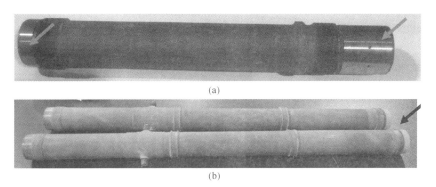

(a)

(b)

图 6-7　作动筒外筒

　　超声速火焰喷涂可在钢表面制备致密度高、结合强度高的金属和金属陶瓷涂层,如不锈钢涂层、WC-Co/Cr 涂层等,可用于服役条件不同的零部件的表面尺寸恢复,如表 6-2 所列。上述故障率较高的典型零件中,主起活塞杆则需要密封、耐磨、耐蚀,故可选用 WC-10Co4Cr 涂层;作动筒外筒的修复需求主要为密封、耐蚀,故可选用 316L 不锈钢涂层。

表 6-2　常用的 HVOF 代铬修复涂层及适用条件

涂层种类	显微硬度/HV	孔隙率/%	使用温度/℃	适　用　条　件
WC-CoCr	>950HV	<1	<450	有耐蚀需求的高性能耐磨防护及代铬修复,可用于钢零件
WC-Co	>950HV			高性能耐磨防护及代铬修复,可用于钢、钛合金零件
Fe18Cr 钢	>700HV	<1	<540	耐磨防护及尺寸修复,常用于钢零件,是比 WC 成本低的代铬产品
316L 不锈钢	>300HV			耐蚀防护及尺寸修复,常用于钢零件
410 不锈钢	>500HV			耐蚀防护及尺寸修复,常用于钢零件

1）主起活塞杆表面超音速火焰喷涂碳化钨修复

　　需修复的主起活塞杆原表面处理工艺为电镀硬铬,大修故检时存在表面划伤、腐蚀、磨损和铬层漏气等故障。退除原有铬层和腐蚀缺陷后,外圆尺寸最小处为 $\phi179.62$mm(最终修复后尺寸 $\phi180$mm),修复涂层厚度约 0.20mm,修复后表面粗糙度要求不大于 $Ra0.1$,且耐磨性能应不低于镀硬铬;活塞杆材料为 30CrMnSiNi2A,基体材料耐蚀性不好,且服役时裸露在空气中,所以修复时应考虑到涂层材料的耐腐蚀性能;修复后的活塞杆须满足气密性要求,即配装成减震器后充入 14.7MPa 的氮气压力,放入液压油槽中保持 6h 不漏气,随后压力减至 2.45MPa,再次放入液压槽中保持 3h 不漏气,所以要求修复涂层应无裂纹;此外,为了保证零件的使用,修复工艺还不应对材料基体的力学性能造成明显的损伤。

碳化钨是一种最常用的耐磨材料,它具有较高的硬度和优异的耐磨粒磨损性能,其硬度仅次于金刚石。通过添加粘结相 Co,制成 Co 包 WC 粉末,可有效降低喷涂过程中碳化钨的氧化和分解,同时提高涂层韧性和结合强度;添加一定量 Cr 可改善涂层耐蚀性能,进一步扩大了碳化钨涂层在耐磨耐蚀领域的应用。利用超声速火焰喷涂工艺制备的碳化钨涂层,结合强度可达 70MPa,涂层孔隙率小于 1%,涂层硬度大于 950HV,摩擦磨损和耐蚀性能优于电镀硬铬。常用的碳化钨涂层材料有 WC-12Co、WC-17Co、WC-25Co、WC-10Co4Cr。其中 WC-10Co4Cr 具有较好的耐蚀性能,主要应用于高强钢的表面代铬修复,也是波音等公司在飞机起落架活塞杆表面常用的涂层材料。喷涂粉末 WC-10Co4Cr 微观形貌见图 6-8,WC-10Co4Cr 粉末化学成分及粒度分布见表 6-3。

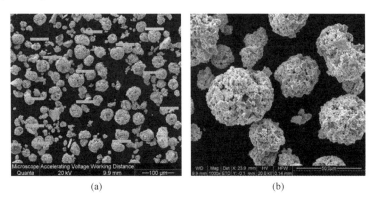

(a)   (b)

图 6-8　喷涂粉末 WC-10Co4Cr 微观形貌

表 6-3　WC-10Co4Cr 粉末化学成分及粒度分布

粉末种类	化学成分/%(质量分数)						粒度分布	
	W	Co	Cr	C	Fe	杂质	+270	+325
WC-10Co4Cr	余量	8~12	3~5	3~5.5	<1.5	<2.0	<2%	<25%

图 6-9 为采用电子扫描显微镜(SEM)观察的超声速火焰喷涂 WC-10Co4Cr 涂层典型显微组织形貌,可以看出涂层组织致密(采用灰度法测算涂层孔隙率小于 1%),与基体结合良好,涂层中 WC 颗粒弥散分布。

采用显微硬度计测试涂层显微硬度,在试验载荷为 300g,加载时间为 15s

 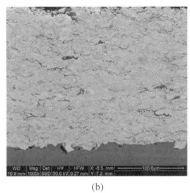

(a)　　　　　　　　　　　　　(b)

图 6-9　超声速火焰喷涂 WC-10Co4Cr 涂层典型显微组织形貌

的测试条件下,超声速火焰喷涂 WC-10Co4Cr 涂层的显微硬度在 950HV 以上,高于硬铬镀层 25%以上;超声速火焰喷涂 WC-10Co4Cr 涂层的结合强度测试参照 ASTM C633 中规定的拉伸法进行,测试结果显示涂层的结合强度均大于 70MPa,且断裂方式均为胶断(图 6-10)。

图 6-10　超声速火焰喷涂 WC-10Co4Cr 涂层结合强度测试胶断形貌

　　零件在服役过程中在应力作用下会产生一定的塑性变形,超声速火焰喷涂 WC-10Co4Cr 涂层为硬质涂层,在工艺控制不当时塑性极差,微小的塑性变形即会出现脱落。为了提高涂层的使用性能,在工艺开发时应对涂层进行弯曲性能的评价。即在一个薄片试样上喷涂 $50 \sim 75\mu m$ 的涂层,对试样未喷涂面绕 12.7mm 圆柱形棒进行 180°的匀速弯曲(涂层面朝上),对 180°弯曲后涂层外观进行评价。图 6-11 为工艺优化后涂层弯曲测试后的形貌,可见涂层并未发生剥落,说明其具有良好的抗变形能力。

　　涂层的耐蚀性能评价参照 ASTM B117 进行,在试样上喷涂厚度大于 0.15mm 的涂层后磨削至 0.08~0.12mm,在 5%NaCl 条件下进行中性盐雾测试,96h 后涂层试样表面未出现腐蚀(图 6-12),而电镀硬铬在 55h 后即出现明显的锈蚀痕迹(图6-13)。

(a)   (b)

图6-11　工艺优化后涂层弯曲测试后的形貌

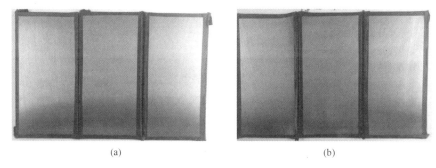

(a)   (b)

图6-12　超声速火焰喷涂 WC-10Co4Cr 涂层中性盐雾测试96h 形貌

图6-13　电镀硬铬中性盐雾测试55h 形貌

　　超声速火焰喷涂 WC-10Co4Cr 涂层替代电镀硬铬的主要功能之一是耐磨防护,所以其耐磨性能是重要的评价指标。采用 Taber 试验机分别对电镀硬铬和超声速火焰喷涂 WC-10Co4Cr 涂层进行了磨损测试,结果见表6-4,从平均磨损量考虑,超声速火焰喷涂碳化钨涂层的磨损量仅为电镀硬铬的1/4。

表 6-4　Taber 试验测试结果

涂层类型	预处理后试样 重量 M_0/g	1 万转后试样 重量 M_1/g	磨损量 ΔM /mg	平均磨损量 /mg
超声速火焰喷涂 碳化钨涂层	264.7537	264.7488	4.9	5.17
	267.3454	267.3395	5.9	
	267.2963	267.2916	4.7	
硬铬镀层	262.8948	262.8638	31.0	22.2
	261.5991	261.5773	21.8	
	265.9244	265.9106	13.8	

采用球-盘式摩擦磨损试验对两者的干摩擦性能进行测试时也获得了相类似的结果,干摩擦试验在 MMW-2 万能摩擦磨损试验机上进行,试验中使用的摩擦副为 SiN 球,规格为 $\phi5mm$,试验参数如下:法向载荷为 20N、50N,磨球运行速率为 100rad/min,运行时间 30min,15min 时测一次失重,30min 时测一次失重。

图 6-14 是超声速火焰喷涂涂层和电镀硬铬在 20N 和 50N 载荷下,摩擦过程中干滑动摩擦系数随时间的变化曲线,WC-10CoCr 涂层 20N 载荷下摩擦系数先在 0.1~0.2 间波动,试验时间到 800s 时,摩擦系数迅速升高,到 1200s 后稳定在 0.5~0.7 之间;50N 载荷下,WC-10Co4Cr 涂层的摩擦系数初始也在 0.15 左右,但在 100s 后迅速升高,之后稳定在 0.5~0.8 之间。电镀铬层的摩擦系数无明显的突变,在 0.7~1.0 之间波动,20N 载荷下随着时间的增加,摩擦系数有降低的趋势,但波动仍然较大。

图 6-15 为两涂镀层干摩擦性能测试的磨损失重曲线。30min 试验后,磨球与涂层的相对摩擦距离 420m,可以明显看出超声速火焰喷涂碳化钨涂层与电镀硬铬镀层的磨损量差别。20N 载荷下,电镀铬磨损失重 23.08mg,WC-10Co4Cr 涂层增重 0.4mg;50N 载荷下,电镀铬磨损失重 38.29 mg,WC-10Co4Cr 涂层失重 1.31mg。可见,超声速火焰喷涂 WC-10Co4Cr 涂层在 20N 和 50N 载荷下,磨损量是硬铬镀层的 4% 甚至更低。所以 WC 涂层的耐磨性能大大优于硬铬镀层。

为了考核有磨粒作用下的涂层耐磨性能,参照 ASTM G65-04 对超声速火焰喷涂 WC-10Co4Cr 涂层进行了磨粒磨损性能评价,涂层厚度分别为 0.10~0.15mm 和 0.20~0.25mm,试验前对表面进行预打磨使表面粗糙度小于 $Ra2.0$,磨料为 60 目石英砂,流速 300~400g/min,加载砝码 130N,橡胶轮转速 200r/min。从表 6-5 的测试结果可以看出,超声速火焰喷涂 WC-10Co4Cr 涂层在该条件下的磨损量小于 5g/min,且当涂层厚度增加时,涂层耐磨损性能有所升高,但差距

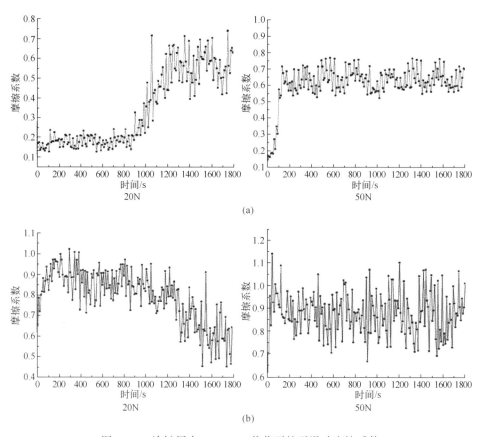

图 6-14 涂镀层在 20N、50N 载荷下的干滑动摩擦系数

（a）WC-10Co4Cr 涂层；（b）电镀硬铬涂层。

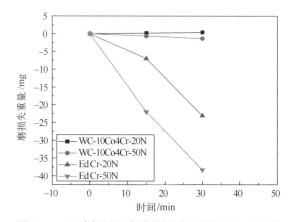

图 6-15 两涂镀层干摩擦性能测试的磨损失重曲线

不大,这是由于测试时磨损均在涂层表面发生,并未延伸至基体所致,如图 6-16 所示。

表 6-5 涂层磨粒磨损测试结果

涂层厚度/mm	原始质量/g	10min 后质量/g	20min 后质量/g	总失重量/mg	失重量/(mg/min)
0.20~0.25	58.899	58.855	58.828	71	3.5
	59.090	59.043	59.020	70	3.5
	59.065	59.023	59.004	61	3.1
0.10~0.15	61.148	61.094	61.061	87	4.4
	61.269	61.220	61.190	79	4.0
	63.375	63.326	63.292	83	4.1

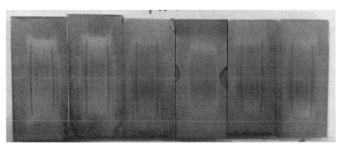

图 6-16 磨粒磨损试验后的表面形貌

超声速火焰喷涂工艺是将粉末粒子加热加速沉积在基体表面形成涂层的过程,所以实施过程中零件基体的温度上升,当零件基体温度上升至其热处理温度时,零件的强度就会受到影响,导致服役性能的下降、降低使用可靠性。所以开发的喷涂工艺绝对不能对基体的强度造成不利影响,一般针对高强钢基材喷涂时基体的温度应不超过 177℃,同时需要对喷涂前后的材料抗拉强度进行测试和评估。30CrMnSiNi2A 钢和 300M 钢是航空结构件常用的高强度钢,按照 HB5143 对两种材料喷涂前后的抗拉强度进行了测试,结果见表 6-6。从结果可以看出,在进行严格控温的条件下,该工艺对 30CrMnSiNi2A 钢和 300M 钢的强度无影响。

表 6-6 超声速火焰喷涂 WC-10Co4Cr 前后基体抗拉强度(MPa)

材料牌号	状　态	测试结果	材料牌号	状　态	测试结果
30CrMnSiNi2A	空白	1745~1760	300M	空白	1967~1969
	超声速火焰喷涂 WC-10Co4Cr	1761~1776		超声速火焰喷涂 WC-10Co4Cr	1958~1977

针对主起活塞杆,在退除铬层和腐蚀缺陷后,采用超声速火焰喷涂 WC-10Co4Cr 的工艺对其进行了代铬修复。为了避免对零件强度造成影响,在整个喷涂过程中,对基体温度进行了监视并控制在 150℃ 以下。喷涂修复后的主起活塞杆通过磨削,达到了最终的尺寸要求,表面呈镜面状态,粗糙度达到 $Ra0.1\mu m$ 以下,加工后的产品采用 PT 检测无裂纹显示。经测试,修复后零件装配后密封性能合格,服役起落 800 次后表面状态完好;如图 6-17 和图 6-18 所示。

图 6-17　涂层加工后外观

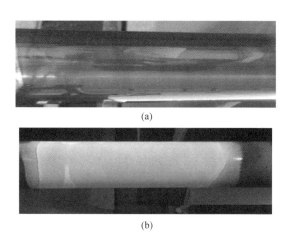

(a)

(b)

图 6-18　PT 检查结果

（a）涂抹渗透剂；（b）喷涂显像剂。

2) 作动筒外筒表面超声速火焰喷涂 316L 修复

需修复的作动筒外筒(基体材料为高强度结构钢)初始无表面处理,两端装配面由于严重腐蚀导致超差,腐蚀最深处达到了 0.2mm,造成气密性不合格。该作动筒主要作用是在液压作用下实现主起舱门和阻流板等部件的运动,其修复要求为恢复尺寸和保证密封性要求,且减小再次服役时的腐蚀损伤。

316L 不锈钢涂层材料的成本低于 WC-Co(Cr)的 1/5,喷涂效率约为 WC 粉末的 2 倍,且后续磨削加工难度小,同时 316L 不锈钢涂层具有比高强度结构钢更优良的耐蚀性能,所以是作动筒外筒尺寸修复的最佳选择。用于超音速火焰喷涂的 316L 不锈钢粉末微观形貌见图 6-19,化学成分和粉末粒度要求见表 6-7。

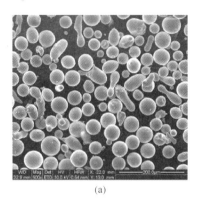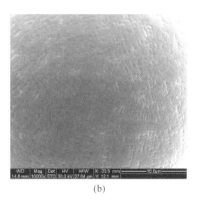

(a)　　　　　　　　　　　　(b)

图 6-19　316L 不锈钢喷涂粉末微观形貌

表 6-7　316L 不锈钢喷涂粉末化学成分及粒度要求

粉末种类	化学成分/%(质量分数)						粒度分布	
	Fe	Ni	Cr	C	Mo	Si	+270	+325
316L 不锈钢	余量	10~14	15~19	0~0.1	1.5~3.5	<1.0	<5%	<25%

图 6-20 为超声速火焰喷涂 316L 不锈钢典型的涂层组织,可以看出超声速火焰喷涂 316L 不锈钢涂层的组织致密,金相分析涂层孔隙率为 0.5%~0.9%。由图 6-20(a)可见,外层涂层孔隙率略高于内层涂层,这是由于涂层厚度的增加是通过多遍喷涂获得的,后续的喷涂过程可对前面喷涂获得的涂层起到夯实的作用,增加了涂层的致密度。分别对距界面不同距离的涂层显微硬度进行了测试,结果如图 6-21 所示,可见界面附近的涂层显微硬度由于夯实作用略高于涂层内部,而表面涂层显微硬度由于高孔隙率略有降低,涂层芯部显微硬度约为 420~460HV。图 6-20(b)为涂层组织放大形貌,由图可见,大部分 316L 不锈钢粉末颗粒在喷涂过程中发生了充分的变形,涂层主要由扁平颗粒、孔隙等组成,涂层较均匀,无明显的层状结构,但部分尺寸较大的粉末(直径>60μm)变形量较小,导致颗粒周围出现明显的界面和孔隙,成为涂层的薄弱部位。

表 6-8 为钢表面超声速火焰喷涂 316L 不锈钢涂层的结合强度测试结果。当 316L 不锈钢涂层厚度为 200~230μm 时,涂层的结合强度在 85MPa 以上,断裂方

(a)　　　　　　　　　(b)

图 6-20　超声速火焰喷涂 316L 不锈钢涂层显微形貌

（a）100×；（b）500×。

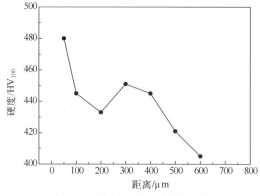

图 6-21　涂层不同区域显微硬度

式均为胶断；但当涂层厚度增加到 600~700μm 时，涂层的结合强度只有 30MPa 左右，测试时涂层失效部位是涂层/基体界面。出现这种现象主要由 316L 不锈钢涂层的内应力造成，当涂层厚度增加时，涂层内应力增加导致结合强度的降低，如果内应力大于涂层/界面结合强度时，将会出现涂层直接剥落的情况，图 6-22 为钢表面制备 1.5mm 厚的 316L 不锈钢涂层时，涂层边缘出现剥离，所以在采用该工艺进行表面防护和尺寸修复时需考虑其极限使用厚度。为了进一步提高涂层的结合强度，郭孟秋等采用了加入 WC-10Co4Cr 过渡层的方式，明显改善了涂层的结合性能，使该工艺的修复极限厚度可达到 0.5mm 以上。

表 6-8　316L 不锈钢涂层结合强度

涂层厚度 /μm	平均结合强度 /MPa	断 裂 位 置
200~230	85	胶断
600~700	27	涂层/基体、涂层内部界面断

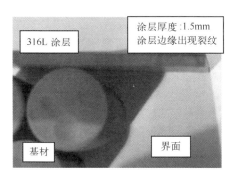

图 6-22　钢表面 316L 厚涂层开裂现象

图 6-23 为 300M、30CrMnSiNi2A 和超声速火焰喷涂 316L 不锈钢涂层的动电极扫描极化曲线,采用塔菲尔外推法确定各材料的自腐蚀电位 E_c 和腐蚀电流密度 I_c,结果见表 6-9。可见超声速火焰喷涂 316L 不锈钢涂层的自腐蚀电位高于高强钢 30CrMnSiNi2A 和 300M,表明 316L 不锈钢涂层的耐蚀性优于两种高强钢,这主要是因为 316L 中含有 17% 左右的 Cr 元素,可在涂层表面形成一层钝化膜,阻止腐蚀的进行。

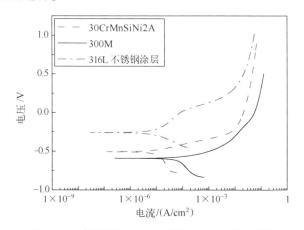

图 6-23　高强钢及 316L 不锈钢涂层的极化曲线

表 6-9　采用外推法测算的腐蚀参数

	316L 不锈钢涂层	30CrMnSiNi2A 钢	300M 钢
E_c/V	−0.258	−0.505	−0.592
$I_c/(\mu A \cdot cm^{-2})$	0.716	2.097	8.346

图 6-24 为 30CrMnSiNi2A 表面超声速火焰喷涂 316L 不锈钢涂层进行 5% 中性盐雾测试 48h 后的外观,可见涂层表面未出现明显的腐蚀,而高强钢

30CrMnSiNi2A 和 300M 在 5%中性盐雾测试时通常 12h 以内即出现严重的表面腐蚀,证明了超声速火焰喷涂 316L 不锈钢涂层可有效提高高强钢零件的耐蚀性能。

(a)　　　　　　　　　　　　　　(b)

图 6-24　30CrMnSiNi2A 钢表面超声速火焰喷涂 316L 不锈钢
涂层进行 5%中性盐雾测试后表面外观(48h)

3) 作动筒外筒的喷涂修复

针对作动筒外筒,考虑涂层结合性能,在保证零件强度的条件下,确定去除基体腐蚀缺陷的深度不超过 0.5mm,后采用超声速火焰喷涂 316L 不锈钢涂层的工艺对其进行了代铬修复。在整个喷涂过程中,对基体温度进行了监视并控制在 150℃以下。喷涂修复后的作动同外筒通过磨削达到最终尺寸,加工后的产品采用磁粉检测无裂纹显示。经测试,修复后零件装配后密封性能合格,服役状态良好,如图 6-25 所示。

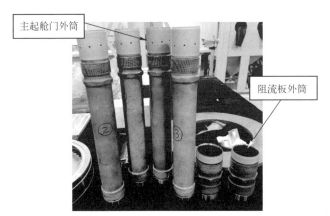

图 6-25　修复后零件实物图

6.1.2　爆炸喷涂修复

爆炸喷涂是热喷涂技术中最具特色的工艺技术,爆炸喷涂涂层与基体的结合强度是目前热喷涂工艺中最高的,其喷涂的材料非常广泛,从低熔点的铝合金到高熔点的陶瓷材料如氧化锆等。由于爆炸喷涂间歇式的工作特性,该工艺对基体材料的热影响非常小,对小尺寸零部件或对温度敏感的钛合金部件进行代铬修复尤其适用。

1. 爆炸喷涂技术概述

爆炸喷涂技术是利用气体爆炸产生的能量,将喷涂粉末加热到一定温度和速率,喷射到基体表面形成涂层(原理如图 6-26 所示)。具体来说,是通过阀门将一定比例和流量的氧气和乙炔引入一端封闭水冷枪管中,通过火花塞点火瞬间引爆,爆炸轰击波与经载气送入枪管的喷涂粉末混合,爆炸波和高温火焰将待涂覆的粉末颗粒加速加热,轰击到基体表面形成涂层,爆炸中心的温度高达3400℃以上,爆炸轰击波的速率可以达到 1500m/s 以上,此后氮气经阀门进入枪膛,置换并清理枪膛内残余气体,直到下一个爆炸过程重新开始。通入气体和粉末的爆炸过程,每秒可重复 2~10 次。

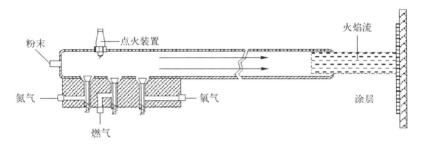

图 6-26　爆炸喷枪工作原理示意图

2. 工艺及评价

爆炸喷涂修复的工艺程序与超声速火焰喷涂类似,一般为:零件喷涂前验收→除油清洗→消除缺陷→喷砂→喷涂前准备→零件安装→爆炸喷涂→去除喷涂保护物→修复涂层机械加工→消除应力→检验。

其评价内容及评价方法与超声速火焰喷涂基本一致,但由于爆炸喷涂涂层在已知热喷涂工艺中可获得最高的结合强度,因此针对爆炸喷涂涂层,还可采用 HB 7751—2004《爆炸喷涂涂层结合强度试验方法》进行结合强度的测试。

3. 爆炸喷涂代铬修复的应用

20 世纪 50 年代初,美国联合碳化物公司发明了爆炸喷涂技术并申请专利后,大量应用在航空发动机和飞机关键零部件的表面防护和维护维修上,但该公司因出口限制只对外提供服务,不出售技术和设备,所以相关的公开资料较少。

目前国内的爆炸喷涂技术主要来源于苏联,工程应用研究也已经有了长足的进步,爆炸喷涂工艺获得的不同种类涂层典型性能如表 6-10 所列。北京航空材料研究院联合国营芜湖机械厂采用爆炸喷涂工艺针对钢和钛合金零件进行了代铬修复的工程应用,获得了良好的效果。

表 6-10　典型爆炸喷涂涂层性能

涂 层 种 类	结合强度/MPa	孔隙率/%	显微硬度/HV	使用温度/℃
WC-Co(Cr)	>70	<1	950~1200	<450
NiCr-Cr$_3$C$_2$	>70	<1.5	650~1000	<820
Al$_2$O$_3$	>55	<1.5	>1000	<1000
Tribaloy-800	>70	<1.5	500~700	<815
AgCu	>40	<1	100	<200

1) 钛合金轴类零件爆炸喷涂 NiCr-Cr$_3$C$_2$ 代铬修复

目前,几乎所有在役飞机均使用了大量钛合金,虽然钛合金的耐蚀性优良,但耐磨性较差,所以易磨损超差。在某型机大修期间,经过分解、检查、排故,发现部分钛合金轴零件(如图 6-27,基体材料主要为 BT3-1 和 OT4)的外径镀铬修复后铬层厚度超过 0.1mm,磨修后铬层表面易出现发纹,影响气密性。对于钛合金零件,电镀较厚的硬铬和磨削工艺控制难度较大,较难对其进行修复;同时由于钛合金对温度较敏感,且修复零件尺寸较小,所以宜选用爆炸喷涂工艺对其进行尺寸修复。

图 6-27　典型钛合金故障件

经分析,本次出现的钛合金故障件表面原为电镀铬处理,这些零件的配合件均为钛合金转动接头,修复要求为表面密封、涂层不剥落,同时对配合件不造成过大的损伤,所以涂层材料选用硬度与电镀硬铬接近的镍铬/碳化铬,粉末材料化学成分要求见表 6-11,微观形貌见图 6-28。

表 6-11　镍铬/碳化铬粉末成分要求

Cr	Ni	C	Fe	杂　　质
余量	17.0~23.0	8.0~11.0	<1.0	<1.0

图 6-28　$NiCr-Cr_3C_2$ 喷涂粉末微观形貌

爆炸喷涂代铬修复的工序一般为表面清洗→吹砂→喷涂涂层→磨削加工。经优化后的喷涂工艺可获得性能优异的涂层,用于钛合金表面代铬修复。

图 6-29 为采用电子扫描显微镜(SEM)观察的爆炸喷涂 $NiCr-Cr_3C_2$ 涂层典型显微组织形貌,获得的涂层组织致密(采用灰度法测算涂层孔隙率小于 1%)、均匀,与基体结合良好。

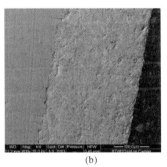

(a)　　　　　　　　　　　　(b)

图 6-29　钛合金表面爆炸喷涂 $NiCr-Cr_3C_2$ 涂层的典型显微组织

采用显微硬度计测试涂层显微硬度,在试验载荷为 300g,加载时间为 15s 的测试条件下,爆炸喷涂 $NiCr-Cr_3C_2$ 涂层的显微硬度约 650~800HV,与电镀硬铬基本相当;爆炸喷涂 $NiCr-Cr_3C_2$ 涂层的结合强度测试参照 ASTM C633 中规定的拉伸法进行,测试结果显示涂层的结合强度均大于 70MPa,且断裂方式均为胶断。

为了评价该工艺涂层的抗变形能力,对其进行了 180° 弯曲性能的评价。图 6-30 为工艺优化后涂层弯曲测试后的形貌,可见涂层并未发生剥落,说明其具有良好的抗变形能力。

在 MMW-2 万能摩擦磨损试验机上进行的爆炸喷涂 $NiCr-Cr_3C_2$ 涂层的干滑动磨损试验结果显示(摩擦副为 SiN 球、规格为 $\phi5mm$,法向载荷为 30N,盘旋转速率 400r/min,运行时间 30min):爆炸喷涂 $NiCr-Cr_3C_2$ 涂层的摩擦系数基本稳定在 0.5~0.8 之间,与电镀硬铬相比,摩擦系数稍低;爆炸喷涂 $NiCr-Cr_3C_2$ 涂

图 6-30　工艺优化后涂层弯曲测试后的形貌

层在 30N 载荷磨损试验 30min 后的失重是 1.28mg,相比电镀硬铬在同等试验条件下的磨损失重 23.08mg 小很多。

在钛合金零件修复前,首先对其进行退铬处理和无损探伤,如表面出现裂纹则需磨削去除,去除尺寸控制在单边 0.15mm 以下,然后进行高温退火处理,随后进行探伤,确认无裂纹后进行喷涂修复。图 6-31 为修复后的典型钛合金轴类零件。经检验,修复部位的直径公差可控制在 0.02mm 之内,表面粗糙度可达 $Ra0.1\mu m$。对修复后的钛合金进行 PT 检查,如图 6-32 所示,表明磨削加工后的涂层无裂纹。

图 6-31　典型的修复后钛合金零件

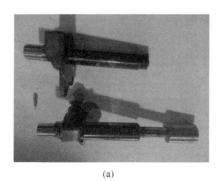

(a)

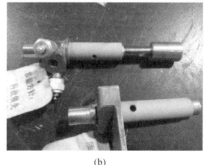

(b)

图 6-32　零件修复后探伤结果

(a) 喷涂渗透剂;(b) 喷涂显像剂。

　　为了考察该工艺对零件本体性能的影响,对修复后的典型零件进行了解剖,考核了基材组织和不同区域位置的显微硬度。图 6-33 为解剖后的 OT4、BT3-1 零件基材组织结构,表 6-12 为基材显微硬度数据。结果显示,修复后零件基体的组织和显微硬度均无明显变化,这说明了该修复工艺对钛合金基材性能无影响。

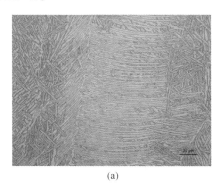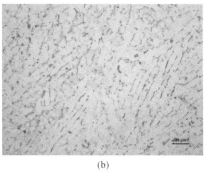

(a)　　　　　　　　　　　　　　　(b)

图 6-33　解剖后的零件基材组织

(a) BT3-1;(b) OT4。

表 6-12　基材显微硬度结果(300HV,15s)

	零件心部	直径 1/4 处	界　面　处
OT4	281,293,289	294,295,296	295,288,301
BT3-1	376,368,365	366,363,369	365,367,388

2) 钢制活塞杆类零件爆炸喷涂 WC-17Co 代铬修复

　　在某型机大修过程中,多件活塞杆在无损探伤时检测到表面有裂纹,如图 6-34 所示。对探伤裂纹进行了宏观断口和微观断口分析后认为,塞杆的表面裂纹为沿晶脆性开裂,裂纹深度均匀,约 0.2mm 深。活塞杆材料主要为 18Cr2Ni4WA,表面经渗碳处理,机械加工后渗碳层深度为 0.5~0.8mm,渗碳层的硬度为 58~63HRC,渗碳处理后电镀硬铬,镀层厚度为 0.10~0.15mm,镀铬后表面抛光。

　　在零件修复前,需将表面铬层去除、表面裂纹去除,考虑铬层厚度和裂纹深度,去除缺陷后零件尺寸单边超差 0.2mm 以上,采用电镀硬铬恢复尺寸存在以下问题:①零件修复表面渗碳,强度较高,镀厚铬会为零件引入氢脆风险;②电镀铬具有拉应力的性质,对材料疲劳寿命产生较大的影响。同时由于零件直径较小,所以选用爆炸喷涂工艺对其进行代铬修复。

　　经分析,该类活塞杆需承受一定轴向载荷,活塞杆与钢制衬套、活塞筒有相

图 6-34　出现探伤裂纹的典型活塞杆

对运动摩擦,所以需具备密封性和耐磨性,故修复的涂层材料可选择 WC-17Co,粉末材料化学成分要求如表 6-13 所列,微观形貌见图 6-35。

表 6-13　WC-17Co 粉末成分要求

W	Co	C	Fe	杂　　质
余量	15~18	4~6	<1.5	<1.0

(a)　　　　　　　　　　　(b)

图 6-35　WC-17Co 喷涂粉末微观形貌

(a) 试样 200 倍微观形貌;(b) 试样 500 倍微观形貌。

图 6-36 为采用电子扫描显微镜(SEM)观察的爆炸喷涂 WC-17Co 涂层典型显微组织形貌,获得的涂层组织致密(采用灰度法测算涂层孔隙率小于 1%)、均匀,与基体结合良好。

采用显微硬度计测试涂层显微硬度,在试验载荷为 300g,加载时间为 15s 的测试条件下,爆炸喷涂 WC-17Co 涂层的显微硬度约 1000~1400HV;爆炸喷涂 WC-17Co 涂层的结合强度测试参照 ASTM C633 中规定的拉伸法进行,测试结果显示涂层的结合强度均大于 70MPa,且断裂方式均为胶断。

为了评价该工艺涂层的抗变形能力,对其进行了 180° 弯曲性能的评价。图 6-37 为工艺优化后涂层弯曲测试后的形貌,可见涂层并未发生剥落,说明其

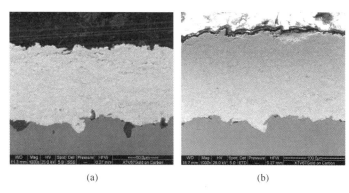

(a)　　　　　　　　　　　(b)

图 6-36　爆炸喷涂 WC-17Co 典型显微组织形貌

具有良好的抗变形能力。

图 6-37　工艺优化后涂层弯曲测试后的形貌

在活塞杆修复前,首先进行退铬处理,然后采用磨削的方式对活塞杆裂纹表面进行裂纹去除(采用两端顶针孔定位),磨削尺寸控制在单边 0.2mm,然后进行 190℃±10℃/4h 消除应力处理,随后进行无损探伤,确认无裂纹后进行喷涂修复。经检验,修复部位的直径公差可控制在 0.02mm 之内,表面粗糙度可达 $Ra0.1\mu m$;对修复后的助力器活塞杆进行荧光探伤,如图 6-38 所示,表明修复后的表面无裂纹缺陷。

图 6-38　活塞杆修复后探伤结果

为了考察该工艺对零件基体和渗碳层的影响,对修复后的典型零件进行了解剖分析,如图 6-39 所示。

图 6-39　解剖位置示意图

所取的截面金相试样腐蚀后低倍形貌见图 6-40,体视显微镜下 5 个试样边缘均可见一层暗色的组织,金相显微镜可观察到残留渗碳层。此外,1#、2#、4#、5#试样的修复涂层与基体之间均未见裂纹。高倍下表面的渗碳层和心部分别为高碳马氏体和回火马氏体,见图 6-41,与修复前的组织形貌相同,见图 6-42。

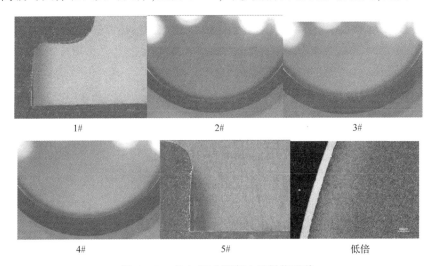

1#　　　　　　　　　　2#　　　　　　　　　　3#

4#　　　　　　　　　　5#　　　　　　　　　　低倍

图 6-40　各金相试样腐蚀后低倍形貌

图 6-41　修复后活塞杆高倍组织形貌

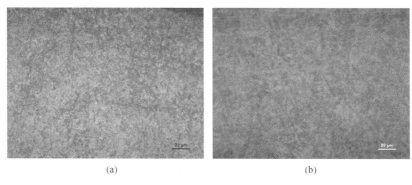

(a) (b)

图 6-42　修复前活塞杆高倍组织形貌

在截取的金相试样以及修复前活塞杆的截面试样上,从表面往心部间隔 50μm,进行等间距显微维氏硬度测试,载荷 500g,根据 GB 1172—1999《黑色金属硬度及强度换算法》换算成洛氏硬度,结果见图 6-43。图中三角曲线(编号为 0)即为修复前的活塞杆硬度梯度曲线,从图中的曲线可以看出,修复后活塞杆各部位的硬度分布基本相同,且与修复前的硬度分布相符,未发生明显的硬度波动变化。

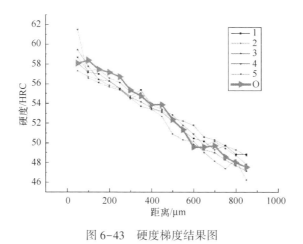

图 6-43　硬度梯度结果图

6.2　铝镁合金冷喷涂修复技术及评价

为了满足减重的需求,现在航空装备中大量使用了铝、镁等合金制造的零件,由于这些合金的耐磨性和耐蚀性较差,在使用过程中经常出现磨损、腐蚀造成的尺寸超差。而铝、镁合金因为可焊性差、焊接热输入大等原因则往往为维修过程带来很大的困难,而传统的热喷涂修复技术也容易造成基体的热损伤。

冷喷涂技术作为一种新型的技术,可以用来制备保护涂层,同时通过喷涂成形可以直接制造复杂结构、形状的部件,所以其在修复领域展现出越来越多的应用潜力,冷喷涂的喷涂温度通常小于400℃,对母材几乎无热影响,适用于对铝镁合金等温度敏感材料进行表面修复。

6.2.1 冷喷涂技术概述

冷喷涂技术,又称作冷气体动力喷涂(cold gas dynamic spray,CGDS),是苏联科学院西伯利亚分院理论与应用力学研究所在开展宇宙微粒对航天器影响的模拟实验时发现,当粒子的速率超过某一数值时,粒子就会沉积在靶材表面,后来研究人员利用该原理成功获得了多种金属和合金涂层,并在20世纪90年代初形成了实用的冷喷涂专利技术。

冷喷涂技术是基于空气动力学原理的一项喷涂技术,其装置原理如图6-44所示。首先将粉末颗粒从轴向送入喷枪,在喷枪内与预先加热过的高压气体混合后,进入到缩放型的拉瓦尔管喷嘴中被加速,形成超声速气流(300～1200m/s)。粉末粒子经加速后去撞击基体,通过产生较大的塑性变形而沉积于基体表面形成涂层。冷喷涂具有成本低、效率高的特点,尤其可实现厚涂层的制备,与传统的热喷涂技术相比,冷喷涂过程中气流与喷涂粒子的温度较低,对喷涂材料的组织结构和基体的热影响非常小。

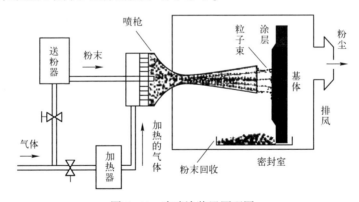

图6-44　冷喷涂装置原理图

6.2.2 工艺及评价

冷喷涂修复工艺过程与热喷涂相似,一般为:零件喷涂前验收→除油清洗→消除缺陷→喷砂→喷涂前准备→零件安装→冷喷涂→去除喷涂保护物→修复涂层机械加工→消除应力→检验。

利用冷喷涂技术进行零件修复具有以下优点：①喷涂粉末根据需要可调，修复部分与母材相容性好，可与母材同时进行后续表面处理及热处理；②沉积效率高，可用来修复较大面积和次表面的损伤，恢复零部件的几何性能；③喷涂涂层组织致密，可以保证良好的导电、导热性能，与母材间热应力小；④喷涂温度通常小于 400℃，对母材几乎无热影响，可对温度敏感材料进行修复；⑤便携式喷涂设备可进行现场作业，工作气源为压缩空气，成本低，无污染。

研究表明，采用冷喷涂工艺进行涂层制备时，喷涂颗粒在撞击基体材料后可否形成涂层主要取决于粒子的撞击速率。随着粒子撞击速率的增大，当恰好实现涂层沉积时，这时的粒子速率称为该材料的临界沉积速率。Assadi 等指出，粒子的临界沉积速率会随材料熔点的升高和强度的增大而增大，随粒子密度的增大和碰撞初始温度的升高而减小。同时，粒子的力学性能、粒子尺寸、表面氧化状态都会影响到其本身的临界速率。同时由于冷喷涂涂层沉积依靠粒子的碰撞变形实现，所以还需喷涂材料具有一定的塑性。目前，研究较多的冷喷涂涂层材料主要包括 Cu、Al、Ni、Fe 等，表 6-14 是几种材料的临界速率（m/s）。

表 6-14　不同金属粉末颗粒的临界速率

Cu	Ni	Fe	Al
560~580	620~640	620~640	680~700

针对冷喷涂修复技术的评价内容及评价方法与热喷涂基本一致。冷喷涂铝涂层是冷喷涂技术中研究最早、应用最广的工艺之一。图 6-45 为北京航空材料研究院采用冷喷涂工艺制备的典型的铝涂层组织结构，涂层孔隙率很低（约 0.1%~0.4%），其结合强度超过 35MPa。

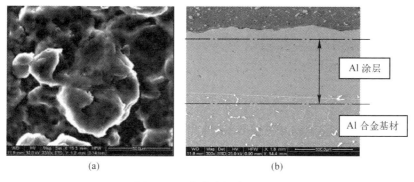

(a)　(b)

图 6-45　冷喷涂铝涂层组织

（a）表面组织；（b）截面组织。

6.2.3 冷喷涂修复的应用

冷喷涂维修技术在美国、德国、俄罗斯得到了快速发展,近几年来在中国的应用发展愈发迅速。采用冷喷涂技术进行修复时的工艺流程一般为故障检查、去除缺陷、冷喷涂填充、机械加工,如图 6-46 所示。Faccoli 等采用冷喷涂 316L 不锈钢工艺对马氏体不锈钢进行了修复研究,并与焊接修复进行比较,结果显示在残余应力、显微硬度方面冷喷涂具有更佳的结果。MTU 公司就采用 K3 冷喷涂工艺对发动机机匣的法兰进行了修复研究,并于 2012 年为用于狂风战机的 RB199 发动机叶片的维修编制了技术文件和技术标准,随后 MTU 计划将 K3 冷喷涂工艺引入商用发动机零部件的维修,并开始做相应的申请工作。北京航空材料研究院也采用冷喷涂工艺代替电弧喷涂对镁合金中央传动机匣表面的铝、铜涂层进行了修复应用。GE 下属公司阿维奥航空和意大利巴里理工大学合作,共同研发了一种冷喷涂工艺,未来也有望应用于航空发动机和燃气轮机的叶片维修中。由于冷喷涂铝涂层技术成熟,所以采用该工艺对铝镁合金表面损伤进行修复已经得到了工程应用。

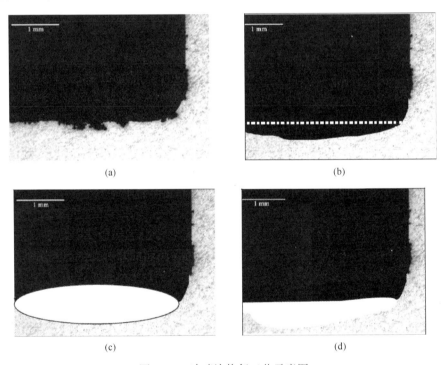

图 6-46 冷喷涂修复工艺示意图

(a) 故障检查;(b) 去除缺陷;(c) 冷喷涂填充;(d) 机械加工。

美国军方研究实验室(U. S. Army Research Lab)采用冷喷涂技术对阿帕奇直升机铝合金桅杆支座的修复进行了研究,并采用铝粉对支座磨损部位进行了喷涂修复(图6-47)。美国军方研究实验室采用标准试样分别对其耐蚀性、疲劳性能进行了测试,结果显示喷涂铝后的铝合金基材疲劳性能无降低,且中性盐雾7000h后基材未见明显腐蚀;为了测试表面冷喷涂工艺是否对基材拉伸性能产生影响,实验室人员还在7075铝合金表面喷涂铝后进行了拉伸测试,结果发现基体的抗拉强度无明显降低。为了提高修复涂层的结合强度、硬度和耐磨性能,还可对铝涂层进行改性,如在其中添加Al_2O_3颗粒(图6-48),实验室通过添加30%(体积分数)的Al_2O_3颗粒使冷喷涂铝涂层的硬度提高1/2、结合强度提高1倍以上,见表6-15。

表6-15　不同粉末制备涂层的性能对比

粉　　末	纤维硬度/HV	结合强度/MPa
纯铝	46.2	22.75
70%铝+30% Al_2O_3(体积分数)	60.1	56.43

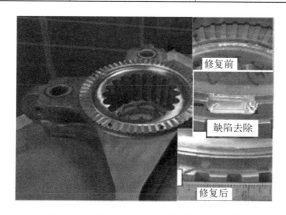

图6-47　直升机桅杆支座修复前后形貌

文献报道,Praxair表面技术公司采用冷喷涂技术对C-160飞机的铝合金螺旋桨叶(图6-49)进行了修复,Centerline Windsor公司还采用冷喷涂技术对飞机发动机辅助动力系统内的铝合金部件(图6-50)进行了修复。

除了在铝合金零件尺寸修复的应用外,国外已经将其用于了镁合金零件的修复。美国军方研究实验室(U. S. Army Research Lab)在ZE41A镁合金表面制备了结合强度超过40MPa、孔隙率小于0.5%、耐盐雾试验可达2400h且对镁合金疲劳无影响的冷喷涂铝涂层。随后,实验室采用冷喷涂铝的方式对H-60变速箱(ZE41A)的修复进行了应用研究(图6-51),得到了令人满意的效果。

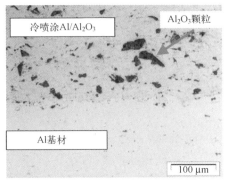

图 6-48　冷喷涂 Al+ Al₂O₃涂层组织

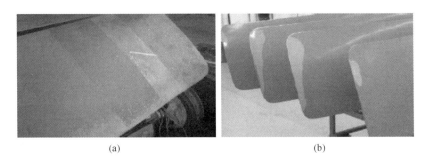

(a)　　　　　　　　　　　　　　　(b)

图 6-49　修复前后 C-160 飞机的螺旋桨叶

(a) 修复前的腐蚀情况;(b) 冷喷涂修后。

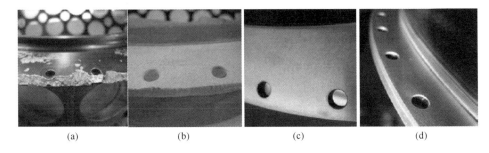

(a)　　　　　　(b)　　　　　　(c)　　　　　　(d)

图 6-50　铝合金部件冷喷涂修复

(a) 腐蚀的零件;(b) 修复前;(c) 冷喷涂后;(d) 完成后。

我国的冷喷涂工艺研究开始于 21 世纪初期,目前已经开展了大量的基础研究和工程化应用工作,并已将冷喷涂铝技术应用于零件表面缺陷的修复。如图 6-52 所示,在铝合金表面人为制造深度分别为 1mm、2mm 和 3mm 的缺陷,采用冷喷涂铝工艺可对缺陷进行完美的填补,可以看出,该技术可对深 3mm 以上的缺陷进行有效的修复。此外,该工艺在进行表面修复的同时还可大大提高基

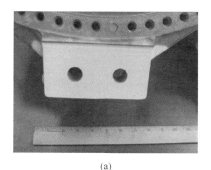 

(a)   (b)

图 6-51　经冷喷涂修复后的镁合金

体材料的耐腐蚀性能,图 6-53 为冷喷涂铝前后的 ZM5 镁合金的中性盐雾测试结果,没有防护的镁合金在测试 48h 后即出现了严重的腐蚀缺陷,而防护后的镁合金经 336h 测试后依然没有出现明显的腐蚀痕迹。

(a)   (b)

图 6-52　冷喷涂铝技术在缺陷修复上的应用

(a)

(b)

图 6-53　冷喷涂铝前后的 ZM5 镁合金的中性盐雾测试结果

（a）无防护/48h；（b）冷喷涂铝/336h。

247

　　近几年,我国也已将冷喷涂铝技术初步实现了在铝镁合金零件的修复上的应用。某型机镁合金筒体在大修时发现筒口处出现大面积蜂窝状腐蚀缺陷,最深处可达 1mm,由于筒口壁厚 3mm,所以采用其他修复方法易造成基材的变形和损伤,北京航空材料研究院联合工厂采用冷喷涂铝工艺对其进行了腐蚀修复,如图 6-54 所示,通过后续加工保证了筒体的尺寸,获得了良好的效果。

图 6-54　冷喷涂修复镁合金筒体

　　图 6-55 所示零件为铝合金瓦片,该零件端部厚度小于 2mm,但磨损导致的尺寸损失达到了 0.5mm 以上,采用工艺温度较低的冷喷涂铝技术对其进行尺寸修复,既满足了尺寸要求又防止了零件变形,已实现装机使用。

图 6-55　铝合金瓦片冷喷涂尺寸修复

　　图 6-56 所示零件为铝合金框体零件,经飞行一个周期后,零件局部由于积水出现严重的腐蚀缺陷,腐蚀深度最大 1mm。采用缺陷打磨→喷砂→冷喷涂铝→打磨的工艺对腐蚀缺陷进行了填补修复,修复涂层厚度>2mm,最终通过手工修整满足了装配要求。

　　目前,国外的冷喷涂修复技术已开始进入实用阶段,美国 Sikorsky 航空维修中心的数据显示,美国 H-60 和 H-53 直升机上平均每年约有 598 件镁合金变

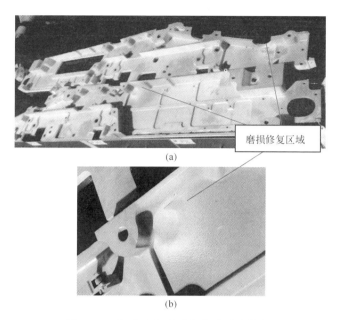

磨损修复区域

(a)

(b)

图 6-56　铝合金框腐蚀部位冷喷涂修复

速箱进行大修,其中约 33% 由于严重腐蚀和损坏需要更换,以 2 万美元/件计,更换所需费用为 400 万美元/年,如采用冷喷涂技术可对其中 60% 的变速箱进行有效修复(按每件喷涂铝费用 1500 美元计),每年可节约 200 万美元以上的费用。

随着我国航空装备的增加,可预见的是我国冷喷涂技术将首先在铝、镁合金零件的尺寸修复上获得越来越多的应用,随着冷喷涂技术和工艺的发展,其将逐渐用于更多种材料和零件的修复。

6.3　电刷镀修复技术及评价

电刷镀技术是一种特殊的、便携式选择性电镀技术,镀层是用手握浸泡溶液的阳极施镀上去的。电刷镀技术需要采用专门的、具备电量控制功能的直流电源,电源正极接镀笔,镀笔一般采用高纯的细石墨作为刷镀阳极;电源负极接待镀工件,作为刷镀的阴极。石墨阳极外面需要包上棉花和棉套,一方面能够储存溶液,另一方面还能够防止阳极直接与阴极(工件)接触产生电弧,烧伤工件。电镀时,根据电镀面积、所需镀层厚度及溶液相关参数,设置好电镀电量,将阳极蘸取电镀溶液,通电进行刷镀。电镀过程中,阳极镀笔以环形运动在阴极工件表面,镀液中的金属离子在工件表面与阳极接触的各点上发生放电沉积,并逐渐增厚,从而形成镀层。

电刷镀技术具有设备简单、操作方便、沉积速率快、结合强度高、节省能源、应用范围广、经济效益大等优点,目前凡是能够在水溶液中电镀的金属都有相应的电刷镀技术。因此电刷镀技术被广泛应用于机械零件的表面修复与强化,并取得了明显的经济效益。

6.3.1 低氢脆刷镀镉修复

低氢脆刷镀镉工艺在国外航空领域的应用很广泛,特别是在飞机起落架零件的电镀加工中,低氢脆刷镀镉是零件镀镉、镀镉钛后镀层损伤和夹具印的最常用且便捷有效的修补工艺。除了生产阶段的补镀应用,低氢脆刷镀镉工艺还能够对损伤零件进行外场修复。飞机主起落架外筒尺寸较大,形状复杂,在进行整体镀镉或镀镉钛过程中,个别深凹部位难以镀上,国外最早开发了低氢脆刷镀镉工艺来对无镀层部位进行修补,并且无需进行除氢处理,而氢脆性能满足要求。国外最著名、应用最广的刷镀镉溶液是美国 Sifco 公司的 5070 刷镀镉产品和法国 Dalic 公司的 No.2023。图 6-57 所示为美国在飞机起落架上局部低氢脆刷镀镉。

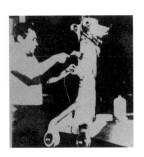

图 6-57　美国在飞机起落架上局部低氢脆刷镀镉

刷镀镉修复是目前航空工业中真正实际应用的耐蚀修复技术,但是由于仍然含有重金属镉,所以刷镀镉也同样面临着环保方面的限制。目前美国已经广泛开展了替代刷镀镉的新型修复技术研究,主要包括刷镀锌-镍、铟-锌、锡-锌等。美国空军相关研究机构对比研究了刷镀镉、锌-镍、锡-锌三种镀层的性能,结果发现:刷镀镉和锡-镍镀层连续,但不均匀,而刷镀锌-镍镀层既不连续也不均匀;刷镀锌-镍、锡-锌镀层的结合力都优于刷镀镉;在 3000h 中性盐雾测试中,无论是完整试样还是划叉试样,只有刷镀镉和锌-镍镀层通过了测试,显示出极为出色的耐蚀性。目前美军经过大量对比研究后,初步筛选出的替代刷镀镉的技术主要是 Zinidal Aero (code 11040) 的 Zn-Ni 和 Sifco 公司的 4018 工艺。除了对替代型刷镀工艺进行研究,美军还进一步验证了多款集成的刷镀设备,以最大程度地配合原厂生产及外场维修需要,目前较好的设备包括 SIFCO AeroNikl Flow System（Model 75）和 Dalistick Station 刷镀系统。这些新开发的刷镀设备普遍具有轻便、移动性好、集成度高等优点,能够快速去涂镀层和锈蚀,活化表面,无论在原厂生产还是外场维修,都能够在曲面、平面和边缘部位刷镀上所需的金属或合金镀层。图 6-58 所示为 Dalistick Station 刷镀系统。

 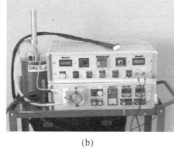 

(a)　　　　　　　　　　(b)　　　　　　　　　　(c)

图 6-58　Dalistick Station 刷镀系统

国内对于低氢脆刷镀镉技术的研究起步较晚。颜华等的研究表明刷镀镉技术的工艺操作简单,质量稳定,盐雾时间大于 750h,镀层的结合力良好。刘鹏等针对新型超高强度钢 A100 进行刷镀镉处理,并研究了其在海洋环境下的腐蚀行为,结果发现低氢脆刷镀镉层属于阳极性镀层,具有很强的耐蚀性,在海南户外暴露 12 个月后,只有镀层出现了腐蚀,基体未出现腐蚀痕迹,表明刷镀镉层能够很好地保护基体。

低氢脆刷镀镉技术的关键是刷镀溶液配方,国内低氢脆刷镀镉技术真正工程化应用的主要研究院所是中国航发北京航空材料研究院和陆军装甲兵工程学院等。北京航空材料研究院开发的 LHC 低氢脆刷镀镉系列溶液包括电净溶液、活化溶液和刷镀镉溶液,是专门针对高强度钢防护而研制的一种刷镀产品,不需要除氢烘烤而氢脆性能合格,是高强度钢镀镉-钛和镀镉最理想的配套工艺,镀层结晶细致、均匀,与漆膜结合力良好,被广泛用于宇航工业的高强度钢防护,能够满足 BAC 5854 和 DPS9.89 的相关要求,特别适用于小面积、镀层薄、局部不解体现场修理、大型与精密零件表面涂层的修理,十分适合沿海底漆武器装备或舰载设备的防护。

图 6-59 所示为采用 LHC 低氢脆刷镀镉溶液的镉层外观形貌。镀层结晶细致均匀,镀层完整,可完全覆盖试样,并且镀层表面没有出现起泡、剥落、麻点、烧焦等现象,但镀层会出现标准允许的颜色差异。图 6-60 为采用 LHC 低氢脆刷镀镉溶液制备的镉层截面形貌,可见,获得的镉镀层厚度均匀,组织致密。

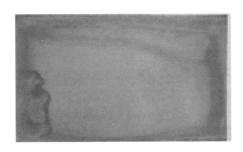

图 6-59 LHC 刷镀镉溶液制备的镉层

图 6-60 LHC 刷镀镉溶液制备的镉层显微形貌

采用划格法对镀层结合力进行考核后显示,LHC 刷镀溶液获得的镀层没有出现起皮、剥落或与基体分离的现象,见图 6-61,这表明电刷镀镉具有很好的结合性能,适用于电镀镉及电镀镉钛的修复。

图 6-61 LHC 刷镀镉溶液制备的镉层结合力测试结果

按照 ASTM B117 采用中性盐雾试验方法对制备的电刷镀镉层进行了耐蚀性检测,结果显示镀层经过 96h 盐雾试验后未见白色锈蚀,经 500h 盐雾试验后无任何红锈产生(图 6-62),表现出了优良的耐腐蚀性能。

按照 HB 5067.1—2005《镀覆工艺氢脆试验》采用拉伸试验进行氢脆测试。

图 6-62　LHC 刷镀镉溶液制备的镉层盐雾测试结果(500h)

采用带缺口的 300M 钢圆棒氢脆试样,用 LHC 刷镀镉溶液进行表面刷镀,然后对其施加相当于缺口抗拉强度 75%的力进行 200h 持续拉伸。经过 200h 持续加载后,刷镀镉的试样均未发生断裂,证明该刷镀镉溶液及刷镀工艺均满足氢脆要求,适用于超高强度钢起落架零件的镀层修复。

目前,LHC 低氢脆刷镀镉系列溶液已经在多个机型高强度钢零件的生产和维修中得到应用,效果良好(图 6-63)。

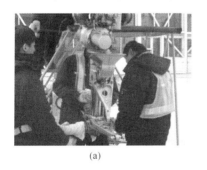
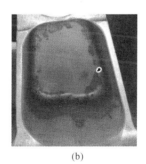

(a)　　　　　　　　　　　　　　　(b)

图 6-63　LHC 低氢脆刷镀镉对零件局部修复

6.3.2　刷镀镍、刷镀铬修复

刷镀镍、刷镀铬镀层具有优异的耐磨损、耐高温等综合性能,在受损零部件的修复方面显示出很强的生命力,尤其是在飞机维修方面。精密轴承配合位的尺寸超差等都普遍采用了刷镀镍工艺进行维修处理。刷镀镍往往被用于对承力部件进行维修,因为刷镀镍的硬度较高,承载性较好,十分适合修补尺寸。刷镀铬技术一般用于修复电镀硬铬镀层的损伤,能够起到耐磨的作用。国内的刷镀镍、刷镀铬技术有一定的研究,陆军装甲兵工程学院开发了包括特殊镍、快速镍、光亮镍等多种刷镀溶液。北京航空材料研究院开发了刷镀镍工艺,是在有槽电镀镍的基础上发展的,比一般槽液电镀要快 30~60 倍;具有很高的硬度和耐磨性,很好的耐蚀性和很高的化学稳定性;在空气中易钝化而不被腐蚀,能耐强碱,与盐酸和硫酸的作用也比较缓慢;同时镀层细致,容易抛光。该技术特别适用于小面积、镀层薄、性能高、局部不解体现场修理、大型与精密零件的修理、贵重零件加工过程中不慎超差时的修复;电刷镀镍所能获得的镀层厚度为 0.01~1.0mm。修复沟槽和擦伤时镀层厚度可达 3mm。目前,北京航空材料研究院的 SN 刷镀镍技术已经在某型号飞机中实际应用,修复了零件尺寸,保证了飞行安全,取得了不错的效果。国内对于刷镀镍、刷镀铬技术的研究工作也较为深入。在传统电刷镀镍的基础上,纳米晶镍、掺杂多种颗粒的刷镀镍技术都获得了深入的研究。但是目前国内新型刷镀镍的技术仍未达到工程化应用的程度,尚有待进一步改进。

国外对于刷镀镍、刷镀铬的研究和应用都十分深入,并在此基础上进一步开发了新型耐磨刷镀技术,包括 Cr(Ⅲ)刷镀、刷镀镍钨等。据美军的评估,Cr(Ⅲ)刷镀技术的经济性较好,冶金性能与电镀硬铬相当甚至更优,可以不去除原铬层,不需要后续磨削,对环境和人体的危害大幅度降低。美军评估的另一项性能优异、应用前景光明的刷镀技术是美国 Sifco 公司开发的刷镀镍钨合金技术。这种新型刷镀技术的综合性能十分优异,能够与电镀硬铬相当,其具体的性能指标对比见表 6-16。

表 6-16 刷镀镍-钨与电镀硬铬性能对比

对 比 项 目		刷镀镍-钨	电 镀 硬 铬
结构		微裂纹	微裂纹
延展率		<1.6%	<1%
显微硬度	镀后	660~690	800~1200
	热处理后	830	790
滑动摩擦（针对盘）	磨损量	$5 \times 10^{-7} \mathrm{mm^3/(N \cdot m)}$	$10 \times 10^{-6} \mathrm{mm^3/(N \cdot m)}$
	摩擦系数	0.45	0.70
Taber 磨损测试		14	3~6
氢脆性		无需除氢	无需除氢

6.3.3 其他刷镀修复

除了上述传统的刷镀类型,刷镀技术近年来有了突飞猛进的发展,其研究和应用的方向主要包括以下几个方面:

1. 电刷镀复合镀层

电刷镀复合镀层是将特定的固相物质(颗粒、粉末、纤维等)加入到刷镀溶液中,通过对掺杂物质进行表面改性等处理,使其均匀分散在刷镀液中,并且在刷镀过程中能够使固相物质的沉积与镀层主体的生长相协调,获得固相物质均匀弥散的共沉积镀层。这种镀层一般都具有高硬度、高耐磨、高耐蚀、自润滑等性能,综合性能优于单金属镀层。掺杂的固相物质主要是根据复合镀层的用途、刷镀液成分及其与掺杂物的相容性等来选择的。以刷镀镍为基础的复合刷镀研究最为广泛,如掺杂碳纳米管、纳米 Al_2O_3 粉末、纳米 TiO_2 粉末、金刚石颗粒等。这些复合刷镀镀层的耐磨性都十分优异,是未来替代刷镀铬、刷镀镍,成为耐磨刷镀修复技术的主力。

2. 阳极电刷镀技术

作为一种较新的技术,阳极电刷镀技术是从阳极氧化技术发展而来的,机理上与阳极氧化相同,与传统电刷镀技术在原理、用途、效果上则完全不同。阳极电刷镀技术是将待修复零部件作为阳极,因此其主要用于铝合金零件的修复。由于零部件作为阳极,所以刷镀获得的金属氧化物。目前已经有相关研究者以铝合金硫酸阳极氧化为基础,对铝合金蒙皮进行刷镀修复。修复后的蒙皮经过喷漆处理后,耐蚀性和装饰效果都较好,完全能够满足铝合金部件的外场修复要求。总体来看,阳极电刷镀技术目前仍处于起步阶段,没有形成完善的技术体系,距离实际工程化应用仍有较大差距。

6.4　涡轮叶片高温防护涂层修复技术及评价

航空发动机被称为"工业之花""皇冠上的珠宝",是一个国家工业基础、科技水平和综合国力的集中体现,也是决定飞机研制能否成功的关键。作为飞机的"心脏",航空发动机是一项十分复杂的高科技系统工程,同时也是目前制约我国飞机制造业发展的"瓶颈"。发动机材料是飞机研制关键技术中的关键,航空发动机使用了 10000 多个部件,有许多易损件和必换件需要在大修周期中更换,易损件和必换件中使用了大量的涂层材料,因此,表面技术在航空发动机的修复和经济运行中发挥着至关重要的作用。

我国该产业的发展相对较晚,但发展空间巨大。中国将在今后 10 年中成为世界第 2 大商业飞机市场,仅次于美国。今后 20 年内,中国航空公司将需要 1912 架飞机。据此推算,对航空发动机涂层材料的需求将达到 900~1500t/a,产值 18 亿~24 亿元/a,航空发动机涂层制备和修复的产业规模将在 162 亿~235 亿元/a,市场前景巨大。

高推重比、高效率、长寿命和高可靠性是目前航空发动机的主要发展方向和追求目标。随着推重比 10 及更高推重比发动机的研制,要求其热端部件材料的使用温度越来越高。目前美国第四代战斗机 F22 装配的发动机 F119 的推重比为 10,其涡轮前进口温度达到 1577℃,而新一代航空发动机的涡轮前设计进口温度为 1777~2027℃。热端部件特别是涡轮部件,在高温、高转速(10000~40000r/min)、粒子冲蚀及复杂应力作用下工作,不但要求具有较好的高温强度,较高的蠕变持久性能、疲劳性能及优异的组织稳定性,还要求基体材料具有较好的抗高温氧化及抗热腐蚀性能。这些部件通常用镍或钴基高温合金材料制造,结构上采用气冷技术,以降低材料的使用温度,提高发动机性能。尽管如此,涡轮部件的工作温度仍可达到 1000℃ 以上,在材料表面出现氧化和腐蚀现象是不可避免的,严重的氧化和腐蚀会使材料直接受到损伤而导致力学性能急剧下降。

当前解决这一问题主要通过:①研制可用于更高使用温度的新型高温合金或新一代高温合金单晶叶片材料;②利用先进的气膜冷却技术;③采用高性能防护涂层技术。高性能防护涂层可经受长期的高温氧化腐蚀并且具有一定的隔热效果,还不影响基体的力学性能。防护涂层在航空发动机上的成功使用,将使得高温合金材料能承受更高的使用温度,提高涡轮前进口温度;同时,也可改善合金材料的抗高温氧化和抗热腐蚀性能,使得发动机寿命和可靠性大幅度提高。因此,在继续研究发展新型叶片材料和先进结构的同时,采用高性能防护涂层技术,是先进航空发动机实现高效率与高可靠性的关键技术之一。

高温防护涂层的研制始于 20 世纪 50 年代初期,到 50 年代中期开始应用于航空发动机热端部件。随着航空技术的发展,防护涂层的应用日益广泛。至今,发动机中凡是与空气、燃气等介质接触的零部件,几乎都应用了高温防护涂层。在发动机上应用的为数众多的涂层中,由于涡轮叶片具有整体结构复杂、叶身三维复合弯扭、叶型曲率大、排气边壁薄、尺寸精度要求严和叶片制造难度大等特点,其防护涂层最具代表性,而且实施技术难度也最大。按工艺特点和防护性能分类,迄今为止,所出现和应用的典型的防护涂层体系大致分为四代。第一代涂层为单一铝化物涂层,一般采用粉末包埋渗、粉末料浆渗、真空蒸镀扩散渗和气相渗等方法制备,可满足 Ni 基合金导向和转子叶片的防护需求,其特点是制备工艺简单,涂层性能稳定,成本低;但是该类涂层不能按照要求控制成分,抗热腐蚀能力差,而且对基体合金的力学性能影响很大,不能满足先进发动机的防护需要。针对第一代涂层的不足,发展了以 Al-Si、Al-Cr、Pt-Al 等为代表的第二代涂层——改性铝化物涂层,该类涂层一般采用两步固渗、电镀+固渗的方法制备,适用于镍/钴基导向和涡轮叶片,在 JT-3D 和 JT-8D 发动机上得到了广泛应用,其中 Pt-Al 涂层因为其具有很好的抗氧化、抗热腐蚀性能,在国外的工业燃机上得到大量应用;缺点是 Pt 的成本较高,不适合推广应用。包括第一代和第二代涂层在内,传统铝化物涂层固有的弱点是涂层与基体之间互相制约、涂层组织受扩散反应限制等,为提高涂层的综合性能,人们研制了第三代涂层。第三代涂层为 MCrAlX 系列包覆型涂层(M=Ni、Co 或它们的组合,X=Y、Si 或者 Y+Si),其特点是成分和厚度可按要求控制,满足了不同使用工况条件的要求,另外涂层对基体合金的力学性能影响较小。美国、法国等西方国家多采用电子束物理气相沉积(electron beam physical vapor deposition,EB-PVD)工艺和低压等离子喷涂(low pressure plasma spray,LPPS)工艺制备 MCrAlX 系列涂层,俄罗斯则采用电弧镀离子镀工艺(arc ion plating,AIP)沉积涂层。自 20世纪 60 年代开始,国外用真空物理气相沉积(PVD)技术成功制备了 MCrAlX 涂层,目前几乎所有的现役航空发动机都应用了这种高温涂层,M88、F119、F120等最先进的航空发动机制备热障涂层时,也把 MCrAlX 涂层作为粘结层。为降低热端部件的工作温度,防止部件的高温腐蚀,发展了第四代涂层。目前常用的第四代涂层为热障涂层(thermal barrier coatings,TBCs)。热障涂层一般由金属粘结层(bond coating,BC,通常为 MCrAlX 系列包覆型涂层或者 Pt-Al 改性铝化物涂层)和隔热陶瓷层(Y_2O_3 部分稳定的 ZrO_2,YSZ)双层系统组成。热障涂层的制备技术很多,包括磁控溅射、高速火焰喷涂、化学气相沉积、等离子喷涂、电子束物理气相沉积和离子束辅助沉积等,其中,等离子喷涂和电子束物理气相沉积是最广泛采用的 TBCs 制备技术。应用热障涂层可以带来巨大的效益,发达国家的先进发动机热端部件几乎都采用这一技术,目前,普惠公司的PW2000 及 PW4000,GE 公司的 CF-80C2、CFM56-5a 系列、F414 以及 JT-9D 的涡轮叶片都已采用了热障涂层,我国在 FWS-10 发动机火焰筒、燃烧室部件、31-Φ 发动机的机匣也采用了热障涂层。

高温防护涂层具有优良的高温热防护性能,国外已经在多种机型上得到批量生产和工程化应用,在国内的新型发动机上的工程化应用也即将开始。为了满足发动机生产、使用和维护以及涂层的规模生产,涂层的退除修复技术已经成了涂层工程化应用的重要关键技术。叶片在服役过程中,也会因为某种原因导致涂层剥落、鼓包等,也需要及时修复,以便叶片重新投入使用;此外,在涂层加工过程中,由于叶片复杂的形状,基材微小的冶金缺陷均可能造成涂层局部或全部损伤和破坏;在叶片涂覆过程中,有时还可能出现涂层厚度或化学成分的超标而导致叶片涂层不合格,由于高温合金和叶片加工的费用比较昂贵,远高于涂层费用。因此,对涂层的返工或返修是十分必要的,通过局部或全部退除涂层和修复,在保证叶片基材原有性能的情况下可以安全使用,具有重要意义。

在高温防护涂层的修复过程中,涂层的退除是最关键的技术。美国材料咨询委员会在 1996 年的一份报告中,简要介绍了有关情况:通常用酸液退除铝化物涂层,用喷砂等机械方法或电化学方法退除包覆型涂层和热障涂层,而高压水既可退除铝化物涂层也可退除包覆型涂层和热障涂层,后者的应用越来越普遍。国外退除高温涂层的方法很多,大致的分类见图 6-64。

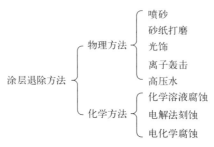

涂层退除方法 {
  物理方法 { 喷砂 / 砂纸打磨 / 光饰 / 离子轰击 / 高压水
  化学方法 { 化学溶液腐蚀 / 电解法刻蚀 / 电化学腐蚀 }

图 6-64 涂层退除方法

物理退除高温涂层主要有以下几种方法:

(1) 喷砂或喷丸:将一定大小的钢丸,以适当的压力和角度喷向工件的涂层表面,用切向力使涂层剥落下来。这是一种直接的机械退除方法。缺点是钢丸不能重复使用,消耗大。

(2) 打磨:砂纸、砂布或用砂轮机械打磨,适于局部退除涂层。

(3) 吹砂:用形状不规则的砂子,以一定的速率吹向待处理的表面,可去除氧化皮、表面的油污和涂层,获得一个粗糙(形貌为锐利的角度)的表面。

(4) 离子轰击方法:这种方法的优点是可以除去较厚的氧化皮。

(5) 电火花处理:可以退除局部损伤的涂层。

(6) 光饰工艺:可以局部或整体退除涂层。

(7) 高压水:用 50MPa 高压水作为磨料的加速动力,配合干式或湿式供料系统,可以整体退除各种涂层,缺点是设备需进口,价格昂贵。

化学退除高温涂层主要有以下几种方法:

(1) 用酸、钝化剂等配制的化学溶液退除。

(2) 用抛光液、刻蚀液等溶液退除。

(3) 电解法退除。

物理退除方法的缺点是费力费时,而且不容易控制精度。化学退除方法的缺点是溶液有毒,操作时需非常小心,废液也很难处理。因此,涂层的退除可采用物理和化学结合的方法进行,如俄罗斯在退除 Ni-Cr·Cr-Al 涂层时,先用化学溶液处理,后用机械方法退除涂层。国外退除涂层常用溶液见表 6-17。

表 6-17　国外退除涂层常用溶液

溶 液 号	溶 液 成 分	适 用 范 围
1	盐酸 硝酸 氯化铁六水化合物 乙二胺四乙酸	适于退除钴基上铝化物涂层
2	氯化铁六水化合物 盐酸	适于退除镍基上铝化物涂层
3	氯化铁 磷酸 硝酸	适于退除钴基上铝化物涂层
4	高锰酸钾	适用于退除热障涂层
5	硝酸 盐酸 水	适于退除镍基上包覆型涂层

6.4.1　热障涂层修复

1. 概述

由于热障涂层是采用低导热性的陶瓷材料以涂层的形式与基体合金相复合,因此,陶瓷面层与基体之间热不匹配所产生的内应力、热障涂层服役过程中在陶瓷面层与金属粘结层之间形成的热生长氧化物(TGO)所产生的内应力等的协同作用下,热障涂层的剥落失效是在所难免的。并且,随着燃气涡轮发动机向高进口温度发展,热障涂层的使用环境更加恶劣,将大大增加涂层失效的概率。在叶片热障涂层的制备过程中,可能会由于设备故障或人员操作不当等原因造成涂层不合格,基体合金微小的冶金缺陷、涂层厚度超标或涂层表面的缺陷也都会导致叶片涂层不合格。由于高温合金叶片的加工费用远高于涂层涂覆费用,若仅仅因为涂层不合格而报废叶片便会造成很大的浪费,这就需要退除涂层后进行再涂覆。其次,在叶片运输和使用过程中热障涂层不可避免地受到物理机械性或者化学性的损伤发生开裂、剥落。再者,叶片服役一段时间后,涂层也会退化及失效。最后,在叶片大修过程中,没有超过疲劳或者蠕变极限的叶片进行周期性的返修,同时热障涂层相应进行周期性的修复,在修复叶片前涂层要完全去除并且重新涂覆。叶片的加工费用昂贵,若涂层可以返修就能大大节约成本,因此,热障涂层修复已成为航空发动机叶片热障涂层工程应用关键因素之一。

2. 工艺及评价

现代热障涂层结构通常采用双层结构,面层为陶瓷隔热层(YSZ,三氧化二钇稳定的氧化锆),采用大气等离子喷涂(APS)或电子束物理气相沉积(EB-PVD)技术制备;底层为金属粘结层,通常选用包覆型的 MCrAlX(M = Ni、Co、Fe、X = Si、Hf、Ta 等),采用真空电弧镀(ARC)或者低压等离子喷涂(LPPS)技术制备,或者选用扩散性的 Pt/Ni-Al 涂层,采用化学气相沉积技术制备,改善合金基体与陶瓷面层物理相容性及提高基体合金的抗氧化和抗热腐蚀性能。通常,热障涂层的修复技术研究包含陶瓷面层和金属粘结层的修复技术研究两个方面。由于陶瓷面层属于硬质、耐久性好、耐磨性好的材料,要将陶瓷面层从陶瓷面层与粘结层的界面处退除下来又不损伤粘结层和基体是件困难的事情;其次,由于金属粘结层的成分同合金基体成分相近,并且航空发动机的叶片普遍存在着冷却通道,如何控制腐蚀速率并保证冷却通道内部的合金基体不受腐蚀是金属粘结层去除过程中难以回避的问题。

目前,去除高温合金基体上热障涂层的方法主要分为两类:物理方法和化学方法。物理方法包括吹砂、砂纸打磨、高压水退除等,化学方法包括高压釜、化学溶液腐蚀等。吹砂、打磨是常见而有效的热障涂层物理退除方法之一,其优点是工艺速率快、成本低,缺点是工艺过程较难控制既费人力又费时间,而且易于对粘结层与基体造成损害;同时反复去除粘结层会减薄叶壁同时扩大冷却孔,最终导致叶片只能修复一次使用。高压水冲击方法能较好地退除陶瓷涂层,但是这种方法所需设备昂贵,工艺过程难以控制,并且可能对基体造成损伤。总之,物理方法去除热障涂层有速率快等优势,但是由于发动机涡轮叶片自身复杂的外形结构,去除时工艺参数不易控制。化学方法可以较好地用于热障涂层陶瓷面层的去除。高温氟化物(HF)气体或者含氟离子的溶液退除热障涂层是化学方法的一种,这种方法所需设备昂贵且高温下氟化物气体对陶瓷面层、粘结层以及基体均会造成不同程度的腐蚀。高压反应釜中高温高压下用高浓度碱液能有效去除陶瓷面层且不损伤合金基体,但是所需设备昂贵,工艺时间长,且因为采用碱溶液,不适合去除金属粘结层。

国外针对定向凝固合金用热障涂层去除开展了大量研究工作。McComas 采用 HF 和 H_2 混合气体(混合气体中 HF 气体的体积比为 2% ~ 10%,其余为 H_2)退除陶瓷面层,温度保持在 1600 ~ 1900F,退除时间为 1 ~ 4h。陶瓷面层有 5% ~ 10% 的孔隙率保证气体能够通过柱状晶渗透至陶瓷面层与合金基体界面,而且气体的浓度足以与陶瓷面层优先反应且能把陶瓷面层从基体上剥落下来又不至于将陶瓷面层溶解而且不伤基体合金。该方法已经于 1986 年应用于发动机部件热障涂层的修理,适合等离子喷涂的热障涂层。

Reeves 将热障涂层(厚度为 8mm)工件加热至 870℃后置于含卤化物的气体或者粉末(氟化铵 5%,质量分数)混合物中,将工件以及粉末升温至 900 ~

1050℃保温 3h,冷却至室温,陶瓷面层从基体剥落,达到退除热障涂层的目的。本方法简便易行,不需要昂贵的高压釜设备,在常压下从粘结层与陶瓷面层的界面腐蚀将其氧化层变得疏松,从而陶瓷面层能够容易地去除剥落,适合于退除喷涂方法制备的厚的陶瓷面层。

Sangeeta 在高压釜中采用 6%有机溶剂(甲醇、乙醇、丙酮、异丙醇、丙酮、液态二氧化碳、液态氨等混合物)、6%盐溶质(氢氧化钠、氢氧化钾、氢氧化锂、氢氧化铵、三乙胺、羟化四甲胺等混合物)和 88%(质量分数)水溶液在平面或者曲面上去除热障涂层。该方法对金属粘结层和金属基体不造成任何损伤,适合 EB-PVD 或者等离子喷涂方法制备的热障涂层,工艺压力为 100~3000Pa,温度为 150~250℃,时间为 0.1~8h。粘结层可以为铝化物、PtAl、NiAl、NiCrAlY、Fe-CrAlY、CoCrAlY、NiCoCrAlY 等涂层,合金可以为 GTD-111、GTD-222、Rene 80、Rene 41、Rene 125、Rene 77、Rene 95、Inconel 706、Inconel 718、Inconel 625、钴基 HS188、钴基 L-605 和不锈钢等。该方法的优点是陶瓷面层能够完全除去而粘结层和基体不受到任何损伤,叶片可进行多次修复,同时节省时间和人力,具有经济性。另外一个优点是该方法适合于平面或者曲面的涂层。

Bruce Michael Warnes 针对 CMSX-4、PWA-1484 和 Rene'N5 单晶合金基体上热障涂层(EB-PVD 制备的陶瓷面层,CVD 沉积的 PtAl 粘结层)采用熔融 KOH 的方法进行退除,该方法能够在较快时间内去除掉热障涂层陶瓷面层,且对单晶基体及金属粘结层无明显腐蚀。该方法的原理是 $2KOH + \alpha Al_2O_3 = 2KAlO_2 + H_2O$, $\Delta G_{反应} = -20.2kcal/mol$。

与等离子喷涂不同的是,EB-PVD 制备的陶瓷面层具有独特的柱状晶结构,涂层致密不具备退除反应所需的孔隙率,常温常压下即使加上搅拌等外力作用,溶液无法渗透穿越陶瓷面层与 TGO 反应从而使得陶瓷面层从金属粘结层上剥离下来。在 EB-PVD 制备陶瓷面层过程中,TGO 的厚度以及成分含量不足以与碱溶液反应。因此,针对高温合金用 EB-PVD 制备的陶瓷面层,趋于采用高压反应釜高温高压高浓度碱去除陶瓷面层。

热障涂层在服役过程中在金属粘结层与陶瓷层之间所形成的热氧化生长层主要为氧化铝(α-Al$_2$O$_3$),热障涂层剥落失效时氧化铝层的厚度一般为 5~8μm。由于热氧化生长层氧化铝(α-Al$_2$O$_3$)易于被碱性溶液腐蚀,且碱性溶液对热障涂层中粘结层伤害小,所以可采用熔融氢氧化钾(KOH)+氢氧化钠(NaOH)溶液浸泡涂覆有热障涂层的高温合金试件,达到去除陶瓷层的目的。经测试,此方法对高温合金试件无损害,对热障涂层中粘结层伤害较小,且陶瓷面层去除完全、去除速率快、成本低、对设备要求低。

3. 应用

针对镍基高温合金上采用电子束物理气相沉积制备的热障涂层(粘结层为

$Ni-20Co-22Cr-8Al-0.5Y$,厚度为 $40\mu m$;陶瓷面层为 $ZrO_2-8\%$(质量分数) Y_2O_3,厚度为 $150\mu m$),具体步骤如下:

（1）按配比称取氢氧化钾、氢氧化钠粉混合均匀置入镍坩埚中,质量分数 70%氢氧化钾+30%氢氧化钠。

（2）加热盐浴炉至 $500\sim800℃$。

（3）将装有氢氧化钾+氢氧化钠混合粉末的镍坩埚放入盐浴炉中,加热混合料至 $580\sim800℃$。为了保持氢氧化钾+氢氧化钠混合粉末熔融后形成溶液,通过热电偶调节反应温度,使得溶液保持在一个恒温状态。

（4）将热障涂层试样置入镍坩埚中,反应时间为 $3\sim20min$。

（5）取出经过上述处理后的热障涂层试样,放入常温流动冷水中冲洗 $3\sim5min$。

（6）将经过上述处理后的热障涂层试样进行表面吹砂处理,去除热障涂层中的部分粘结层,喷砂时采用白刚玉砂,粒度为 0.154mm,工作压力 $0.2\sim0.5MPa$,处理时间为 10min。

根据表 6-18 的试验结果可以看出,不同的温度及反应时间时热障涂层的去除效果是不同的。在较低的温度条件下,不易均匀地退除陶瓷层,在 540℃ 时,反应时间 15min 仍未去除,而在 700℃ 时,陶瓷面层去除只需 3min。

表 6-18　不同条件下热障涂层去除状态

温度 时间	540℃	580℃	620℃	660℃	700℃	760℃
3min			×	⊙	○	
6min			⊙	○	○	○
9min	×	×	○	○	○	
12min	×	×	○	○	○	
15min	×		○	○	○	

表中"×"表示不能去除,"○"表示完全去除,"⊙"表示部分去除。

在退除陶瓷面层的过程中,采用扫描电镜对去除涂层后的试样表面进行分析,分析结果表明,在试样表面和粘结层的晶界中,没有发现钾与钠离子;另外,由于钾与钠离子与金属是不反应的,而且去除反应时间短,所以采用钾与钠离子作为去除剂,对于基体和粘结层是安全的。

6.4.2　包覆型涂层修复

1. 概述

第三代涂层为 MCrAlX 系列包覆型涂层(M=Ni、Co 或它们的组合,X=Y、Si

或者 Y+Si),其特点是成分和厚度可按要求控制,满足了不同使用工况条件的
要求,另外涂层对基体合金的力学性能影响较小。美国、法国等西方国家多采
用电子束物理气相沉积(Electron Beam Physical Vapor Deposition,EB-PVD)工
艺和低压等离子喷涂(Low Pressure Plasma Spray,LPPS)工艺制备 MCrAlX 系列
涂层,俄罗斯则采用电弧镀离子镀工艺(Arc ion plating,AIP)沉积涂层。自 20
世纪 60 年代开始,国外采用真空物理气相沉积(PVD)技术成功制备了 MCrAlX
涂层,目前几乎所有的现役航空发动机都应用了这种高温涂层,M88、F119、
F120 等最先进的航空发动机制备热障涂层时,也把 MCrAlX 涂层作为粘结层。
所以包覆型涂层的修复将是需求最广泛的技术。

2. 工艺及评价

1) 涂层退除工艺

(1) 物理方法局部或整体退除涂层。

针对采用真空电弧镀设备涂覆的 HY3(NiCrAlYSi)涂层和 HY5(NiCoCrA-
lYHf)涂层,退除、再涂覆工艺流程一般为:油石、砂纸打磨→吹砂→再沉积涂层
→扩散。

(2) 化学方法局部或整体退除涂层。

针对采用真空电弧镀设备涂覆的 HY3(NiCrAlYSi)和 HY5(NiCoCrAlYHf)
涂层,化学退除工艺流程一般如下:

① 吹砂:采用 100 目的刚玉对零件进行湿吹砂,压力为 5~5.5Pa;

② 水洗:用流动水冲干净零件内外表面的砂粒;

③ 保护:用封闭剂保护工件的孔、齿等无涂层的部位和不需退除的部位;

④ 浸泡退除:根据需要将工件以一定方式悬挂于溶液内进行退除;

⑤ 称量:取出工件,中和,清洗,除封闭剂,称量;

⑥ 检查:根据重量以及外观决定是否重新去除。

2) 涂层化学退除溶液的选择

涂层的型号、退除液的成分、侵蚀的制度和试样悬挂的方式等因素都会影
响化学溶液的退除速率。使用过的高温合金耐蚀性降低,特别是沿晶界处较为
薄弱,因此退除涂层后基体,特别是变形合金的工件极有可能发生晶间腐蚀,所
以应该侧重研究腐蚀性小的溶液来退除涂层。

为了保证再涂覆涂层的质量,退除时不能引起或者加重基体表面腐蚀,而
且必须保证零件的几何尺寸不受到大的影响。这就要求用化学溶液退除时仅
退除零件表面的涂层,而不损害基体合金。退除溶液的成分直接影响到退除速
率,只有在合适的参数下才能快速退除涂层,又不影响基体。

根据涂层中各种元素(镍、铬、铝、铁等)的性质(表 6-19),结合国内外退除

涂层的常用化学溶液,选用以下化学退除方法(表6-20),其中强酸类溶液适用于退除时效前的涂层,强氧化剂/氧化性酸/非氧化性酸类溶液适用于退除经过时效的涂层。

表6-19　涂层中各元素在部分环境中的耐蚀性

元素	部分不耐蚀的介质		
	酸　溶　液	盐　溶　液	气　体
镍	氧化性酸、硝酸、硫酸(>80%)、氢氟酸(高温状态)、磷酸(热的、浓的)	大多数氧化性盐类、三氯化铁	
铬	盐酸、浓硝酸(高温)、硫酸(>5%,>50℃)、氢氟酸、磷酸(>60%,>100℃)	氧化性盐(三氯化铁)会引起全面腐蚀	氢氟酸(>250℃)
铁	除了浓硝酸、H_2CrO_4、硫酸(>70%)、氢氟酸(>70%)外的酸都能腐蚀铁	盐溶液:氧化性盐类如三氯化铁	水气(>500℃)
铝	盐酸、硫酸、氢氟酸、磷酸、次氯酸	重金属盐类	湿的二氧化硫、盐酸、氨气等

表6-20　化学退除溶液

化　学　成　分	应　用
强酸	试样+涂层
强氧化剂/氧化性酸/非氧化性酸	试样+涂层+时效
强氧化剂/非氧化性酸	试样+涂层+时效

3. 应用

对 DD3 和 DZ125 合金沉积的 HY3(NiCrAlYSi)包覆型涂层(涂层厚度20~30μm)进行了针对性验证。通过称取不同状态试样的重量来计算各个时间段下的退除速率。涂层平均退除速率见表6-21和表6-22。

表6-21　HY3包覆型涂层化学法(非氧化型酸溶液)退除速率

材料	涂　层	试样尺寸/(mm×mm×mm)	退除时间/h	退除速率/(mg/cm² · h)
DD3	HY3		7	2.18
	HY3+时效	30×10×1.5	14	1.09
DZ125	HY3		7	2.14
	HY3+时效		14	1.07

表 6-22   HY3 包覆型涂层化学法(氧化性酸溶液)退除速率

材　　料	涂　　层	试样尺寸 /(mm×mm×mm)	退除时间/h	退除速率/(mg/cm² · h)
DD3	HY3	30×10×1.5	12	1.27
DZ125				1.25

　　退除速率的主要影响因素是退除溶液本身的成分含量及试样涂层状态,对于不同基体上的同种涂层,用同种化学溶液的退除速率基本相同。时效后的涂层的退除时间相对较长。

　　图 6-65 为涂层一次化学退除前后的外观。由图 6-65 可见,涂层退除后基体合金没有受到损害,表面状态完好,依然具有明显的金属光泽。

图 6-65   涂层一次化学退除前后外观

　　图 6-66 为涂层经过一次化学退除及再涂覆的热腐蚀试样的外观,可见涂层退除后基体合金没有受到损害,表面状态完好,再涂覆的涂层与原始涂层相比,颜色均匀,外观没有明显变化。

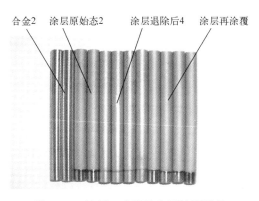

图 6-66   涂层一次退除和再涂覆样件

　　图 6-67 为经过一次化学退除部分涂层的金相显微组织,可以看出用化学溶液部分退除后,残余涂层的内部组织与涂层原始态基本一致,涂层依然很致

密。涂层与基体界面完好,说明剩余涂层内部没有遭受退除溶液的明显侵蚀,这部分涂层对基体仍然具有一定的保护作用,基体表面完整平滑未出现过腐蚀现象。

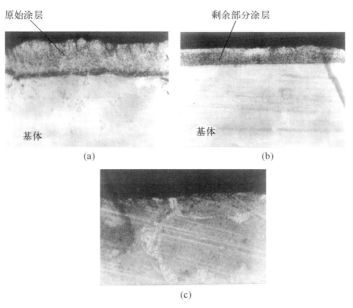

图 6-67　DZ22 合金+NiCrAlY 涂层化学部分退除后金相显微组织
(a) 涂层原始态;(b) 部分退除;(c) 退除后基体。

　　图 6-68 是合金沉积涂层经过一次化学退除(完全退除)前后的金相显微组织图,图 6-68(a)、(b)都是用背散射电子成像,放大 2000 倍得到的基体(K13 铁基合金)与涂层的显微组织结构。图中表层及内层中灰色相为 HY3 涂层,浅灰色为基体,白色相为富钼和钨相。图 6-68 中涂层的厚度约为 20～30μm。图 6-68(b)是用硝酸-磷酸溶液完全退除的试样。由图 6-68(a)可见,涂层与基体界面比较整齐,没有明显的界限,表明是冶金结合;同时涂层退除后基体的表面比较平整,没有明显缺陷,说明用该方法退除涂层对基体的显微组织没有明显影响。

　　由图 6-69 可见,涂层退除再涂覆后基体合金不受影响,再涂覆的涂层与原始涂层的内部组织相近,说明涂层的退除及再涂覆对涂层以及基体合金的显微组织基本没有影响。显微组织分析表明,退除及再涂覆后的涂层形貌、元素分布与原始涂层相似,与基体金属结合紧密,界面清晰,无冶金缺陷。

　　图 6-70～图 6-74 是 DD3 合金沉积涂层后经过多次化学退除及再涂覆后的 SEM 组织。图中表层及内层深颜色区域为 HY3 涂层,浅灰色区域为基体,白

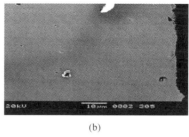

(a)　　　　　　　　　　　(b)

图 6-68　K13 合金涂覆 HY3 涂层完全退除前后用背散射法（BEI）得到的金相显微组织
（a）涂层原始态；（b）涂层完全退除后的基体。

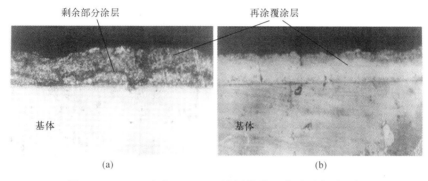

(a)　　　　　　　　　　　(b)

图 6-69　DZ22 合金+NiCrAlY 涂层化学退除后再涂覆金相
（a）部分退除+再涂覆；（b）全部退除+再涂覆。

色粒子区域为涂层与基体互扩散区。可见,HY3 涂层经过多次退除及再涂覆,涂层的厚度依然为 20~30μm,与原始涂层的厚度相近,扩散区的厚度为 5μm 左右,时效后退除及再涂覆涂层的影响区比多次退除及再涂覆的影响区要大一些。经多次化学退除及再涂覆涂层与基体的结合仍然很好,界面清晰,说明涂层的多次退除及再涂覆对基体合金的显微组织基本没有影响。

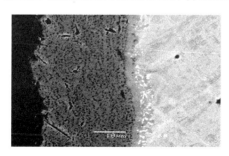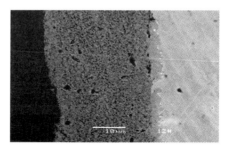

图 6-70　一次退除+再涂覆　　　　　　　图 6-71　二次退除+再涂覆

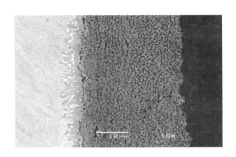

图 6-72　三次退除+再涂覆

图 6-73　时效+退除+再涂覆

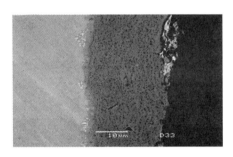

图 6-74　涂层原始态

图 6-75~图 6-79 为 DZ125 合金沉积涂层后经过多次退除以及再涂覆后的涂层界面 SEM 组织。图中深颜色区域为 HY3 涂层,白色区域为 DZ125 基体。由图 6-75~图 6-79 对比可知,多次退除及再涂覆的涂层厚度与原始涂层相近,均在 20~30μm 范围之内,除了时效后一次退除及再涂覆的涂层与基体的影响区接近 10μm 外,多次退除及再涂覆的涂层与原始涂层的扩散区厚度都接近为 5μm。三次退除及再涂覆涂层试样的基体中均有白色相出现。涂层与基体的界面处没有孔隙、裂纹等缺陷出现。

图 6-75　一次退除+再涂覆

图 6-76　二次退除+再涂覆

图 6-77　三次退除+再涂覆

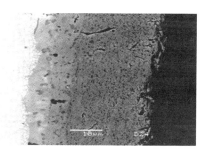

图 6-78　时效+退除+再涂覆

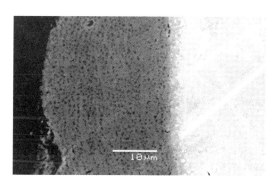

图 6-79　涂层原始态

　　由以上组织图对比可以看出,HY3 涂层经过多次的退除及再涂覆,涂层与各种基体合金(DD3、DZ125)的结合依然很好,涂层致密,合金组织没有变化,说明涂层的退除以及再涂覆对基体合金的显微组织基本没有影响。

　　涂层修复后的主要防护性能结果如下:

　　(1)抗氧化性能。采用 HB 5258—2000《钢及高温合金的抗氧化性测定试验方法》进行涂层的抗氧化性能测试。表 6-23 为 DD3 合金沉积 HY3 涂层 1100℃循环氧化试验结果,试样状态包括:无涂层 DD3 合金、DD3 合金沉积原始态 HY3 涂层、一次退除及再涂覆、二次退除及再涂覆、三次退除后及再涂覆和涂层时效后退除再涂覆。

　　从表 6-23 可以看出,DD3 合金沉积 HY3 涂层经过一次、二次、三次退除后再涂覆及时效后一次退除并且再涂覆的涂层,在 1100℃循环氧化条件下,抗氧化性能相近,循环氧化寿命与原始涂层的抗氧化寿命基本相同。总之,在 1100℃循环氧化条件下,经过退除及再涂覆后的涂层与原始涂层相比,抗氧化性能相当。

表 6-23　DD3 合金沉积 HY3(20~30μm)涂层退除及
再涂覆后循环氧化试验结果

试 验 条 件	材　料	涂层状态	氧化寿命/h
1100℃保温 60min，出炉冷却 5min 为一周期	DD3 合金 + HY3 涂层	合金无涂层	10
		合金+原始态涂层	235
		一次退除+再涂覆	230
		二次退除+再涂覆	235
		三次退除+再涂覆	235
		涂层时效+退除+再涂覆	235

（2）抗热腐蚀性能。采用 HB 7740—2004《燃气热腐蚀试验方法》规定进行涂层的抗热腐蚀性能测试,考验原始涂层、再涂覆涂层(含一次、二次、三次退除及时效后一次退除再涂覆涂层)在腐蚀介质条件下的抗热腐蚀能力及涂层对合金的防护效果。

DD3 合金和 DZ125 合金沉积 HY3(20~30μm)涂层经退除/再涂覆(含多次退除/再涂覆)燃气热腐蚀试验结果参见表 6-24、表 6-25。

表 6-24　DZ125 合金沉积 HY3(20~30μm)涂层燃气热腐蚀试验结果

试 验 条 件	材　料	状　态	腐蚀速率/(g/m² · h)
900℃,100h	DZ125 合金 HY3 涂层	无涂层	4.4
		合金+原始态涂层	0.15
		一次退除+再涂覆	0.12
		二次退除+再涂覆	0.12
		三次退除+再涂覆	0.16
		涂层时效+退除+再涂覆	0.15

表 6-25　DD3 合金沉积 HY3 涂层(20~30μm)涂层燃气热腐蚀试验结果

试 验 条 件	材　料	状　态	腐蚀速率/(g/m² · h)
900℃,100h	DD3 合金 HY3 涂层	无涂层	8.27
		合金+原始态涂层	0.17
		一次退除+再涂覆	0.18
		二次退除+再涂覆	0.16
		三次退除+再涂覆	0.16
		涂层时效+退除+再涂覆	0.17

由表 6-24、表 6-25 的结果可以看出，HY3 涂层具有优良的抗热腐蚀性能，涂层的腐蚀速率比合金下降了一个数量级，说明涂层显著提高了合金在高温条件下抵抗腐蚀介质侵蚀的能力。一次退除、多次退除及时效后退除并经再涂覆后，DZ125 合金沉积的 HY3 涂层腐蚀速率在 $0.12\sim0.16\,\mathrm{g/m^2 \cdot h}$ 之间，相当于无涂层合金腐蚀速率的 1/30 左右。经过一次、二次、三次退除后再涂覆和时效后退除再涂覆的涂层，热腐蚀试验的结果与原始涂层相比，在同一数量级上，试样腐蚀速率分别为 $0.15\mathrm{g/(m^2 \cdot h)}$、$0.12\mathrm{g/(m^2 \cdot h)}$、$0.12\mathrm{g/(m^2 \cdot h)}$、$0.16\mathrm{g/(m^2 \cdot h)}$、$0.15\mathrm{g/(m^2 \cdot h)}$，没有大的变化。

DD3 合金沉积的 HY3 涂层腐蚀速率在 $0.16\sim0.18\mathrm{g/(m^2 \cdot h)}$ 之间，相当于无涂层合金腐蚀速率的 1/50 左右，经过一次、二次、三次退除后再涂覆和过时效后退除再涂覆的涂层与原始涂层相比，热腐蚀试验的结果同样在一个数量级上，试样腐蚀速率分别为 $0.17\mathrm{g/(m^2 \cdot h)}$、$0.18\mathrm{g/(m^2 \cdot h)}$、$0.16\mathrm{g/(m^2 \cdot h)}$、$0.16\mathrm{g/(m^2 \cdot h)}$、$0.17\mathrm{g/(m^2 \cdot h)}$，没有大的变化。

可见，涂层的退除与再涂覆基本不影响涂层的腐蚀速率，在 900℃ 燃气热腐蚀试验条件下，涂层经过退除、再涂覆后与原始涂层相比，抗热腐蚀性能相当。

（3）抗热冲击性能。DD3 合金和 DZ125 合金沉积 HY3（$20\sim30\mu\mathrm{m}$）涂层经退除及再涂覆（含多次退除及再涂覆）后抗热冲击试验结果参见表 6-26、表 6-27。

表 6-26　DD3 合金沉积 HY3（$20\sim30\mu\mathrm{m}$）涂层抗热冲击试验结果

试验条件	材料	状态	重量变化/($\mathrm{g/m^2}$)
1100℃，保温 2min 冷却 1min 为一周期，共进行 700 个周期	DD3 合金	合金+原始态涂层	3.75
		一次退除+再涂覆	3.89
		二次退除+再涂覆	3.96
		三次退除+再涂覆	3.82
		涂层时效+退除+再涂覆	3.75

表 6-27　DZ125 合金沉积 HY3（$20\sim30\mu\mathrm{m}$）涂层抗热冲击试验结果

试验条件	材料	状态	重量变化/$\mathrm{g/(m^2)}$
1100℃，保温 2min 冷却 1min 为一周期，共进行 700 个周期	DZ125 合金	合金+原始态涂层	5.56
		一次退除+再涂覆	5.56
		二次退除+再涂覆	5.28
		三次退除+再涂覆	5.28
		涂层时效+退除+再涂覆	5.42

由表 6-26、表 6-27 可知,经过一次、二次、三次退除后再涂覆的涂层、时效后退除及再涂覆的涂层与原始涂层的抗剥落性能相近,试样重量变化在同一数量级上,这表明涂层退除及再涂覆对涂层的抗热冲击性能基本不影响。总之,在 1100℃ 下的热冲击试验条件下,涂层经过退除、再涂覆后与原始涂层相比,热态结合强度相当。

(4)涂层修复工艺对基体合金力学性能的影响。涂层修复工艺对基体合金力学性能的影响主要指涂层退除及再涂覆对基体力学性能的影响,一般考虑持久、拉伸及疲劳性能。其中高温持久按 HB 5150—96《金属拉伸持久试验方法》进行;瞬时拉伸按 HB 5143—96《金属室温拉伸试验方法》进行;旋转弯曲疲劳按 HB 5153—96《金属高温旋转弯曲疲劳试验方法》进行。

采用化学方法退除涂层后再涂覆 HY3 涂层的试样力学性能测试结果分别见表 6-28、表 6-29 和表 6-30。

表 6-28　高温持久试验结果

材　　料	试 验 条 件	状　　态	平均持续时间/h
DD3 合金+HY3 涂层	980℃ 221MPa	合金无涂层	133.2
		合金有涂层	155.5
		一次退除+再涂覆	140.5
		二次退除+再涂覆	142.3

从表 6-28 可知,DD3 合金涂覆 HY3 涂层后,持续时间有所提高,高温持久性能有所改善;一次退除和二次退除后再涂覆的试样高温持久性能比空白合金要好,比涂覆原始涂层的试样持续时间略微下降。

表 6-29　拉伸试验结果

材　　料	试 验 条 件	状　　态	平均抗拉强度 σ_b/MPa
DD3 合金+HY3 涂层	25℃	合金无涂层	1017
		合金有涂层	967
		一次退除+再涂覆	997
		二次退除+再涂覆	979

由表 6-29 可知,合金加上涂层后,拉伸性能中抗拉强度 σ_b 略有下降,但满足合金技术指标的要求;一次退除和二次退除后再涂覆涂层的试样与空白基体相比,σ_b 略有下降,但是比涂覆原始涂层的试样拉伸性能要好。退除涂层及再涂覆后对拉伸性能有轻微影响,而对于铸造高温合金而言,拉伸性能的波动范围在 ±15% 内属正常,因此涂层拉伸性能满足使用要求。

表 6-30　高周疲劳试验结果

材　　料	试验条件	状　　态	循环次数	统计分析	
				LgN	X
DD3 合金+ HY3 涂层	800℃ 510MPa	合金无涂层	$2.85×10^5$	6.1847	6.1320
			$2.65×10^5$	6.0792	
		合金有涂层	$1.45×10^5$	6.0212	5.9086
			$1.75×10^5$	5.7959	
		一次退除+再涂覆	$1.35×10^5$	5.8633	6.0494
			$4.50×10^4$	6.2355	
DZ125 合金+ HY3 涂层	800℃ 380MPa	合金无涂层	$>1.10×10^7$	7.0414	7.0453
			$>1.12×10^7$	7.0492	
		一次退除+ 再涂覆	$>1.01×10^7$	7.0043	6.8405
			$4.74×10^6$	6.6758	
		二次退除+ 再涂覆	$5.72×10^6$	6.7574	6.8824
			$>1.01×10^7$	7.0073	
		三次退除+ 再涂覆	$>1.00×10^7$	7.0000	7.0147
			$>1.07×10^7$	7.0294	
		涂层时效+退除 +再涂覆	$>1.01×10^7$	7.0073	7.0073
			$>1.01×10^7$	7.0073	

　　由表 6-30 可知,HY3 涂层对 DZ125 合金的旋转弯曲疲劳性能没有明显影响,有时会有所改善。涂覆涂层对 DD3 合金高周疲劳性能基本没有影响,多次退除及再涂覆 HY3 涂层的 DD3 合金试样与空白试样的循环次数 N_f 在同一个数量级上。退除及再涂覆涂层对基体合金旋转弯曲疲劳性能略有影响,但能够满足发动机热端部件试车的工作要求。

　　由表 6-28～表 6-30 可知,涂层经化学方法退除后再涂覆,对基体合金的力学性能(高温持久、室温拉伸、旋转弯曲疲劳)无明显影响。

6.4.3　铝化物涂层修复

　　我国高温涂层的工艺说明书中多数包括涂层的返修程序,但是都比较简单,也缺乏必要的检验方法和要求。目前国内去除铝化物扩散型涂层的方法主要采用喷砂(或砂纸打磨)和化学退除二种方法,部分化学退除溶液及操作方法列于表 6-31。

表 6-31 涂层的化学退除溶液及操作方法

涂层	化学溶液成分	含量	温度	时间
中温铝涂层	氢氧化钠 葡萄糖酸钠	225g/L 58g/L	80~90℃	30min
铝硅涂层	硝酸 氨基磺酸	100%(V) 20~50g/L	40℃	2~4h

一般情况下,退除涂层后采用热敏法或腐蚀法检验去除效果。热敏法即将零件在马弗炉中加热到 510~590℃,保温 1h,空冷,然后目视检查零件颜色,蓝色表示涂层已经完全退除,稻草色或者金黄色表示涂层没有完全去除;腐蚀法是指退除涂层后用酸性溶液腐蚀(如盐酸 100~120g/L,三氯化铁 250~300g/L),将零件放入酸性溶液中侵蚀 2min,显晶则为涂层已经完全退除,呈现黑色或者金属灰色则表明腐蚀过度。实际操作中允许存在不超过 5% 的局部残留,允许重复进行吹砂与热敏法检查,直至去除效果符合要求,去除涂层的叶片应检测壁厚。

6.5 清洗缓蚀与去腐蚀产物膏

飞机飞行和停放过程中易沉积腐蚀性介质,不仅影响飞机的外观,还可能引起腐蚀问题。因此,飞机的清洗、缓蚀、去湿、腐蚀修复是控制腐蚀发生发展的关键技术,广泛采用飞机专用清洗剂、缓蚀剂、去腐蚀产物膏等腐蚀维修材料。

6.5.1 清洗剂

随着军用以及民用飞机使用时间的变长,飞机在空中飞行和停放过程中的污染变得越发严重和频繁。飞机的污染不仅影响飞机内外表面的美观,而且容易引发飞机的腐蚀,造成飞机性能降低和使用寿命缩短等问题。美国波音公司从 1986 年 6 月到 1989 年 5 月,先后对 26 个国家的 48 家航空公司的 76 架已到寿波音飞机进行大规模的调研,并对两架老龄(已使用 18 年以上)飞机进行彻底的拆卸分解、检查,发现在飞机上普遍存在腐蚀现象,尤其是维护保养不到位的飞机腐蚀更是相当严重。在飞机的维护保养中,对飞机的清洁和涂防腐剂是较关键的两项工作。通常情况下,清洁比检查以及涂防腐剂更费工时。因此,使用飞机清洗剂的飞机清洗技术作为最基础的飞机日常维护手段,已在国外得到广泛应用。清洗剂主要包括水基清洗剂、溶剂型清洗剂以及发动机清洗剂。

1. 水基清洗剂

水基清洗剂是应用范围最广的清洗剂,主要用于飞机外表面以及部分零件的清洗,具有无污染、操作安全、运输方便等优点。水基型清洗剂以表面活性剂为主体,主要通过各种表面活性剂及各种助剂的协同作用和相溶互补来获得优良的洗涤效果,特别是近年来各种高分子聚合物助洗剂的引入极大地改进了产品的清洗和使用性能。此类清洗剂与过去的飞机清洗剂最大的不同之处,在于不含有机碳氢溶剂或有机碳氢溶剂含量低,因此,不会释放挥发性有机化合物,产生有害气体,引起皮肤刺激反应和其他健康问题。此外,现代的配方大多采用易生物降解的组分,克服了以前的飞机清洗剂一般非生物降解,呈现燃烧毒性等问题。此类清洗剂是未来飞机清洗剂的发展趋势和主要产品。

由于飞机是高技术高价值产品,其对清洗剂性能的要求较一般民用和工业清洗剂高得多。除了对清洗剂清洗效率的考虑,同时还必须满足相关标准的各项要求,包括清洗剂的清洗能力、pH 值、对飞机表面金属材料的影响(全浸腐蚀、缝隙腐蚀、氢脆等)、对飞机表面非金属材料(油漆层、胶黏剂、有机玻璃等)的影响、稳定性(硬水稳定性、低温稳定性、加速储存稳定性)等多项技术指标。

北京航空材料研究院参照美军标技术指标开发了 AHC-1 飞机表面水基清洗剂和 AHC-7 水基乳化型清洗剂,其全部指标满足美军标的要求。以上两款清洗剂不含磷酸盐、聚磷酸盐、铬酸盐、亚硝酸盐等对环境有不良影响的物质,对飞机表面油漆、丙烯酸塑料等非金属材料无不良影响,具有优良的稳定性和储存性能,尤其是其高效缓蚀剂组分能有效地抑制飞机表面结构钢、铝合金、镁合金等金属材料的均匀腐蚀、点蚀和缝隙腐蚀,不会引起高强度钢的氢脆,综合性能达到国外同类产品的技术水平,是符合环保要求的飞机表面及零件用抗腐蚀清洗剂。由北京航空材料研究院负责,沈飞公司参加,共同编制了 GJB 5974—2007《飞机外表面水基清洗剂规范》。

2. 溶剂型清洗剂

溶剂型清洗剂主要用于飞机内表面、特殊部位、零部件以及涂层破损部位的清洗,特点是不需用水漂洗,可自然挥干,无残留,并且闪点高,使用安全。长期以来,国内一直使用航空汽油、丙酮等对飞机内表面和零件进行清洗,但由于航空汽油、丙酮等闪点较低、易燃,存在很大的安全隐患,部分飞机修理厂已有汽油起火事故的发生。在国外,普遍使用高闪点的飞机专用溶剂型清洗剂,以解决汽油等传统洗涤溶剂使用安全性差、清洗效果不佳等缺点。

北京航空材料研究院参照美军标技术指标开发了 RJ-1 溶剂型飞机清洗剂,闪点在60℃以上,使用、运输和储存安全;清洗效率不低于90%,并且干燥时间短,无残留;对飞机上钢、铜、铝、镁等多种金属材料有良好缓蚀作用,不会导致金属产生腐蚀;与飞机表面涂层、有机玻璃、绝缘导线、橡胶、密封剂等非金属材料相容性良好,可以代替航空汽油等低闪点溶剂应用于飞机维护/维修,实现飞机清洗的安全性和高效性。

3. 发动机清洗剂

发动机清洗剂用于发动机的在线或离线清洗。目前,国内外用于航空发动机的清洗剂主要有三类:即水(去离子水或脱盐水)、水基清洗剂和溶剂基清洗剂。水虽廉价易得,对压气机材料危害小,但清洗效果有限,仅能清洗部分可溶的盐;水基清洗剂不仅可清洗可溶的盐,对油类污垢也有相当的清洗能力;溶剂基清洗剂清洗能力最强,但因含有溶剂易燃,并且易污染环境。早在 20 世纪 80年代初,飞机发动机的清洗已广泛应用于美国、英国、法国、德国、意大利、加拿大等国的军用飞机和商用飞机,SPEY、JT3D、JT8D 等型发动机的维护手册都有明确规定推荐使用的清洗剂牌号和清洗程序。

北京航空材料研究院自 1991 年开始关注并研究飞机发动机清洗剂,参考美军标的要求,首先自主研发成功了飞机发动机溶剂基清洗剂 FJ-1,并与北京化工大学、北京航空航天大学联合编制了 GJB 2841—1997《燃汽涡轮发动机燃汽通道清洗剂规范》,但限于当时技术的发展水平,该标准只规定了对溶剂基清洗剂的要求。而后,北京航空材料研究院研制成功了 GT-1 水基发动机清洗剂。该型清洗剂具有良好的清洗能力和优良的缓蚀性能,对各种金属材料无腐蚀和加速腐蚀作用,对非金属材料无不良影响,对各种水质具有良好的稳定性,并且各项性能指标均达到规定的技术指标要求。

4. 清洗剂的性能评价

清洗剂的性能评价一般包含外观、pH 值、闪点、全浸腐蚀、对镀层的腐蚀、缝隙腐蚀、氢脆、对漆层表面的影响、对有机玻璃的影响、对绝缘导线的影响、对橡胶的影响、对密封剂的影响、对非涂漆表面的影响、清洗效率、对涂盐表面的可漂洗性、乳化性、硬水稳定性、低温稳定性和加速贮存稳定性等。具体试验方法可参照相关标准执行。

6.5.2 缓蚀剂

飞机的腐蚀本质上是工业或海洋大气污染了的冷凝水或雨水在飞机结构件上形成的水膜下的电化学腐蚀。控制腐蚀形成及其扩散的最有效的方法是防止水在飞机结构易腐蚀的区域积聚,尤其是结构连接处。美国海军航空工程部门已确定,海军飞机的大部分腐蚀是从结构连接处开始的。针对造成腐蚀的原因,除了在结构设计时注意密封、排水外,使用缓蚀剂作为控制腐蚀的一种方法,国外在飞机上已使用多年。缓蚀剂具有较强的渗透性和水置换能力,可以进入极小的缝隙和孔内,将表面的水分和盐分置换出来,并覆盖一层具有防腐蚀作用的膜层,通过膜层防止腐蚀介质和材料表面直接接触而达到有效控制金属腐蚀的产生及扩展目的。缓蚀剂主要包括硬膜缓蚀剂和软膜缓蚀剂。

1. 硬膜缓蚀剂

硬膜缓蚀剂适用于飞机上不要求润滑的非运动部件和大表面上(如紧固件、接缝、调整片、焊缝、未涂覆的金属表面),也可以涂覆在涂层开裂、损坏部位,作为涂层破坏后的修补手段之一。硬膜缓蚀剂喷涂或刷涂在飞机金属结构上,可以进入极小的缝隙和孔内,溶剂挥发后将金属结构表面的水分和盐分置换出来并覆盖一层具有防腐蚀作用的透明膜层,对飞机上钢、铜、铝、镁、镉、锌等多种金属均有良好防护作用,膜层较厚($30\sim40\mu m$),不易破坏,不沾灰,有效防护期较长。硬膜缓蚀剂已经在国外飞机生产、维护、维修中得到广泛应用。美军的应用研究表明:采用缓蚀剂进行外场维护,降低了费用,减少了工时,减轻了劳动强度。以往美军每架飞机每个维护周期平均需要 2000 美元更换零件,20 个工时用于维护和更换部件,采用缓蚀剂后,只需要 100 美元和花费 5 个工时更换零件。

目前,硬膜缓蚀剂在国内飞机生产、维护中的应用较少。在缓蚀剂研制方面,北京航空材料院研制了 YTF-1 飞机硬膜脱水防锈剂、YTF-3 高闪点硬膜缓蚀剂等材料性能优良,与国外同类缓蚀剂材料水平相当。海航歼 X 等飞机在外场应用 YTF-1 飞机硬膜脱水防锈剂,陆航在 X 系列直升机维修中应用 YTF-3 硬膜缓蚀剂,证实缓蚀剂使用方便,防腐蚀效果较好。

2. 软膜缓蚀剂

软膜缓蚀剂适用于飞机内部较长期防护和外部短期防护,特点是形成的膜较软,有一定润滑作用,可以擦洗掉,用于滑轮、操纵索等运动部件的腐蚀防护。在国外,美海军 ES-3A 型反潜机、S-3B 型反潜机等采用 ACF-50 软膜缓蚀剂,飞机腐蚀率大大降低。在国内,北京航空材料研究院研制了 TSN-7 软膜缓蚀剂等与国外性能相当的软膜缓蚀剂材料,防腐蚀性能优良,水置换性良好,并且不会对高强钢产生氢脆。

3. 缓蚀剂的性能评价

缓蚀剂的性能评价一般包含外观、闪点、不挥发分、黏度、干燥度、磨蚀性、可喷涂性、膜层可去除性、金属腐蚀性、耐中性盐雾、耐人造海水-亚硫酸盐雾、人造海水置换性、可渗透性、耐剥落腐蚀、耐水性、干燥时间、膜层透明性、膜层可鉴别性、低温结合力、低温柔韧性和高温流动性等。具体试验方法可参照相关标准执行。

6.5.3 去腐蚀产物膏

在沿海和南方的湿热环境下服役的飞机,防护涂层体系的破坏,必然引起铝合金、结构钢表面的腐蚀。海洋性环境下服役的飞机由于长期受到潮湿、盐雾、日照、腐蚀性污染物(如 SO_2 和 CO_2)和霉菌的作用,所遭受环境更为苛刻,腐蚀更为严重。为了控制腐蚀的进一步发展,保证飞机的飞行安全,应及时对涂层破损的结构和零件进行处理,去除表面腐蚀产物,并进行适当的表面处理和防护。表面腐蚀产物的清除干净与否,对飞机表面的腐蚀防护有重要的影响。同时,表面腐蚀产物去除工艺不应对基体结构的性能产生影响。因此,结构钢和铝合金去腐蚀产物技术是解决现场快速处理或修理腐蚀问题必需的技术。

铝合金和结构钢去腐蚀产物膏及其工艺是为解决老龄飞机的现场腐蚀修理而发展的技术。由于其配制简单、使用方便、快速处理的特点,短期内得到了广泛的认可与应用,目前既可用于产品修理时的表面处理,又可用于新产品精修部位、拼装部位等的表面处理。与在生产过程的表面处理工艺不同,既不需要电源、动力,也不需要在溶液中进行,而是将处理液稠化,制备成膏状物,涂刷于被处理零件的表面,停留一定时间干燥后清理收集,从而达到对腐蚀表面进行去腐蚀产物并氧化或磷化处理的目的。该工艺既可以用于清除腐蚀产物,也适用于作为无腐蚀痕迹时涂漆前的表面准备工序,提高油漆涂层的附着力。去腐蚀产物膏可以处理任一倾角及尺寸的零件,包括带顶板的零件,甚至有焊缝的零件。对于铝合金零件,处理腐蚀损伤区域不仅能清除腐蚀产物,而且还能防止铝合金分层腐蚀及晶间腐蚀的增长,经软膏处理过的区域表面上会产生薄的磷酸盐涂层,保障在随后涂漆时提高油漆涂层的附着力。对于钢制零件,经软膏处理后就像表面经过除油处理一样可以进行钝化、涂漆、焊接、热处理及其他工艺工序。

1. 去腐蚀产物膏的性能评价

去腐蚀产物膏的性能评价一般包含外观、流淌度、去腐蚀产物效率、干燥时间、金属基体腐蚀性和氢脆等。

2. 结构钢去腐蚀及磷化技术

通常对于钢表面腐蚀采取的现场局部除锈方法包括手工除锈、化学除锈及机械喷丸(砂)等几种。手工除锈质量差,锈层不易完全去除;机械喷丸(砂)可以获得优良的表面,但劳动强度大,粉尘多,需要复杂的后处理;而普通化学除锈的方法如果使用溶液进行浸泡或喷淋,容易流淌,在需处理表面的停留时间短而影响处理效果,而且会对未锈蚀表面造成侵蚀影响表面质量。从俄罗斯引进的去除不锈钢及结构钢表面腐蚀产物的化学软膏以膏状形式存在,可以较长时间停留在局部而不流淌,易于控制,不会对不需处理表面产生影响,且该化学膏自然干燥后容易清理收集,不会造成污染物扩散。

化学软膏去除不锈钢及结构钢表面腐蚀产物的工艺是针对飞机制造及修理时、局部涂层体系出现破损产生腐蚀产物时使用的一种修补工艺。使用该软膏在去除腐蚀产物的基础上可以在锈蚀的表面生成一种磷化膜,具有一定的耐蚀作用且利于增强后续补喷漆层的结合力。

北京航空材料研究院针对飞机不锈钢和高强度结构钢的腐蚀修理研制了BT-1 和 BT-2G 两种钢去腐蚀产物处理软膏,其主要成分为磷酸、草酸、表面活性剂、缓蚀剂、增稠剂等,外观为白色均匀的浓稠物。BT-1 软膏适用于处理铬含量不低于 18% 的高耐蚀性不锈钢;BT-2G 软膏适用于处理铬含量为 10% ~ 18% 的不锈钢零件及 30CrMnSiA 等结构钢零件。两种软膏都不允许用于处理强度大于 1400MPa 的高强度结构钢或不锈钢。

3. 铝合金去腐蚀和局部化学氧化技术

常用铝合金化学氧化工艺采用溶液浸泡或喷淋方法实施,对于涂层的现场局部修补不适用。一是溶液易流淌,无法较长时间停留在局部,影响氧化膜层质量,且对其他不需修补的部位造成影响;二是化学氧化溶液含有大量的对环境危害的六价铬,且具有很高的酸性,流淌后对环境造成较大污染。

铝合金局部化学氧化工艺的原理与常用的化学氧化工艺相同,都是在铝合金表面形成一层致密的含铬化学转化膜,但二者的用途不同,实施方法也不相同。局部化学氧化工艺是针对飞机在制造及修理时,局部的涂层体系出现破损时使用的一种修补工艺。铝合金局部化学氧化工艺以膏状形式存在,可以较长时间停留在局部而不流淌,氧化膏自然干燥后容易清理收集,不会造成污染物扩散。

北京航空材料研究院针对飞机用高强度铝合金的腐蚀修理研制了 ALT-1铝合金去腐蚀产物处理软膏和 LYG-2 铝合金局部化学氧化膏。其主要成分为磷酸、无机盐、缓蚀剂、增稠剂等,外观为橙色均匀的浓稠物。

参考文献

[1]　赵黎云,钟丽萍,黄逢春. 电镀铬添加剂的发展与展望[J]. 电镀与精饰,2001,23(5):
　　　9-12.

[2]　张敬国. WC17%Co 热喷涂粉末及其耐磨涂层制备的研究[D]. 长沙:中南大学材料加
　　　工工程,2005.

[3]　林惠令,吴恒显. 热喷涂技术代替电镀硬铬之浅见及其他[C]. 第八届国际热喷涂研
　　　讨会(ITSS'2005)暨第九届全国热喷涂年会(CNTSC'2005)论文集,2005:122-129.

[4]　RAJASEKARAN B,MAUER G,WEBER S,et al. Thick tool steel coatings using HVOF spra-

ying for wear resistance applications[J]. Surface and Coatings Technology,2010,205(7):2449-2454.

[5] MANN B S,VIVEK ARYA,MAITI A K,et al. Corrosion and erosion performance of HVOF/TiAlN PVD coatings and candidate materials for high pressure gate valve application[J]. Wear,2006,260(1-2):75-82.

[6] LIMA R S,KHOR K A,LI H,et al. HVOF spraying of nanostructured hydroxyapatite for biomedical applications[J]. Materials Science and Engineering:A,2005,396(1-2):181-187.

[7] TAN K S,WHARTON J A,WOOD R J K. Solid particle erosion-corrosion behaviour of a novel HVOF nickel aluminium bronze coating for marine applications—correlation between mass loss and electrochemical measurements[J]. Wear,2005,258(1-4):629-640.

[8] 唐斌,谢道秀. 超音速火焰喷涂替代镀铬技术修复导轨研究和应用[J]. 长沙航空职业技术学院学报,2012,12(4):50-54.

[9] 郭孟秋,张兴华,阚民红,等. 超音速火焰喷涂316L不锈钢涂层性能研究[J]. 失效分析与预防,2013,8(4):216-221.

[10] 郭孟秋,高继文,许宜军,等. 助力器活塞杆表面裂纹的喷涂修复[J]. 航空维修与工程,2015,(9):116-117.

[11] 郭孟秋,唐斌,范鑫,等. 钛合金零件表面爆炸喷涂修复[J]. 航空维修与工程,2015,(9):121-123.

[12] SCHORR BRIAN S,STEIN KEVIN J,et al. Characterization of thermal spray coatings[J]. Wear,1999,42(2-3):93.

[13] ALKHIMOV A P,PAPYRIN A N,et al. Gas-dynamics spraying method for applying a coating:US30241412[P]. 1994.

[14] VANSTEENKISTE T H,SMITH J R,TEETS R E,et al. Kinetic spray coatings[J]. Surf Coat Tech,1999,111:62.

[15] 熊天英,吴杰,陶永山,等. 冷气动力喷涂技术研究[J]. 热喷涂技术,2009,1(1):14-19.

[16] ASSADI HAMID,GARTNER F,et al. Bongding mechanism in cold gas spraying[J]. Acta Mater,2003,51:4379.

[17] 石仲川,王长亮,汤智慧. 冷喷涂技术在轻合金再制造工程领域的研究现状[J]. 材料导报 A:综述篇,2014,28(2):97.

[18] FACCOLI M,COMACCHIA G,MAESTRINI D,et al. Cold spray repair of Martensitic Stainless Steel Components[J]. Journal of Thermal Spray Technology,2014,23(8):1270.

[19] 李杰. 新的航空发动机零部件维修方案-K3冷喷涂工艺[J]. 航空维修与工程,2014(3):34.

[20] 石仲川,汤智慧,王长亮. Д-30发动机中央传动机匣表面涂层的冷喷涂修复[J]. 航空维修与工程,2014(6):47.

[21] LEYMAN P F,VICTOR K C. Cold Spray Process Development for the Reclamation of the Apache Helicopter Mast Support[R]. Army Research Laboratory,2009.

280

[22] CADNEY S,BROCHU M,RICHER P,et al. Cold gas dynamic spraying as a method for free forming and joining materials[J]. Surf Coat Tech,2008,202:2801.

[23] 李文亚,李长久,马文花. 冷喷涂技术现状与发展[J]. 装备制造,2003,1(3):18.

[24] 阚艳,郭孟秋,程宗辉,等. 冷喷涂技术在航空零件尺寸修复中的应用[J]. 航空维修与工程,2015(9):111.

[25] SCHMIDT T,GARTNER F,ASSADI H. Development of a generalized parameter window for cold spray deposition[J]. Acta Mater,2006,54(3):729.

[26] 颜华,文庆杰. 高强度钢刷镀镉工艺研究[J]. 涂装与电镀,2007(2):31-32.

[27] 刘鹏,王旭东,蔡健平,等. A100钢低氢脆刷镀镉层海洋环境腐蚀行为研究[J]. 材料工程,2012(6):54-58.

[28] 杜锋,李晶,高月德,等. 电刷镀纳米晶镍镀层[J]. 电镀与精饰,2008(8):33-36.

[29] 姜海,杜锋,李晶,等. 电刷镀纳米镍镀层制备及其形成机理分析[J]. 电镀与精饰,2014(11):11-14.

[30] 李晶,杜锋,秦灏. 电刷镀制备纳米镍镀层及其组织结构分析[J]. 材料保护,2008,41(10):68-69.

[31] 冶银平,周惠娣,陈建敏. 电刷镀镍/炭纳米管复合纳米镀层的结构与耐磨性[J]. 稀有金属材料与工程,2006,35(10):1643-1646.

[32] 马亚军,朱张校,丁莲珍. 镍基纳米 Al_2O_3 粉末复合电刷镀镀层的耐磨性[J]. 清华大学学报(自然科学版),2002,42(4):498-500.

[33] 王芹芹,沈承金,周仕勇,等. 纳米 TiO_2-Ni 基电刷镀参数的优化及镀层性能[J]. 材料保护,2011(10):12-15.

[34] 夏丹,杨苹. 镍-金刚石复合刷镀的工艺研究[J]. 材料保护,2005,38(11):67-68.

[35] 马宗耀,谢发勤,费敬银,等. 飞机蒙皮表面氧化膜快速电刷阳极氧化修复[J]. 电镀与精饰,2007,(6):38-39.

[36] 袁建鹏. 涂层技术在航空航天材料领域的应用[J]. 新材料产业,2012(10):52-56.

[37] 蔡妍. 高温防护涂层扩散阻挡层技术研究[D]. 北京:北京航空材料研究院,2010.

[38] 宋尽霞. Ni3Al基合金IC6的工程应用研究[D]. 北京:北京航空材料研究院,2005.

[39] 牟仁德. 热障涂层隔热性能研究[D]. 北京:北京航空材料研究院,2007.

[40] 楼翰一. 涡轮叶片用高温涂层[J]. 航空制造工程,1993,4:21-24.

[41] 陈亚莉,刘会刚. 俄罗斯用气相循环法制备叶片扩散层[J]. 航空制造技术,2001,1:41-43.

[42] 王冰. 镍基高温合金MCrAlX涂层的氧化热腐蚀行为研究[D]. 沈阳:中国科学院金属研究所,2001.

[43] 刘延辉,周应细. 高温涂层的研究与进展[J]. 第六届表面工程学术会议,兰州,2008,08:192-196.

[44] 谢冬柏. MCrAlY涂层及搪瓷/MCrAlY复合涂层的腐蚀行为研究[D]. 沈阳:中国科学院金属研究所,2003.

[45] 蔡妍. 包覆型MCrAlX涂层的退除与修复技术研究[D]. 北京:北京航空材料研究

院,2006.

[46] 周立江,汪波.浅谈热障涂层的应用与发展[J].航空制造技术,2004,4:83-85.

[47] 王启民.电弧离子镀 MCrAlY 高温防护涂层及复合涂层的研究[D].沈阳:中国科学院金属研究所,2006.

[48] 张晓云,李斌,汤智慧.清洗剂和缓蚀剂在飞机维护中的应用[J].化学清洗,1999,15(3):27-29.

[49] 孙志华,汤智慧,李斌.海洋环境服役飞机的全面腐蚀控制[J].装备环境工程,2014,11(6):35-39.

[50] 高延达,李健,李宗原,等.浅析直升机的外场腐蚀防护[J].装备环境工程,2014,11(6):135-139.

[51] 李斌.飞机系列清洗剂概述及技术要求综合分析[J].清洗世界,2009,25(2):24-28.

[52] 李斌,张晓云,司徒振民.飞机外表面清洗剂 AHC-1 的研制[J].材料工程,1999(3):28-31.

[53] 李斌,张晓云,汤智慧,等.飞机表面水基清洗剂对金属材料腐蚀及氢脆性能影响研究[J].材料工程,2007(6):55-60.

[54] 李斌,张晓云,左新章,等.AHC-1 及 AHC-5 飞机表面水基清洗剂应用研究[J].清洗世界,2007,23(1):4-10.

[55] 姜国杰,杨勇进,王强,等.安全高效溶剂型飞机清洗剂性能评价[J].材料保护,2014,47(增刊2):44-46.

[56] 姜国杰,杨勇进,孙志华,等.RJ-1 溶剂型飞机清洗剂应用研究[J].装备环境工程,2015,12(4):142-145.

[57] 陈群志,王逾涯,崔常京,等.老龄飞机结构的腐蚀问题与对策[J].装备环境工程,2014,11(6):1-9.

[58] 李斌,张晓云,汤智慧,等.飞机用硬膜脱水防锈剂中的脱水组分研究[J].腐蚀与防护,2000,21(4):149-151.

[59] 李斌,张晓云,汤智慧,等.飞机硬膜脱水防锈剂 YTF-1 的研制[J].材料工程,2000(10):33-35.

[60] 李斌,张晓云,汤智慧,等.YTF-1 飞机硬膜脱水防锈剂理化性能和使用性能研究[J].材料工程,2009(6):26-29.

[61] 姜国杰,杨勇进,王强,等.安全型飞机硬膜脱水防锈剂性能评价[J].腐蚀与防护,2014,35(增刊2):63-65.

第7章

表面改性与强化技术在修复中的应用

据统计,在疲劳失效中,80%以上的裂纹起始于零件表面或表层缺陷,如加工刀痕、意外损伤及冶金缺陷等。表面强化技术的应用就是通过各种技术手段(如喷丸、挤压、滚压、冲击等)对待修复零件典型应力集中部位表层材料进行强化或改性,以恢复其疲劳性能和延长使用寿命的过程。

表面强化技术是以塑性变形理论为基础,采用机械或特殊方法,针对不同结构选用适宜的强化手段,在零件或材料一定深度的表面层内产生弹塑性变形,引入高密度位错,形成位错缠结、胞状结构等非平衡组织,导致表面层性能变化,从而在外加交变载荷作用下,明显提高疲劳性能和抗应力腐蚀性能的一种表面处理工艺方法。

对于超高强度钢一般是以马氏体结构为主的组织,滑移系较多,塑性变形能力强,本身的强度水平高,同时具有细小弥散第二相质点强化的特点,易于产生加工硬化效果,使得表面强化易于进行,并且强化效果明显。对于钛合金材料,塑性变形裕度较小,因此,较难进行强化处理,但强化效果在“热-力”耦合条件下保持较好。最容易进行强化工艺实施的材料是铝合金,但该种材料易于塑性变形,表面强化技术可以利用的加工硬化程度不高,因此铝合金的工艺参数范围一般选择的较小。

目前采用的表面强化工艺技术主要是20世纪20年代以来从美国、德国等发展起来的传统表面强化(喷丸、滚压、挤压)方法,以及近年来发展起来的高能束改性方法(激光束、电子束、离子束)。传统的表面强化方法主要是使用机械手段使零部件的表面产生塑性变形,从而得到强化效果,而高能束改性方法则是使用等离子、电子束等携带高能量的束流对零部件的表面进行轰击或加热的过程,在表面层形成理想的强化层,从而提高零部件疲劳性能的方法。

随着强化理论和设备的发展,逐渐拓宽了表面强化工艺技术的适用范围,包括了各种承力零件的外表面、内壁、孔、螺纹和圆角等,广泛应用于飞机和发动机的转动部件(叶片、轮盘、转子)、传动部件(齿轮、轴承、轴)、连接部件(动载螺栓、弹簧等)和主承力部件(飞机起落架、机翼整体壁板)等。

在维修中使用表面强化技术恢复待修复零部件疲劳性能应从两个方面考虑:一是无裂纹状态,可以直接使用表面强化技术;二是有裂纹状态,需进行机械加工,去除表层裂纹,得到完整表面后才可进行表面强化处理。另外,零件表面粗糙度应在≤Ra1.6μm范围内,表面残余应力在±300MPa范围内(根据不同种材料数据可变),应用表面强化技术后才能得到较好的处理效果。对于表面改性与强化修复次数,如图7-1所示,随着每次修复,其强化裕度在减小,因此一般不超过3~4次。下面针对飞机零件中不同的结构选用了不同的表面强化工艺技术进行介绍。

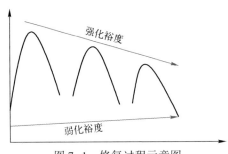

图7-1　修复过程示意图

7.1　零件大表面修复工艺技术

飞机零部件的大表面(包括内腔、外腔)属于自由表面约束较少,通常认为受力过程中属于平面应力状态,因此,在疲劳过程中的表面受力最大,另外对于机械加工造成的表面应力集中(加工刀痕)较为敏感,在零件修复过程中采用的主要原理是:增加零件表面层残余压应力场分布和降低表面应力集中系数,主要的工艺方法有喷丸强化工艺和激光冲击强化工艺等。

7.1.1　喷丸强化修复工艺

1. 概述

喷丸强化是利用大量高速弹丸打击工件,使工件表面层发生循环塑性变形的一种处理技术,具有实施性好、适用面广以及花费少等优点。喷丸采用的弹丸主要是铸钢丸、切丝弹丸、玻璃丸、陶瓷丸和铸铁弹丸等。在航空工业中,发动机转子部件(如涡轮盘、钛合金叶片以及某些涡轮叶片)、飞机起落架、铝合金壁板以及抗拉强度大于1400MPa的高强度钢制件等重要承力部件都需采用喷丸强化技术处理,保证工艺稳定性和疲劳性能。喷丸强化工艺主要分为气动式喷丸工艺、抛丸工艺、旋片喷丸工艺、高能喷丸工艺等,本节主要介绍气动式喷丸工艺。

依金属材料的力学性能、组织特点和喷丸工艺条件不同,喷丸后材料表面完整性将发生以下变化:组织结构变化(如亚晶粒尺寸、位错密度及组态、相转变等);表层形成残余压应力场;表面形貌的变化。这些变化对材料的力学性能(主要是疲劳性能和应力腐蚀开裂性能)产生两种不同方向的影响:一种影响为强化因素,使喷丸后的疲劳抗力提高;另一种为弱化因素,使喷丸后的金属疲劳抗力下降。在一定条件下,塑变层内的微细亚晶粒、高密度位错、残余压应力场以及喷丸后掩盖加工刀痕的作用都是强化因素。而喷丸后造成的材料表面粗糙度增高以及可能产生的表面微裂纹则为弱化因素。

机械加工可使零件表面粗糙度达到 $Ra0.8\mu m$ 以下,但由于加工刀痕宽度小,且尖端尖锐,形成的加工刀痕表面应力集中明显,从而在相同结构应力集中条件下,大大降低了疲劳性能和使用性能。采用适宜工艺喷丸,目的为了消除长条状加工刀痕,形成圆滑喷丸弹坑,弹坑宽度大于刀痕,并将尖锐的波谷转变为较为平滑的圆形弹坑形状,减小应力集中,因而适宜的喷丸方法可以在一定程度上减小由于机械加工导致的局部微观应力集中。

2. 主要工艺过程

待修复零件表面去除(漆、锈、涂层等)—无损检测—应力检测—喷丸前准备—喷丸处理—喷丸后检验—涂层处理。

3. 喷丸工艺在飞机机体零件修复上的应用

维修中可拆卸处理的机体零件有起落架、平尾大轴、机翼组件等,涉及超高强度钢、钛合金、铝合金等材料,其中重要承力构件如超高强度钢制造的起落架外筒、平尾大轴,钛合金制造的起落架组件等可以进行喷丸强化处理。

1) 喷丸处理后表面形貌变化

喷丸处理使得材料表层组织发生塑性变形,其响应方式以图 7-2 铝合金7050 试样喷丸后的表面金相照片为例。从图 7-2(a)中可看出喷丸区表面布满凹坑(如箭头所示),粗糙度升高。图 7-2(b)为横截面图像,可以看到试样表层发生了明显的塑性变形,微观结构明显不同于基体,试样截面上塑性变形呈梯度变化,从喷丸表面到心部大致可以分为 3 个区域:最表层为剧烈塑性变形区、过渡区、基体。剧烈塑性变形区范围为距表面 $0 \sim 150\mu m$;过渡区很窄,基体全部是拉长的晶粒结构。

2) 喷丸处理后硬度变化

硬度是抵抗塑性变形抗力和应变硬化抗力的综合力学性能的表征,同时也是表面强化处理后表层组织结构变化引起的表层材料力学性能变化的表征。图 7-3(a)所示为 TC21 钛合金 α 相纳米压痕硬度的梯度变化曲线,可见优化喷丸工艺参数后,喷丸后比喷丸前硬度提高 2 倍,基体部分为 3.2GPa,表面最高为

6.7GPa。但在喷丸处理中也存在过喷丸或多次修复后的弱化反应,导致表面硬度降低,以图7-3(b)为例,可见喷丸处理后样品表面的硬度明显减小,约为37HV。随着深度的增加而逐渐增加,与组织结构未发生变化的基体相比,样品表面硬度降低了70%左右,在表面以下250μm深度时,硬度值趋于稳定。因此,在喷丸工艺实施过程中应严格控制工艺参数和修复次数。

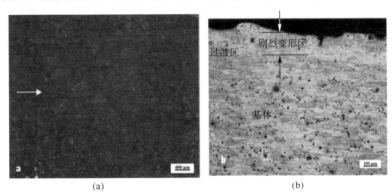

(a)   (b)

图7-2 铝合金7050试样喷丸后的表面金相照片

(a) 表面;(b) 横截面。

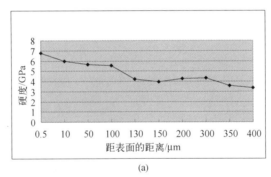

(a)

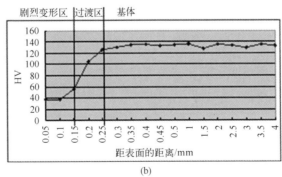

(b)

图7-3 硬度变化曲线

(a) 硬度增加曲线(纳米压痕);(b) 硬度降低曲线(显微硬度)。

3）喷丸处理后残余应力变化

随着喷丸处理的时间和强度的增加,喷丸残余应力场的分布由平滑曲线向倒钩型过渡,如图 7-4 所示,可见在喷丸时间一定情况下,随着喷丸压力由 0.15MPa 向 0.35MPa 过渡后,表面残余应力已经不是最低点,而最低点逐渐向内部(50μm)处移动,这是可以用赫兹接触定理和表面损伤来解释。

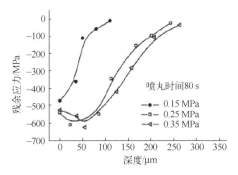

图 7-4　陶瓷弹丸喷丸对 TC4 钛合金残余应力分布的影响曲线

4）喷丸处理后微观结构的变化

喷丸处理后,表面层内出现位错增殖,随之位错缠结,成为胞状组织,或者进一步成为小角度边界隔开的位错亚结构,最终转变为超细的纳米晶结构。图 7-5(a)给出了难变形的钛合金形成的两个方向的位错带结构,图 7-5(b)给出了铝合金的小角度边界的亚结构。

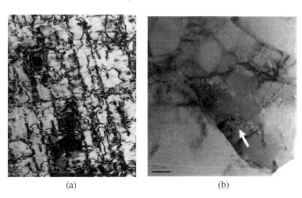

图 7-5　表面层微观组织结构变化

(a) 钛合金;(b) 铝合金。

5）喷丸处理后疲劳性能的变化

喷丸处理后,最突出的变化就是疲劳性能增加。对于钛合金 TC4 来说,喷丸强化后试样的疲劳寿命普遍提高,当喷丸压力大于等于 0.25MPa 时,喷丸效果更加显著,其中陶瓷弹丸喷丸时间为 80s、喷丸压力为 0.35MPa 时,试样的疲劳寿命可达 $86.2×10^4$ 周次,与未强化试样的相比提高了 23 倍;而当陶瓷弹丸喷丸时间小于 40s、喷丸压力为 0.25MPa 时,疲劳寿命仅能够提高 1.5 倍;而在同样的喷丸压力下,喷丸时间延长至 120s 时,疲劳寿命可提高 7.8 倍。但与喷丸80s 的试样相比,由于喷丸时间过长而造成疲劳寿命由 $86.2×10^4$ 周次降低至 $31.7×10^4$ 周次。可见,过喷会弱化试样的疲劳寿命。

图 7-6 给出了铝合金 2124 不同介质下的喷丸强化疲劳性能对比数据,由图可见,喷丸前的试样疲劳寿命最低,喷丸后有所提高,寿命增加幅度从高到低依次为陶瓷丸、二次喷丸、玻璃丸、铸钢丸;陶瓷丸喷丸后试样疲劳寿命提高到 4倍以上,显示了良好的抗疲劳性能,而铸钢丸喷丸后寿命基本没有变化。

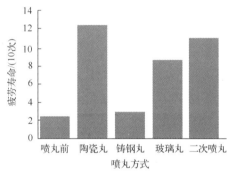

图 7-6　不同介质喷丸强化疲劳性能

对于超高强度钢 A-100 材料来说,不同粗糙度表面经不同强度喷丸后疲劳性能不同。表 7-1 为不同表面粗糙度下不同强度喷丸后疲劳寿命的提高倍数(与相同粗糙度表面未喷丸试样相比)。由表可见:喷丸后,$Ra ≤ 0.4\mu m$ 表面的疲劳寿命提高了约 2 个数量级,但随喷丸强度的变化不明显;$Ra = 1.6 \sim 2.0\mu m$表面的疲劳寿命随喷丸强度的提高显著提升,0.35mmA 喷丸强度时可提高 23倍;随表面粗糙度的进一步增大,喷丸强化对疲劳寿命的提升效果显著下降,提升效果不明显。因此,喷丸处理前,不论是制造过程中还是修复过程中,零件的表面质量越好,修复处理后疲劳性能提高的效果越明显。

表 7-1　喷丸强度对不同表面粗糙度变化的影响

喷丸强度/mmA	$Ra/\mu m$		
	≤0.4	1.6~2.0	3.0~3.6
0.15	96.0	1.03	0.5
0.25	86.8	7.60	1.3
0.35	119.6	23.60	3.0

6）喷丸修复探索研究

对于航空用钛合金 TC18 材料进行了喷丸修复的探索性研究工作,工作表明,喷丸处理的钛合金试样进行一定周期的疲劳试验,再进行喷丸强化处理修复,可以极大地延长疲劳循环周期和使用寿命。

首先给出了预先疲劳周次与表面残余应力关系(图 7-7),由图 7-7 可见,原始喷丸试样的表面残余压应力为 -334MPa,之后随着疲劳实验的进行,表面残余应力呈现先急剧松弛而后缓慢松弛的趋势,当循环次数为 10^6 循环时,残余应力区域稳定。疲劳周次为 $2.5×10^6$ 循环时,表面残余应力为 -169MPa,松弛量达到了 50%。

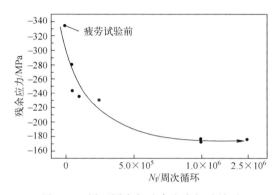

图 7-7　循环周次与残余应力松弛关系

其次,图 7-8 给出了再次喷丸后的平均疲劳寿命对比,同时,将未进行过喷丸的 TC18 试样在 620MPa 下的平均疲劳寿命也进行了对比。图 7-8 中,左起第一个柱形表示未进行初始喷丸的 TC18 试样疲劳寿命;第二个柱形表示只经过预先喷丸的试样(SP-D)疲劳寿命,作为基线对比;左起三、四和五柱形中,黑色柱状表示进行预先疲劳试验的循环周次,箭头定量地表示了进行再次喷丸后疲劳试验循环周次。由图可见,三组经过再次喷丸试样的总疲劳寿命从高到低依次为 RSP-B,RSP-C,RSP-A,比只经过预先喷丸的试样组 SP-D 疲劳寿命分别提高了 75%,63%,23%。由此可见。再次喷丸周期对钛合金 TC18 疲劳性能有明显的影响,且选择合适的再次喷丸周期可以有效地提高钛合金 TC18 的总疲劳寿命。统计所有经过再次喷丸的试样,总平均寿命为 $7.78×10^6$ 次循环,比只进行过预先喷丸的试样疲劳寿命(SP-D,基线)提高了 55%,是不进行喷丸试样(Unpeened)疲劳寿命的 8 倍。说明再次喷丸后,TC18 钛合金的疲劳性能明显提高。由此可见,对于金属零件进行过一定时间的使用后,进行表面强化技术修复是可以实现延长寿命的目的的。

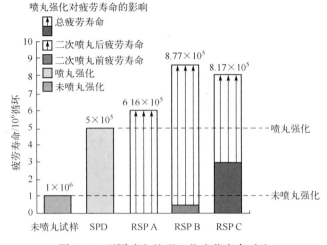

图7-8 不同喷丸处理工艺疲劳寿命对比

SPD—喷丸强化试样;RSP A—二次喷丸强化试样 A;

RSP B—二次喷丸强化试样 B;RSP C—二次喷丸强化试样 C。

7) 平尾大轴内腔喷丸修复

平尾大轴是连接飞机机身与平尾的重要结构件,它的可靠性直接影响飞机的安全使用。在 XX 飞机使用过程中,出现了某国外进口平尾大轴在锥形端与筒体之间完全断开的情况,因此对未查出裂纹的该零件,开展了修复研究。其断裂位置在筒体与衬套间的定位焊点和台阶处。

(1) 材料。筒体材料为 30CrMnSiNi2A 中碳低合金超高强度结构钢,强度水平高,对应力耐蚀和氢脆较敏感,常用于表面承受滑动、旋转摩擦以及承受高温高载荷区域使用的零件。30CrMnSiNi2A 钢使用状态下的组织为回火马氏体、下贝氏体及少量的残余奥氏体。焊点材料据资料介绍为接近 08A 钢的材料,以等轴晶为主,由铁素体和少量珠光体组成。

(2) 零件结构。平尾大轴属于一种细长内腔结构,两端为锥形段,中间段为外径约 $\phi128mm$、内径约 $\phi106mm$ 圆柱。这 3 部分在机械加工后,采用焊接工艺形成一个整体。在焊接主焊缝前先焊接一个定位工艺环,定位环与母材之间依靠 3 个定位焊点连接。零件结构示意图如图7-9所示。

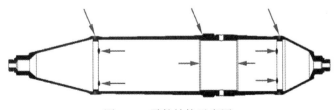

图7-9 零件结构示意图

（3）受力情况。该轴的两端为简单支点，主要受弯曲力矩，其最大弯矩在大轴的中间某部位。该轴最大薄弱区为焊点和台阶处，其中焊点位置虽然避开了该部位承受弯曲应力最大点位置，但焊点本身存在很高的结构应力集中，并且由于焊材和基体材料的差异，因此，该处是大轴整体最应注意的位置。

（4）失效分析。从断口（图7-10）宏微观检查的结果看，断口上可见明显疲劳弧线特征，裂纹起源于腐蚀坑，微观上沿晶特征与疲劳特征并存，断口上覆盖有腐蚀产物，有大量脆性疲劳条带，并伴有大量二次裂纹，这些特征说明该平尾大轴断裂性质为腐蚀疲劳断裂，裂纹在腐蚀介质与交变载荷的共同作用下萌生并扩展。

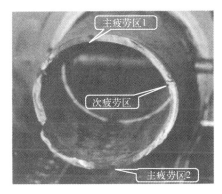

图7-10　断裂平尾大轴宏观形貌

（5）方案设计。零件结构示意图见图7-9，由于零件结构限制，平尾大轴内腔喷丸强化需要使用毛枪，并且对喷枪进给速度和精度、喷枪旋转速度和精度要求较高。针对零件特点，设计加工了反弹式小孔喷丸用毛枪，压缩空气驱动丸料首先垂直撞击在反弹板上，反弹弹丸经出丸口喷射到工件表面，由于撞击角度和出丸口尺寸的限制，保证了弹丸流垂直打击在工件表面的角度。

（6）疲劳考核。随后，将2件经过内腔喷丸处理的平尾大轴进行疲劳试验考核，疲劳寿命都超过了预期的目标寿命（15万次），由此可见，大轴内腔喷丸强化处理研究完成了预期的工作目标。

由上述平尾大轴的修复过程可见，喷丸强化处理非常适合超高强度结构钢制造的加工表面较为粗糙的零件上应用。

4. 喷丸工艺在发动机零件修复上的应用

发动机零部件需要在高温高应力条件下运行，对喷丸强化工艺的要求更高，在高温下喷丸强化处理工艺起主要作用的影响因素为：组织结构→残余应力→表面粗糙度。因为目前发动机主要承力的关键零部件基本采用更换的方法，很少采用维修，因此，本章主要介绍发动机用材料的喷丸处理工艺。

1）单晶高温合金

镍基单晶高温合金的高温强度大，合金性能优异，主要用于制造涡轮叶片。由于涡轮部位叶片的服役特点和结构特点，单晶高温合金叶片在服役时主要承受高温疲劳的作用。由于其在高温下再结晶的倾向较为严重，还没有对其进行喷丸强化研究的报道，因此，北京航空材料研究院首次对 DD6 单晶合金开展了喷丸强化工艺处理技术的研究，并取得了良好的强化效果。

（1）表面形貌变化。图 7-11 为喷丸前后 DD6 单晶表面形貌对比图，喷丸前原始试样表面可见沿一定方向的细小磨痕（图 7-11(a)）。而经过喷丸强化后，试样表面磨痕基本消除，表面呈现细小褶皱、凸凹、碾压等特征（图 7-11(b)），为高速弹丸喷射到试样表面后所产生塑性变形后的特征，原有试样表面完全被覆盖。喷丸前磨削表面峰谷锐利，而喷丸后表面高低起伏过渡圆滑，有利于缓和表面的微应力集中。

图 7-11　喷丸前后 DD6 单晶合金表面形貌对比图
(a) 喷丸前；(b) 喷丸后。

（2）组织形态。图 7-12 为喷丸前后试样的截面的扫描电镜，喷丸强化后试样存在一层色泽较深的喷丸影响层，厚度约为 100μm。喷丸前的 DD6 单晶高温合金试样组织为在 γ 基体上均匀弥散分布着细小的立方化 γ′相，喷丸强化后，表面原先均匀的 γ+γ′相组织消失，喷丸在 DD6 单晶表面形成约 5μm 的喷丸塑性形变层。形变层内，立方化 γ′相发生扭曲变形，变得很不规则，喷丸强化过程使材料表面层发生循环塑性变形。喷丸过程中，DD6 单晶表面受到高速运动的弹丸打击，发生屈服变形，表现为原先立方化的 γ′相发生压缩变形，形状不规则化。塑性形变存在梯度，离表面越近的组织，受到弹丸打击的冲量越大，变形量也越大，单晶合金表面出现了严重变形的 γ′相。

喷丸前后的透射电镜照片见图 7-13，经过完全热处理的 DD6 单晶喷丸强

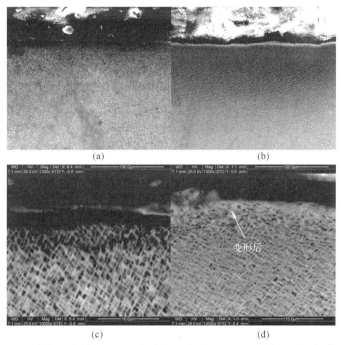

图 7-12　喷丸强化前(a)、(c)与喷丸强化后(b)、(d)的表面层组织截面图

化前位错密度较小,主要分布在基体的 γ 相上,在 γ′ 强化相上分布极少,而经过喷丸强化后,在 γ 相和 γ′ 相上都有大量位错存在,位错增殖非常强烈,但没有观察到位错墙和位错胞结构。根据扫描电镜结果,喷丸导致了 γ′ 相的严重变形,大量位错组织在 γ′ 相内部产生,同时,受到弹丸的打击,γ 相也发生了变形,因此,两相中均存在有喷丸产生的增殖位错。在疲劳过程中,疲劳裂纹在高位错密度区域不容易萌生,增殖位错可以提高裂纹萌生所需的能量,有效地阻碍裂纹萌生,因此,喷丸产生的增殖位错可以起到强化作用。

图 7-13　喷丸前(a)后(b)的透射电镜照片

（3）硬度。显微硬度是重要的表面加工硬化指标。图7-14为喷丸强化后试样截面的显微硬度梯度图。经过喷丸强化后，DD6单晶高温合金表面存在一层硬度显著提高的喷丸硬化层，硬化层的深度约为140μm，与截面扫描电镜的结果相近。表面硬度最大值达到620HV，比基体硬度430HV提高了44%。喷丸后的硬度变化主要来源于位错增殖和形变加工硬化。表面层中越接近表面的位置，由于喷丸产生的塑性形变量越大，位错增殖也越剧烈，加工硬化效果也越明显，在显微硬度实验中也表现出较高的硬度值。心部的组织成分不受到喷丸的影响，反映的是原始试样的硬度。

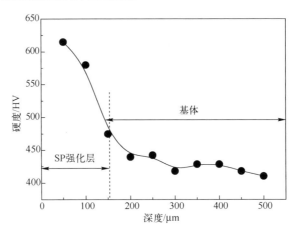

图7-14　喷丸强化后表面硬度梯度分布图

（4）疲劳性能。疲劳性能是表面完整性的集中体现，喷丸可以极大程度地提高单晶高温合金位错密度，缓和表面由于机械加工带来的应力集中，因此，喷丸可以提高其高温疲劳寿命。图7-15是DD6单晶高温合金采用优化工艺喷丸前后的疲劳寿命对比，应力为500MPa，温度为650℃。采用优化工艺喷丸后，单晶高温合金的疲劳寿命提高了10倍以上，取得了良好的强化效果。

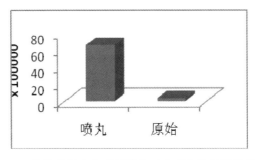

图7-15　DD6单晶高温合金采用优化工艺喷丸前后的疲劳寿命对比

2）钛合金

钛合金具有轻质、良好的比强度、比刚度等优异的性能,大量钛合金材料在航空工业中作为飞行器以及发动机的承力部件,但是钛合金应力集中敏感性强,还容易发生加工烧伤,在服役时也存在疲劳问题。喷丸可以有效提高钛合金的疲劳抗力,提高钛合金零件的使用可靠性。

（1）表面形貌。与单晶高温合金 DD6 相比,钛合金硬度相对较小,喷丸对于钛合金表面形貌影响更加强烈。图 7-16 和图 7-17 为 Ti60 钛合金喷丸前后表面形貌。喷丸前,表面粗糙度仅为 $Ra0.7\mu m$,而经过 200% 覆盖率喷丸强化后达到了 $Ra1.3\mu m$,表面粗糙度提高了近一倍。另一方面,从表面形貌的线轮廓分析判断,喷丸强化后钛合金尖端圆角半径加大。因此,分析喷丸强化和磨削加工对于表面局部应力集中的影响,可以定性视为表面粗糙度与尖端圆角（刀痕和弹坑）的曲率半径的竞争关系,而不能简单地认为喷丸强化带来的表面粗糙加大会对原有的磨削表面完整性以及疲劳性能有不利的影响,还应考虑喷丸后弹坑的尖端圆角的曲率半径较大对于表面完整性和疲劳性能的作用。

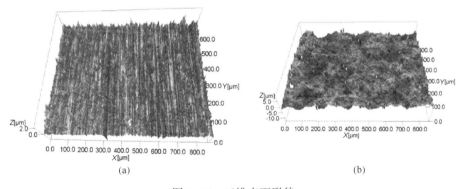

(a)　(b)

图 7-16　三维表面形貌

（a）磨削表面;（b）200%覆盖率喷丸表面。

（2）残余应力场。喷丸与磨削加工试样的残余应力场如图 7-18 所示。未喷丸的磨削试样表面残余应力为 -208MPa。喷丸后,钛合金表面残余压应力数值比磨削试样有较大增长。原始试样的表面残余应力场深度很浅,仅为 $40\mu m$ 左右,而相比于磨削加工,喷丸后钛合金表面形成 $200\mu m$ 且数值很大的残余压应力场,残余应力场呈现典型的"倒钩型"分布。残余压应力有助于提高疲劳抗力,喷丸在 Ti60 钛合金表面形成深度、数值均较大的残余压应力场,可以有效地提高其疲劳抗力。

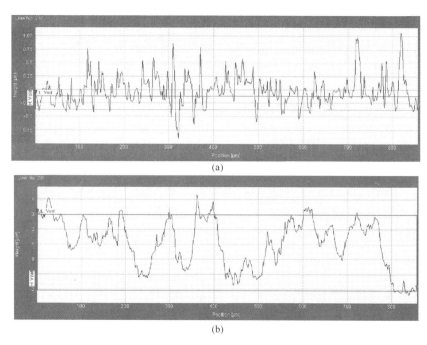

图 7-17　二维轮廓

（a）磨削表面；（b）喷丸覆盖率为 200% 的表面。

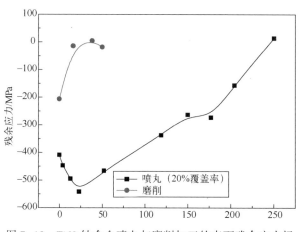

图 7-18　Ti60 钛合金喷丸与磨削加工的表面残余应力场

（3）疲劳寿命。图 7-19 为喷丸对钛合金 Ti60 疲劳寿命的影响，疲劳模式为旋转弯曲疲劳，试样为光滑旋转弯曲疲劳试样，测试温度为 600℃，应力为 430MPa。采用优化工艺喷丸后，钛合金 Ti60 的疲劳寿命提高了 4 倍以上，取得了良好的强化效果。

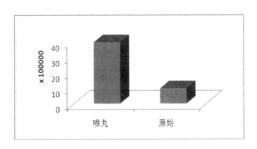

图 7-19 喷丸对钛合金 Ti60 疲劳寿命的影响

7.1.2 激光冲击强化修复

1）概述

激光冲击强化(laser shock pening,LSP)是一种利用激光冲击波对材料表面进行改性,提高材料的抗疲劳、磨损和应力腐蚀等性能的技术。目前激光冲击技术在工程中应用最广泛的领域是合金材料的表面强化,与滚压、喷丸、冷挤压等材料表面强化处理的方法相比,激光冲击强化处理具有非接触,无热影响区和强化效果显著等突出的优点。其原理是当短脉冲(十几纳秒)的高峰值功率密度(大于 $10^9 \mathrm{W/cm}^2$)的激光辐射金属靶材时,金属表面吸收层吸收激光能量发生爆炸性汽化蒸发,产生高温(大于 10000K)、高压(大于 1GPa)的等离子体,该等离子体受到约束层约束时产生高强度压力冲击波,作用于金属表面并向内部传播。材料表层就产生应变硬化,残留很大的压应力。激光束经过凸透镜聚焦后,功率密度可以达到 $1\sim 50 \mathrm{GW/cm}^2$,接着,大部分激光能量将被涂层吸收,能量转化成冲击波的形式,透明物质水即限制层,它将基体和基体表面的涂层包覆起来。激光冲击强化示意图如图 7-20 所示。

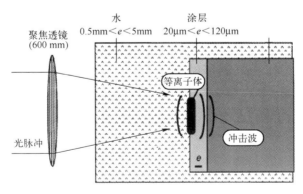

图 7-20 激光冲击强化示意图

激光冲击的强化因素主要有两个：

（1）组织强化。当冲击波的峰值压力高于金属材料的动态屈服极限，使金属材料的表层组织产生密集、均匀和稳定的位错密度。位错增殖可以阻碍裂纹的扩展，从而延长疲劳寿命。

（2）残余应力强化。由于冲击波储藏的弹性变形能大于或等于金属所需的屈服塑性变形能，在金属表层产生残余压应力场。残余压应力场可以抵消交变拉应力幅，延长裂纹萌生的时间。在以前进行的喷丸强化研究中，残余压应力场可以强化表面层的力学性能，将疲劳源"驱赶"到次表层去，从而极大地延长了裂纹的萌生时间，提高金属材料的疲劳性能。

相比于目前航空工业中常用的喷丸强化，激光冲击强化对合金具有更明显的强化效果。首先，激光冲击强化能量大，组织强化细化效果显著；其次，喷丸强化后表面残余压应力场深度仅为 $300\mu m$ 左右，有效残余压应力仅为 $100\mu m$ 左右，而激光冲击强化后合金的表面残余压应力场深度能达到 $1000\mu m$ 以上，有效残余压应力场深度也远大于喷丸强化，因此，残余应力强化效果明显；再次，喷丸强化在一般情况下会提高合金零件的表面粗糙度，这是不利于疲劳性能的，而激光冲击强化对于合金表面形貌影响远小于喷丸强化。

激光冲击强化在处理航空结构上的优势主要体现在：

① 提高抗应力腐蚀能力，提高飞行疲劳断裂结构的安全性；

② 延长飞行器的寿命；

③ 提高破坏的容忍性和持久性；

④ 延长检修周期，降低维修成本；

⑤ 提高工作效率。

2）激光冲击强化的应用及研究现状

激光冲击强化技术在欧美发达国家已经投入实际工业应用，我国仍处于准实验室研究阶段。从国外的研究结果看，激光冲击强化可以明显地提高铝合金、高温合金、钢以及钛合金等材料的疲劳强化，延长其疲劳寿命。

在美国，包括美国航空航天局 NASA、美国空军实验室、劳伦斯-里弗莫尔国家实验室等进行了大量激光冲击强化研究，得到了大量研究数据。根据劳伦斯-里弗莫尔国家实验室的报道称，激光冲击强化可以产生 1～2mm 深度的残余压应力层，是常规喷丸强化产生的 0.25mm 深度的压应力层的 4～8 倍，相比常规的强化方法，激光冲击强化可以大大延长金属材料的疲劳寿命；目前，这项技术已经应用与发动机风扇叶片上。目前国际上激光冲击处理技术应用开发比较成熟的单位主要有美国的激光冲击处理（LSP）技术公司，通用电器（GE）公司，加州大学劳伦斯利物莫尔国家实验室（LLNL）与金属改进公司

（MIC）的合作研究以及美国军方的一些项目管理部门；日本东芝（TOSHIBA）公司等，从近两年专利和文献看，越来越多的研究人员和机构正在涉及这项技术的研究和开发。

LSP 技术公司是在以巴特尔学院的研究基础上最早进行应用研究的机构，目前在激光冲击处理的灵活性，质量控制方面研究很多。

GE 公司依靠自身从事发动机生产的优势，在激光冲击处理叶片方面最早实现大批量生产，自 1997 年批量强化 F101-102（B-1B）以来，先后历经 F110-129，F110-10（F16），F110-132（F16，Block60），直到四代机 CFM56-5BP/7（B737/A320），F118-100（B2），目前累计强化叶片 80000 片，提高叶片寿命 5~6 倍，创造了巨大的经济效益。

LLNL 与 MIC 合作就激光冲击强化进行广泛的应用研究，主要分航空、航天、汽车、能源医药等领域。在能源工业上，储能罐、核费料罐焊缝经强化后抗疲劳裂纹和应力腐蚀的性能大大提高。在航天上，激光冲击打标最小标示码宽度 $300\mu m$，可防伪，并且不减低表面疲劳性能和耐腐蚀性能。汽车车框机构经激光冲击强化后，实现同样的力学性能，激光冲击强化可以使重量减轻 10%，齿轮接触面经强化后可以提高使用寿命。在医药上，人造膝关节经强化后使用寿命可以从以前的两到三年提高到十年，减少病人的手术次数。

日本 TOSHIBA 公司在对旧有核设备进行技术改造过程中，通过激光冲击处理压力容器的焊缝提高焊缝抗应力腐蚀性能，延长核反应堆的寿命和检修周期。TOSHIBA 公司具有独特的光纤传导、长伸缩激光头设计和声控自聚集系统，以及无涂层（吸收层）的激光冲击处理工艺。

总体而言，激光冲击处理在航空发动机上的应用最为成熟和最为广泛。航空发动机叶片在转子高速旋转带动及强气流的冲刷下，承受着拉伸、弯曲和振动等多种载荷，特别是位于进气端的压气机叶片或前风扇叶片，被随气流进来的异物撞击后很易破坏（通常称异物破坏 FOD），使发动机失效以至酿成事故。叶片遭受异物撞击后，在叶片的前、后缘局部形成缺口、变形或裂纹，造成应力集中或直接成为破坏源，直接威胁叶片的安全使用寿命。

经过多年的应用和发展，F110 发动机（用于 F15E，F16C/D）上叶片的强化效率由以前的每片 30min 提高到现在的 12min，预计以后会提高到 4min。F119 发动机（用于 F-22）使用激光冲击强化比人工喷丸效率提高 9 倍，强化后使用寿命和检修间隔时间的延长，每年减少损失数百万美元。2001—2002 年，美国 F-22 系统项目办公室（F-22 System Program）采用激光冲击处理技术解决了 F119 发动机上的四级整体叶盘强化的难题。而激光冲击处理在以前仅仅是批量用于单体叶片。空军制造技术董事会（Air Force Manufacturing Technology

Directorate)为F119整体叶盘生产线提供了特定的激光冲击强化技术,该技术包括自动涂层,保证工艺参数稳定的控制和监测以及保证激光束在叶片上正确定位的图像处理。该项目两个基本目标是,将F119整体叶盘激光冲击处理的时间从目前的40h缩短到8h,将运行成本降低80%。

激光冲击强化是目前国外表面强化技术研究的热点,已经在美国等西方先进国家得到了实际的叶片生产以及维修应用,并且取得了丰硕的成果。

在国外激光冲击技术的引导下,我国也进行了一系列激光冲击强化研究。由于激光器的设备限制,研究的单位比较少,但成果显著。目前,开展激光冲击强化相关研究的单位主要集中在北京航空材料研究院、江苏大学、空军工程大学、中科大强激光技术研究所以及北京工业大学等几家单位。

3) 钛合金激光冲击强化技术

TC4钛合金激光冲击强化残余应力场见图7-21,TC4-1和TC4-2代表不同激光冲击强化工艺,可见激光冲击强化残余应力沿深度分布与强化工艺相关,其残余压应力场深度均可达到1.0mm以上,表面残余压应力可达到-280MPa。TC4钛合金材料磨削机械加工未强化试样与激光冲击强化试样的疲劳强度极限见图7-22,在1×10^7循环周次下磨削机械加工未强化试样的疲劳强度极限480MPa,激光冲击强化试样的疲劳强度极限为640MPa,疲劳强度极限提高了160MPa,提高的幅度为33%。疲劳断口形貌见图7-23,对于机械加工未强化试样,疲劳裂纹源位于表面,而对于激光冲击强化试样,由于残余压应力的存在,起到降低有效平均载荷的作用,因此,疲劳裂纹源被驱赶到次表层,而疲劳性能得到大幅度提高。

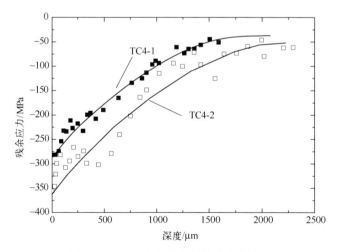

图7-21　TC4激光冲击强化残余应力场

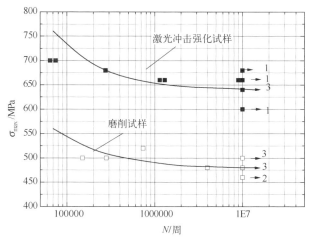

图 7-22　TC4 磨削试样和激光冲击强化试样的疲劳 S-N 曲线

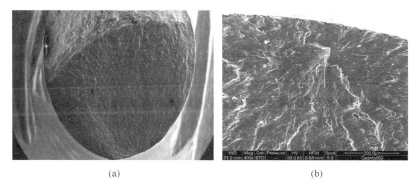

(a)　　　　　　　　　　　　　(b)

图 7-23　TC4 钛合金疲劳试样的断口形貌

（a）机加未强化试样；（b）激光冲击强化试样。

北京航空材料研究院在激光冲击强化工程化方面也开展了大量的工作,对航空发动机压气机叶片、飞机钛合金、铝合金关键部件的小孔的激光冲击强化进行研究,图 7-24 为钛合金叶片激光冲击强化照片。使用叶片全表面残余应力图谱的方式,对其激光冲击强化质量进行无损检测,见图 7-25,达到良好的效果。

(a)　　　　　　　　　　　(b)

图 7-24　叶片激光冲击图

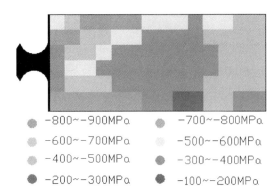

图7-25 TC17叶片激光冲击表面残余应力分布示意图

7.2 孔结构修复

7.2.1 概述

航空零件中孔结构是主要的连接形式,需与螺栓光杆部位配合。孔结构在零件设计中的应力集中系数为 2.5~3,属于高应力集中区域,该处的使用应力远小于光滑表面的零件,往往是重要承力构件的疲劳瓶颈区,因此在制造和维修过程中对其极为重视,但由于其加工的困难程度,导致其表面质量远低于大表面,因此,表面强化工艺在制造和维修中成为了重中之重的工艺技术。孔部位的强化工艺技术可以使用孔挤压,也可以使用喷丸强化工艺,下面主要介绍孔挤压强化工艺。

7.2.2 工艺过程

孔结构修复工艺过程:孔表面去除(除锈、腐蚀、涂层等)—残余应力检测—挤压(喷丸)工艺前准备—挤压(喷丸)工艺实施—挤压(喷丸)后检测—防护涂层。

7.2.3 孔冷挤压强化

1)技术概念

孔冷挤压强化,是指在室温下,利用比被挤材料硬度高的挤压工具,对孔壁、孔角、沉头窝及孔周端面等表面施加压力,使被挤压部分的表面层金属发生塑性变形,形成残余压应力层,以达到提高疲劳寿命的目的。

2)强化机理

在挤压棒挤入孔中迫使孔径膨大的过程中,孔壁及紧靠孔壁一定深度的金属层产生塑性变形,而与该层紧邻的更深层材料发生弹性变形。当棒自孔中挤出时,弹性变形层对塑性变形层反向加载,因而在孔壁一定深度范围内,产生残余压应力。当孔周围承受外载的拉应力作用时,与切向残余压应力叠加的结果是使有效的应力水平显著下降,从而提高了孔的抗疲劳性能。对于具有初始裂纹的孔,残余压应力还可能使有效应力强度因子幅值 ΔK 接近或低于材料本身的应力强度因子门槛值 ΔK_{th},从而导致裂纹扩展速率 da/dN 降低乃至完全抑制。

3）孔表面质量的改善

通过机械加工或其他金属去除方式制造出的表面,是由一系列高度不同的"峰"与"谷"组成,各种类型的不平程度叠加在一起就构成了表面的粗糙度。在挤压过程中,"峰"不断被碾平,多次作用的结果,就使粗糙的表面被碾压光整,减少了裂纹源,改善了孔的抗疲劳性能。

4）金属微观结构的改变

在冷挤压强化提高孔的抗疲劳性能的机理中,国内外部分研究者还提出了冷挤压强化使金属微观结构改变的作用。

在冷挤压过程中,表层金属发生塑性变形,因而导致位错增殖,增殖的位错之间以及增殖的位错与晶体中原有的位错之间交互作用,阻碍进一步变形,形成了一个应变强化层。在这个强化层内,随着向孔表层过渡,挤压应变量逐渐增高,位错的交叉滑移也逐渐增多。在交叉点上形成胞状结构的位错缠结、位错网、位错堆积等。越近表层,胞壁的位错密度越高,胞壁越宽,胞的直径也越小,因而微观内应力也越大,导致疲劳过程中阻碍滑移的作用越强,抗疲劳性能越好。

5）孔挤压强化所用工具

（1）芯棒挤压。所用的挤压工具为一锥形芯棒。有整体式和分瓣式、单工作环与多工作环之分,挤压时的最大特点是棒的工作环直接与孔壁发生剧烈摩擦,因此对芯棒的材质、热处理制度、润滑以及初空的表面质量等都有严格的要求。

（2）开缝衬套挤压。开缝衬套挤压,是 20 世纪 70 年代发展起来的一种孔挤压工艺方法,所用的挤压工具除锥形芯棒外,还包括一只一次性使用、沿轴向有一狭缝的薄壁金属衬套,衬套内部已预制一层固体润滑剂。挤压时,芯棒连同衬套一起插入孔内,当芯棒动作时,开缝衬套被挤压设备的顶套顶住,于是,芯棒自开缝衬套中挤过,致使开缝衬套径向膨大,使孔受到径向挤压。挤压完毕后,衬套自行复原,从孔中取出。这种方法避免了孔被擦伤,减小了孔壁表层材料沿轴向流动。

（3）压合衬套工艺。该工艺使用无缝衬套，并且该衬套作为安装衬套，保留在孔结构中，其他工艺过程与上述两种工艺相同，作为直接安装工艺和强化工艺相结合的一种新型工艺，但需要注意衬套凸肩在挤压工程中的变形问题。

6）孔挤压强化工艺对疲劳性能的影响

（1）铝合金。挤压强化最早从 20 世纪 70 年代开始研究，如 1979 年对 LC9 铝合金小孔挤压工艺的研究，未挤压的带孔试样疲劳寿命在 1.7×10^4 次，挤压强化后达到 8.2×10^4 次，表面残余应力达到 -260MPa，层深 4.3mm。其疲劳强度极限则由未挤压的 60MPa，达到挤压后的 110MPa，效果非常明显。随后，应用于 LC4 和 LY12 铝合金，LC4 合金未挤压的试样的疲劳寿命在 12500 次，挤压强化后达到 44025 次，提高了 3.6 倍。同样，未挤试样的疲劳极限由 74.9MPa 上升到挤压后的 122.5MPa。同时测量了强化后的试样表面残余应力，达到 -144MPa，分布曲线显示了强化层深度是 1.6mm。而 LY12 合金也由挤压前的 66077 次上升到挤压后的 143021 次，提高 2.2 倍。表面残余应力达到 -84MPa，层深达到 $1.8 \sim 2.0$mm。

1981 年对某型飞机检查时，该型飞机机翼主梁第七螺栓孔产生疲劳裂纹，造成飞机全部停飞。经空军、制造厂以及航空部 621 所的联合紧急攻关，对飞机机翼主梁螺栓孔进行孔挤压强化，经过整机疲劳试验、试飞使用，该型飞机全部复飞，并且每架飞机总使用寿命延长 1200 飞行小时，为国家节约人民币数亿元。

（2）钢。GC4（40CrMnSiMoVA）和 30CrMnSiNi2A 钢材料，经过小孔挤压强化后，表面残余应力分别为 -760MPa 和 -560MPa，强化层深度都能达到 2.6mm。随后应用于 30CrMnSiNi2A、300M 和 AF1410 钢等材料，其中 300M 钢经孔挤压强化，使得未挤试样循环次数为 40966 次，而挤压强化后最好的循环次数为 230833 次，是未挤压试样的 5.63 倍。疲劳强度极限由未挤压的 260MPa，上升到 320MPa，提高了 23%。AF1410 钢孔未挤压疲劳极限 430MPa，挤压后 610MPa。表面残余压应力 -520MPa，3.3mm 处为 0。30CrMnSiNi2A 钢属于 1750MPa 级别，ϕ16mm 孔原始疲劳寿命为 18866 次，而挤压强化后达到 32800 次，疲劳强度极限，原始的为 270MPa，挤压后的为 315MPa。高温合金 GH4169 的未挤压的循环次数为 40825 次，挤压后的最好循环次数为 110466 次，是原始试样的 2.7 倍。

（3）A-100 钢。使用孔挤压强化工艺对 A-100 钢带孔试样进行处理，强化后在孔边产生了一定的残余压应力分布，其从孔边到远处的切向残余应力分布如图 7-26 所示。残余压应力层为 3.5mm，表面残余压应力为 -400MPa，最大残

余压应力在 1mm 处为-410MPa,最大残余拉应力为 120MPa,最大残余拉应力距
孔边的距离为 4.1mm,在接近孔直径的距离范围时残余应力几乎为零。

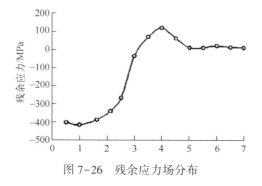

图 7-26　残余应力场分布

机械加工与孔挤压强化试样疲劳 S-N 曲线如图 7-27 所示,用升降法测定
的机械加工与孔挤压强化试样在 $1×10^6$ 循环周次下的条件疲劳极限分别为
471MPa 和 593MPa,孔挤压强化将疲劳极限提高了 26%。图 7-28 是疲劳试样
断口形貌,磨削试样的疲劳裂纹均位于孔边表面,为 1/4 椭圆状的角裂纹;而孔
挤压强化试样的疲劳裂纹萌生于孔壁表面处,为 1/2 椭圆状的表面裂纹。

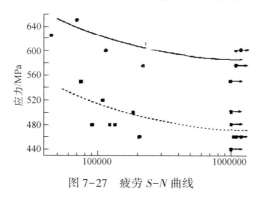

图 7-27　疲劳 S-N 曲线

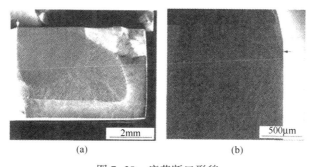

(a)　　　　　　　　　　　(b)

图 7-28　疲劳断口形貌

305

（4）钛合金。本部分为了 TC18 钛合金焊缝上孔结构的强化处理研究结果。表 7-2 为不同状态下试样表面残余应力测试结果，由表 7-2 可知，基体未强化处理的试样表面为分布均匀的加工残余压应力，压应力值较小；焊接未强化处理为表面残余拉应力，其中焊缝处点 3 的残余拉应力值达到 117MPa，1 号和 2 号也是残余拉应力的分布；孔挤压强化后，基体试样和焊接试样 3 个点的表面残余应力均为压应力，其中 1 号和 2 号的数值大小与焊接无关，仅取决于距孔壁的距离，1 号位于孔口处，残余压应力值较大，2 号压应力值较小。孔喷丸强化后，残余应力特征与挤压强化相似，不同的是喷丸强化在试样表面引入的残余压应力更大，其 1 号区域处达到 $-300 \sim -400$MPa，但是喷丸的强化层较浅。比较各种处理状态下 3 号测试点的数值可知，与基体试样相比，焊缝试样强化后残余压应力值松弛的更明显。

表 7-2　不同状态下试样表面残余应力值

试 样 类 型	强 化 过 程	残余应力/MPa		
		No1	No2	No3
孔位于基体	未强化	-91.5	-95.8	-54.1
孔位于基体	CPH	-224.1	-69.3	-105.6
孔位于基体	SPH	-413.9	-91.5	-142.5
孔位于焊缝	未强化	55.0	52.6	117.3
孔位于焊缝	CPH	-210.3	-63.0	-73.9
孔位于焊缝	SPH	-339.8	-254.5	-36.3

不同状态下试样的平均疲劳寿命见表 7-3，与未强化试样相比，喷丸的试样疲劳寿命提高了近 3 倍，强化效果显著。对于焊接试样，与未强化试样相比，喷丸强化方法疲劳寿命提高了近 6 倍，强化效果最佳。基体和焊接试样孔挤压的强化效果均不显著。

表 7-3　不同状态下试样的平均疲劳寿命

试 样 类 型	强 化 过 程	平均疲劳寿命/次
孔位于基体	未强化	4.7×10^4
孔位于基体	CPH	7.0×10^4
孔位于基体	SPH	18.0×10^4
孔位于焊缝	未强化	3.0×10^4
孔位于焊缝	CPH	4.8×10^4
孔位于焊缝	SPH	20.0×10^4

7.3　螺纹结构修复

7.3.1　概述

螺纹部位在飞机结构中较少,结构应力集中系数一般为 3 ~ 5,是较孔结构更加削弱了总体强度的一种结构,航空用螺纹从最初的普通螺纹,发展到加强螺纹,再到机械加工螺纹+滚压强化工艺,经历了疲劳性能降低 60%,到滚压强化恢复 40% 以上的历程,使得滚压强化成为了超高强度材料制造的螺纹结构必不可少的加工和修复工艺技术之一。

表面滚压强化工艺技术是使用一定尺寸的滚动体,以适当的压力对零部件实施滚压处理,使一定深度表面层产生形变硬化,改善表面完整性,改变组织结构,造成残余压应力场,从而提高疲劳强度、寿命和可靠性。表面滚压或滚制适应形状简单的平面或圆周面,圆柱体表面、轴颈、齿根、转角处等高应力集中部位,提高疲劳性能效果十分显著。

滚压过程中主要是样品回转运动与轮回转中心线移动,强化效果取决于轴的移动线速度、进给量、压力及构件的表面、强度水平及滚动体强度等。表面滚压或滚制提高疲劳强度来自三个方面:一是滚压部位应力集中系数高,疲劳强度降低大,滚压后的恢复效果极为显著;二是滚压部位应力集中系数高,滚压造成的变形程度大,硬度提高和变形层深度大,可达到 1mm 以上,残余压应力分布合理,疲劳强度提高显著;三是表面滚压后表面粗糙度降低很大,疲劳强度改善很高。表面滚压成为提高主要承力零部件高应力集中特殊部位疲劳强度极为有效并广泛采用的基础制造技术。

强化工艺按照处理部位不同,可分为三种工艺:螺纹滚压、圆角滚压和外表面滚压。螺纹滚压是使用单滚轮或双滚轮在专用机床上对螺纹进行强化,如起落架外筒、直升机轴颈等部位;圆角滚压是指对退刀槽、转接圆角等部位的强化。而外表面滚压则是对带外圆的大表面进行直接滚压强化的工艺,主要是滚轮或金刚石碾压等。三种强化方法都可以降低零件表面粗糙度,改善表面完整性,从而提高零件的耐疲劳性能。

螺纹结构修复工艺过程:螺纹表面去除(除锈、腐蚀、涂层等)—残余应力检测—滚压工艺前准备—滚压工艺实施—滚压后检测—防护涂层。

7.3.2　滚压强化工艺

滚压强化工艺最早是从 20 世纪 80 年代的 300M 钢起落架零件带螺纹部位

出现疲劳裂纹开始研究的。由于 300M 钢代替了 30CrMnSiNi2A 钢的应用,将材料强度上升到了 1900MPa 级别,材料强度的升高,必然带来表面疲劳应力集中敏感的升高,带螺纹部位的缺口敏感性尤为突出。由于加入了螺纹,300M 钢试样的疲劳极限降低到了 250MPa,已经低于零件设计要求,无法保证使用的安全性,在从设计和材料方面无法解决的情况下,对其进行了表面强化工艺研究,而由于螺纹根部较小,无法使用传统的喷丸方法,对螺纹部位实施了滚压强化,将疲劳极限提高到了 440MPa,是未滚压的 1.76 倍,满足了该部位的强度要求,也使得表面强化工艺中又多了一项对特殊部位的强化方法,随之发展到了退刀槽和外表面的强化上,取得的效果明显,使得设计人员有了更大的空间,进行更大胆的结构设计,而且方法简单,在工厂实施方便。

随后在 30CrMnSiNi2A 钢、1Cr15Ni4NMo3N 不锈钢、16Co14Ni10Cr2MoE (AF1410) 超高强度钢和 GH4169 合金上得到了应用,效果显著,其中将 30CrMnSiNi2A 钢的疲劳极限由 315MPa 提高到了 583.3MPa。将 1Cr15Ni4NMo3N 不锈钢的疲劳极限由 447.5MPa 提高到了 467.5MPa。将 16Co14Ni10Cr2MoE (AF1410) 超高强度钢的疲劳极限由 270MPa 提高到了 432MPa。

由于 GH4169 合金的优异性能,使得它的使用越来越广泛,1995 年对该合金带螺纹部位进行了滚压强化,未滚压的试样循环次数为 203874 次,滚压后的次数为 2×10^6 次。

1. A-100 钢

目前,起落架用 A-100 钢强度极限达到 1900MPa 级,其对疲劳缺口应力集中非常敏感,尤其是带螺纹部位,疲劳强度极限降低的幅度很大,不能满足飞机结构的设计要求。采用螺纹滚压强化的方法对其进行处理,使用滚压强化方法处理的带螺纹试样在 600MPa 下进行单点疲劳试验,疲劳寿命由磨削试样的 1.8×10^4 次循环,上升到强化后的 7.7×10^4 次循环,效果非常理想。

图 7-29 和图 7-30 所示为滚压强化前后试样的疲劳断口形貌,磨削试样断口呈现多源形貌,表面平坦,主裂纹起始于表面,试样外表面磨削刀痕较明显,是主要的疲劳薄弱区。图 7-30 中可见疲劳源明显减少,主源仍然起始于表面,但外表面的刀痕已经被滚压平抑了,刀痕已经很不明显。

2. 超高强度不锈钢

超高强度不锈钢滚压强化后螺纹根部组织结构变化如图 7-31 所示,表面可见轻微的变形晶粒,晶粒被压缩的不明显,说明滚压后的塑性变形程度不大。超高强度不锈钢磨削试样平均疲劳寿命为(循环次数)4.1×10^4 次,经过对磨削试样带螺纹部位的滚压强化工艺后疲劳寿命都有所提高,平均疲劳寿命最少为 4.96×10^4 次,最高达到了 3.59×10^5 次,是磨削加工试样寿命的 8.75 倍。

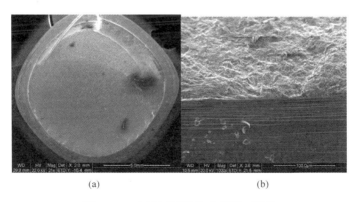

(a) (b)

图 7-29　未滚压试样的疲劳断口形貌

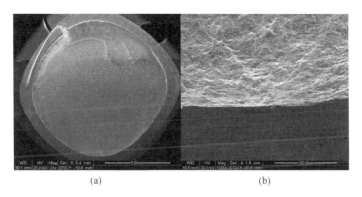

(a) (b)

图 7-30　滚压后试样的疲劳断口形貌

(a) (b) (c)

图 7-31　滚压强化后螺纹根部组织形貌

(a) 螺纹根部全貌;(b) 根部变形情况;(c) 根部组织。

参考文献

[1]　陆峰,汤智慧,孙志华,等.航空材料环境试验及表面防护技术[M].北京:国防工业
出版社,2012.

[2]　宋颖刚,高玉魁,陆峰,等.TC21 合金喷丸强化后表面强化层组织与性能变化[J].航

空材料学报,2010,30(2):40-44.

[3]　刘锁.金属材料的疲劳性能与喷丸强化工艺[M].北京:国防工业出版社,1977.

[4]　方博武.受控喷丸与残余应力理论[M].山东:山东科学技术出版社,1989.

[5]　宋颖刚,王欣,王强.7050 铝合金表面喷丸强化层纳米结构微观组织结构分析[J].电子显微学报,2015,34(1):18-24.

[6]　宋颖刚,高玉魁,陆峰,等.TC21 钛合金喷丸强化层微观组织结构及性能变化[J].航空材料学报,2010,30(2):40-44.

[7]　王强,乔明杰,张炜,等.喷丸对 TC4 钛合金残余压应力场及疲劳寿命的影响[J].机械工程材料,2012,36(12):53-57.

[8]　王欣,王强,宋颖刚,等.陶瓷丸喷丸对 2124 铝合金疲劳性能的影响[J].材料保护,2011,44(9):9-11,31.

[9]　吴凌飞,王强,张志刚,等.喷丸强度对不同粗糙度表面超高强度钢疲劳性能的影响[J].材料保护,2014,47(8):46-50.

[10]　王欣,高玉魁,王强,等.再次喷丸周期对 TC18 钛合金疲劳寿命的影响[J].材料工程,2012,(2):67-71.

[11]　陈荣,李权,王洪伟.飞机平尾大轴断裂故障分析[J].失效分析与预防,2009,4(1):47-50,57.

[12]　曹强,贺旺,付刚强.某型飞机平尾大轴延寿修理研究中的无损检测技术[J].航空维修与工程,2015,(9):118-120.

[13]　刘开亮,朱有利,李占明,等.某型飞机平尾轴断裂失效分析[J].装甲兵工程学院学报,2012,26(4):83-85.

[14]　李戈岚,吴斌,戚岩.某机平尾大轴断裂损伤容限评定分析[J].飞机设计,2007,27(3):28-32,51.

[15]　王欣,尤宏德,赵金乾,等.喷丸对 DD6 单晶合金高温疲劳性能的影响[J].中国表面工程,2013,26(3):21-24.

[16]　张光钧,李军,李文戈.激光表面改性的发展趋势[J].金属热处理,2006,31(11):1-6.

[17]　陈继民,徐向阳,肖荣诗.激光现代制造技术[M].北京:国防工业出版社,2007.

[18]　丁阳喜,周立志.激光表面处理技术的现状及发展[J].材料热处理,2006,36(6):69-72.

[19]　CHARLES S MONTROSS,TAO WEI,LIN YE,et al. Laser shock processing and its effects on microstructure and properties of metal alloys:a review[J]. International Journal of Fatigue,2002,24:1021-1036.

[20]　LIU Q,DING K,YE L,et al. Spallation-Like Phenomenon Induced By Laser Shock Peening Surface Treatment On 7050 Aluminum Alloy [J]. Structural Integrity and Fracture 2004,2004.

[21]　EVERETT R A,MATTHEWS W T. The Effects of Shot and Laser Peening on Fatigue Life and Crack Growth in 2024 Aluminum Alloy and 4340 Steel [R]. NASA/TM-2001-

210843.

[22] KAN DING,LIN YE. Simulation of multiple laser shock peening of a 35CD4 steel alloy[J]. Journal of Materials Processing Technology,2006,178:162-169.

[23] KEVIN K LIU,MICHAEL R HILL. The effects of laser peening and shot peening on fretting fatigue in Ti-6Al-4V coupons[J]. Tribology International,2009,42:1250-1262.

[24] OMAR HATAMLEH. A comprehensive investigation on the effects of laser and shot peening on fatigue crack growth in friction stir welded AA 2195 joints[J]. International Journal of Fatigue,2009,31:974-988.

[25] 高玉魁. 孔挤压强化对 23Co14Ni12Cr3MoE 钢疲劳性能的影响[J]. 金属热处理,2007,32(7):34-36.

[26] 王强,王欣,高玉魁,等. 孔强化对 TC18 钛合金疲劳寿命的影响[J]. 材料工程,2011,(2):84-86.

第8章

复合材料构件的安全评估与修复

8.1 复合材料构件的损伤检测与评估技术

8.1.1 国外复合材料结构损伤评估的发展历程

20 世纪 70 年代初期,澳大利亚航空和海运研究室(AMRL)的 Alan Baker 博士等首先利用碳纤维增强塑料(CFRP)和硼纤维增强塑料(BFRP)为澳大利亚皇家空军(RAAF)修补了大力士 C-130、幻影 F-111、麦卡奇等飞机,开启了飞机复合材料构件修复的开端。美国海军、澳大利亚空军和加拿大空军联合开展了复合材料修补工程发展项目(composite repair engineering development program,CREDP),对含损伤复合材料阻抗性能进行了综合评估,包括损伤类型、尺寸、位置、铺层、结构几何尺寸及形状、服役环境及历史、损伤扩展等参数,并对结构剩余强度进行了理论分析,对静载下材料失效及分层失效进行理论分析和有限元模拟,并将该研究成果成功应用于含有多处损伤的 F/A-18 水平安定面结构修复。

1982—1997 年由 NASA 牵头联合波音、麦道和洛克希德三大飞机公司和犹他大学参加,开始先进复合材料计划(advanced composite technology program),简称 ACT 计划,作为该计划的一部分,波音与 NASA 合作开展的先进技术复合材料飞机结构(ATCAS)复合材料机身计划 Phase B 中,作为主要技术之一,开展了飞机用高性能复合材料构件的修理和损伤评估(NASA CR 4732),主要对飞机机身部分蒙皮/加筋板、夹层结构地板梁进行分析,并发展了非线性累积损伤分析理论,开展了主承力复合材料结构部件的检测和修理技术研究。

波音公司 AST 复合材料机翼计划中介绍了离散源损伤(discrete source damage,DSD)的耐久性和损伤容限的研究工作,指出了复合材料在主结构中应用时需要建立 DSD 事件的损伤容限。对含 DSD 损伤的复合材料结构进行试验,研究了其拉伸、压缩及剪切力学行为并预测了剩余强度。

　　从 2007 年开始,在 NASA 主持下,美国开展了为期 10 年的 AvSP(aviation satety program)航空安全专项研究,其中 AADP(aircraft aging & durability project)飞机老化及耐久性工程计划的主要研究工作是复合材料结构长期服役中复合材料性能蜕变、损伤演化和疲劳等的检测、预测和预防问题。

8.1.2　国外复合材料结构损伤评估技术

　　复合材料结构损伤评估包括损伤检测与表征以及对损伤影响的评估两方面,这两个方面彼此相互影响,对复合材料结构损伤状态和剩余寿命的评估都有直接作用。

　　结构损伤检测与表征是指在众多的损伤描述指标(如损伤类型、形状、位置、各种尺寸等)中,确定出影响结构承载性能或其他功能的几个主要影响指标作为损伤的特征量。因此,损伤检测与表征和结构的设计要求有着直接的关系。

　　对于复合材料结构,其主要损伤包括分层或脱粘、穿透裂纹、孔洞、冲击损伤等。在所有这些损伤中,其所处的位置当然是一个表征量。此外,分层的表征量主要还有分层长短轴尺寸,穿透裂纹的表征量主要有裂纹长度,孔洞的表征量主要有其长短轴尺寸(对于圆,则是其直径),高速冲击损伤的表征量主要有入射角及其长短轴尺寸,但对于低速冲击,人们提出的损伤表征量有冲击表面的凹陷深度、冲击损伤面积、冲击损伤区的最大宽度、冲击过程中的最大载荷以及冲击能量等,目前还存在争议(图 8-1)。

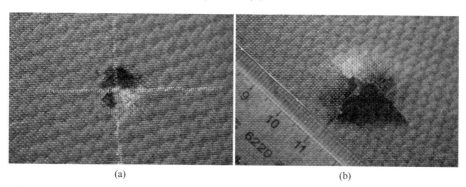

(a)　　　　　　　　　　　　(b)

图 8-1　冲击损伤正面与背面形貌
(a)冲击正面;(b)冲击背面。

　　目前对于含损伤复合材料结构的评估,主要利用理论分析和试验验证两种手段。理论分析方面主要有两类方法:第一类是采用有限元法(FE);第二类是基于 Goland 和 Reissner 的解析分析方法。

理论分析中的关键技术是利用损伤表征量对损伤进行等效,进而建立相应的物理分析模型和破坏判据,目前主要采用的是有限元法,对于一些特殊的情况也可采用解析法。有限元法适用范围较广,容易对不同的损伤进行物理等效,并且计算精度较高,在飞机复合材料结构损伤评估分析、损伤容限分析以及修理结构力学性能分析中得到了普遍应用。解析法主要用于含中央穿透裂纹、孔洞和分层等规则损伤结构在简单载荷作用下的损伤影响评估中,其计算时间短、费用低,但应用的局限性很大,且存在计算精度低,误差分析困难等不足。但无论哪一种理论分析方法,都难以较准确考虑使用环境的影响,因此,需要进行大量的试验研究。

1984 年,NASA 科技报告中指出,为解决运输机复合材料蒙皮的损伤容限设计问题,由 NASA 牵头开展了复合材料断裂韧性的研究,通过试验和理论分析分别研究了含有切口、冲击损伤和开孔等不同损伤形式复合材料,在拉伸载荷作用下的剩余刚度、剩余强度和断裂韧性变化规律。随后,在 NASA 主持下持续开展了带有类似裂纹的切口和受拉伸载荷的复合材料断裂问题,目前已经建立了许多模型和方法,包括 Mar-Lin 模型、应变软化方法、线弹性断裂力学方法(LEFM)、R-曲线方法等。

NASA CP—3294 中研究了带搭接板和帽型截面加强筋的复合材料平机身大壁板拉伸破坏应变与切口长度的关系。分别采用线弹性断裂力学方法(LEFM)和 R-曲线方法建立了理论分析模型,结果表明,对于搭接板和帽型截面加强筋,LEFM 预计值分别比试验值低 45% 和 58%,而 R-曲线预计值分别比搭接板试验值低 14%,比帽型截面加强筋试验值高 16%,LEFM 和 R-曲线都准确预计了破坏的性质,即灾难性破坏与止裂的关系。

美国空军先进复合材料项目办公室正在开发先进复合材料维修分析工具(ACRAT),该工具包括商业软件、公开的 CAE 模拟编号以及定制数据库,其测试版本是一款以 ASTM E 1340—90 标准中的条款和过程为依据的计算机辅助复合材料维修设计与评估工具。ACRAT 方案的目标是减少空军在工程援助时对飞机制造商的依赖,降低结构件的废品率,缩短飞机在进行维修设计或备用件不能用时的修理时间。当可以对飞机进行维修时,可以削减由于移动和重新安装飞机部件而花费的人力。ACRAT 未来的发展方向是提供一个健壮的集成 CAE 和数据库软件系统,该系统可以在工程和技术方面为高性能复合材料飞机结构提供可靠的维修方案,并作为一个指导美国空军结构工程师在修理可行性设计和实施修理的工具,通过嵌入空军的修理技术,提高复合材料飞机结构的可修理性,该系统已运用于 C-17、F-16 及 C-135 飞机的左机翼、前机身及起落装置等。

　　试验研究中复合材料制件的试验设计、损伤扩展监控以及环境模拟是关键技术。目前还无法完全解决这些技术关键,大部分试验研究都是针对典型结构试验件,如层合板、夹层板、3 筋条加筋板,在简单载荷作用下进行的,结构的损伤扩展情况还不能准确测量,环境的影响也只能通过典型试验件的环境对比试验,给出其影响系数。由于损伤形式和结构形式的多样性,对复合材料结构损伤评估的试验研究工作开展的非常多,但是复合材料内不同的损伤形式会相互引发,彼此耦合。因此,很难使用试验研究的结果直接评估结构的损伤程度,更多的是利用试验结果对理论模型进行修正,再利用理论分析对结构损伤进行评估,然后通过少量试验进行验证。

　　含损伤复合材料结构疲劳寿命的研究相对较少,并且以试验研究为主。虽然人们根据层合板的剩余刚度与强度提出了一些孔板和含裂纹板的疲劳寿命预测模型,但预测的结果并不理想,在工程中仍然使用试验测定的层合板 S-N 曲线,按疲劳累积损伤理论进行寿命估算。

8.1.3　国内复合材料损伤评估研究进展

1) 复合材料结构损伤检测技术

　　国外在复合材料结构损伤检测方面使用的目视、敲击法、声阻法、声谐振法、超声反射法及便携式超声 C 扫描、射线技术、超声相控阵、红外热像和激光散斑等无损检测技术国内基本上都具备,但研究和应用水平与国外相比有明显差距,用于修理损伤的相关报道相对较少。

　　红外热像无损检测技术的相关标准近两年开始制订。在复合材料检测、涂层无损检测和飞机在位检测等方面的研究正在逐步深入。通过对夹层结构件的检测研究发现,红外技术不仅能够检测出一定厚度蒙皮的脱粘缺陷和冲击损伤,而且对蒙皮内部和蒙皮与蜂窝芯之间胶膜的一些特征很敏感,如空隙、贫胶、胶膜厚度不均等。随着国内复合材料产品种类的不断增加,红外热像检测技术正不断拓展其应用范围,包括各类复合层板、泡沫夹层结构件。

　　对于激光散斑检测技术,国内虽然天津大学、航天材料及工艺研究所、北京航空材料研究院等单位均有一定的研究基础,并有实验室样机和少量用户,但图像质量相对较差、检测灵敏度较低,在技术水平及可靠性方面与工程应用要求尚存在一定差距,尚未形成成熟的产品。

　　近一两年来,空军以及航空航天等工业部门引进了一些激光散斑检测系统,对其检测技术手段已开始掌握。随着这类仪器的发展,国内相应产品的出现,激光散斑检测技术在复合材料制件损伤的检测方面将得到更为广泛和有效的应用。

在损伤评估方面,空军第一航空学院的许占显针对某型飞机腹鳍前段为夹芯复合材料进行了损伤评估,并成功实施了修复。涂明武等以某型飞机为例,用计算机模拟其在实战条件下受到敌方空对空、面对空、空对面、面对面等武器打击后的飞机实际损伤情况(含飞机在地面遭轰炸、在空中遭导弹、炮弹打击等情况),建立了战伤机理仿真系统的设计框架。该框架考虑了几何造型、接口模块、导弹爆炸、弹片穿透、战伤分布、损伤评估与抢修方案优选、图形显示等重点模块,具有损伤预测、损伤评估和方案优化的功能。

中国飞机强度研究所研究了带缺陷复合材料层压板剩余强度的评估方法,对复合材料低能量冲击损伤的理论进行了预测,并对含冲击后压缩剩余强度进行了分析,根据经验自主开发了复合材料结构损伤容限分析软件 CDTAC V2.0,可通过 FD、DI 等失效判据预测复合材料加筋板的剩余强度。

华东交通大学的童谷生从工程应用的角度,探讨了复合材料飞机结构损伤修理容限需要进行研究的相关问题,针对普通层压板和加筋板等结构的主要损伤形式,提出了针对修理容限问题较为系统的总体研究方案。结合结构的具体损伤形式指出了修理容限研究中需要进行理论分析和试验研究的内容,为不同材料同类结构修理容限的研究提供参考。

2) 复合材料结构损伤评估技术

在损伤表征方面,国内基本采用的是国外的研究结果。对于低速冲击损伤的表征,国内研究工作者提出了自己的观点,认为冲击面凹陷深度、损伤区最大宽度和损伤面积是低速冲击损伤的主要表征量,并在材料研制和结构设计中得到了应用。

在损伤影响评估方面,国内取得了丰硕的研究成果,如 1995 年出版的《复合材料飞机结构耐久性/损伤容限设计指南》、2001 年出版的《复合材料结构修理指南》以及其他复合材料结构设计手册类著作中,都对国内外有关复合材料结构损伤影响评估的成果进行了总结,其中损伤影响判据和损伤区纤维断裂失效判据为国内学者提出。此外,在复合材料结构 CAI 计算和复合材料损伤累积模型研究等方面也已达到了国际水平;有关缝合复合材料结构损伤影响评估方面的研究国内学者也有较大贡献。可以说,在含损伤复合材料结构静态力学性能理论分析方面国内已达到了国际水平,但对于多损伤源对结构性能影响的研究比较不足,在研究成果工程化应用方面也相对落后。

在疲劳寿命和环境影响研究方面,国内开展的工作并不是很多,特别是对后者的研究工作更少。复合材料结构疲劳寿命的研究工作以前开展得较少,这几年稍多一些,但主要还是停留在无损伤层合板或含孔板的疲劳性能研究的水平。虽然我们也提出了一些疲劳损伤与寿命估算模型与方法,但它们大都是针对简单层合板和简单载荷情况,离工程实际应用距离较大。在工程实际中,只有少数重要结构,如直升机旋翼桨叶和桨毂夹板,进行过损伤容限验证,大部分情况下只对无损结构进行疲劳试验。此外,由于我国复合材料主承力结构应用不多,工程应用的时间也不长,因此工程中收集到的结构疲劳损伤和破坏的实例也不多,在这方面很缺乏经验。对于修理后的复合材料结构,其疲劳性能可能较差,而且受环境的影响也会很大,而这方面的研究工作目前我们几乎没有开展。为此,损伤对复合材料结构疲劳寿命的影响以及环境对含损伤复合材料结构力学性能影响方面的研究迫在眉睫。

8.1.4　复合材料结构损伤检测技术

复合材料构件在使用过程中出现的损伤有:层合板或面板的分层缺陷、面板与芯材的脱粘缺陷、外面板的裂纹和穿孔、芯材破裂与压皱和液体侵蚀及其造成的脱粘缺陷等。针对以上缺陷用于原位无损检测的方法有目视法、敲击法、声阻法、声谐振法、声发射、应力波因子(stress wave factor,SWF)技术、超声共振技术、超声反射法、射线技术、微波技术、电阻抗检测法、超声相控阵、激光错位散斑技术、红外热像(热波)技术等多种方法,其中部分方法还处于应用研究阶段,用于现场检测还不成熟。

目视法只能观察明显的结构变形、断裂、螺钉松动等结构异常,不能进行构件内部缺陷的定性和定量检测。敲击法是目前使用比较广泛的检测方法,尤其是外场服役的大型复合材料制件,如大型雷达罩、飞机机翼等,但受人的主观影响较大。空中客车公司目前仍将该方法作为一种外场的检测手段,我国在大型雷达罩外场检查以及修理的初步检测,也采用敲击法。在修理中,一旦发现敲击声异常,则需要用其他精确的方法进行确认具体的位置和边缘轮廓,以便进行精确的修复。

声阻法主要用于铝制单蒙皮和蒙皮加垫板的蜂窝胶接结构的脱粘缺陷检测,该方法被波音公司用于蜂窝部件的外场检测。声谐振法适于检测曲率半径在 500mm 以上的金属蜂窝胶接结构,能检测单侧蒙皮和带垫板的金属蜂窝结构脱粘缺陷,该方法被国外多家航空公司使用。声发射法需要在被测对象上布置好足够数量的传感器,其缺点是损伤产生的信号与噪声较难区分。通过实验发现,声发射技术还可以检测出损伤的强度。

超声反射法对构件进行人工 A 扫查检测,但是效率低、可靠性差;目前已有基于人工 A 扫查的 C 扫查检测系统,可以提高检测可靠性,检测结果直观并可以存档。但是当表面有一定厚度的弹性体漆层时,该漆层对超声有明显的衰减,影响检测能力。若蒙皮较薄,超声回波难以区分,或大曲率复杂型面,检测也有一定的难度。

射线技术可以用于层合板内的孔隙和夹杂等体积型缺陷和夹层结构中芯材变形、开裂、发泡胶发泡不足、镶嵌物位置异常等缺陷的检测,但不适于外场单面检测的情形。

由于原位检测要求简单、快速和可靠。激光错位散斑和红外热像方法可以克服很多传统方法的局限,用于近表面缺陷检测,检测效率较高,但是对损伤缺陷的大小估计不如超声 C 扫查准确。

国外,激光散斑检测技术和红外热像无损检测技术已经开始应用于飞机的原位检测,如波音 7x7 系列、空客 380 等民用飞机复合材料的检测(图 8-2 ~ 图 8-4)。红外热像无损检测技术在对各类飞机机身的检测,如复合材料的层析检测、飞机液压油渗漏及其他类型损伤的识别、铝蒙皮疲劳裂纹的检测、机身锈蚀的定量测量等方面都得到了成功的应用,并制定了相关的检测标准,写入美军维修手册。ASTM 近期制定了闪光加热红外热像检测标准。

图 8-2　飞机蜂窝积水的外场检测　　　图 8-3　用于波音 747 机身壁板的检测

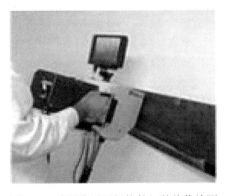

图 8-4　碳纤维层压板构件红外热像检测

激光散斑检测技术的应用得到了 NASA、美国空军及其他有关部门的大力支持。2007 年发布了相关 ASTM 标准 E2581,该方法也成为国际宇航无损检测人员认证标准 NAS410 确定的 7 种无损检测方法之一。激光散斑检测技术在航空工业中的飞机雷达罩、直升机旋翼,波音飞机、F-16、F-18、AWACS、AV-8B、全球鹰等;航天的液体燃料隔热层、火箭壳体、空间站等工业领域都有应用。

美军针对复合材料构件的冲击损伤和分层缺陷检测问题,将以下几种检测技术进行了对比:激光散斑、红外热像、微波技术、声谐振法、超声反射法、超声相控阵和实时超声检测。红外和散斑受几何限制小,其他方法受边缘影响大;红外和散斑受表面粗糙度影响,其他方法中除了微波技术,均需要耦合剂;激光散斑、红外热像和超声相控阵的检测效率较高;激光散斑、红外热像和微波会受到环境的一些影响;激光散斑在检测分层缺陷时检测能力不如其他方法,但是对冲击损伤的检测结果还不错。

总之,目前用于原位缺陷检测的方法,或可靠性不够,或检测能力不高,或检测效率低,未能满足日益提高的检测要求。因此,有必要对传统方法进行改进或开展新方法的研究。

8.2　复合材料构件的修复方法

国外复合材料构件的修理技术几乎是伴随着复合材料设计、制造同时发展起来的,一个复合材料部件在设计时就已开始考虑它的可修理性,以使其使用既安全又经济。在复合材料修理设计(包括结构损伤容限和修理方法等)、修理材料和修理工艺及工具设备三个主要方面上进行了长期的研究,积累了大量使用经验,无论军机还是民机,都能以结构修理手册(SRM)的形式给出可修理性判据、修理方法和相应的修理材料。已实现修理材料系列化,品种齐全多样,修理工艺成熟,设备工具完备,有完整的损伤检测和评估系统。军机战伤的外场快速修理,常规方法是铆接或胶接金属或复合材料补强片,轻微损伤还可用室温固化的玻璃布补片的复康,而对主承力与耐高温复合材料结构损伤的修理技术鲜有报道。

国内在"七五"和"八五"期间进行了缺陷/损伤影响的无损检测、修理方法和修理工艺等的基础性研究,后来对复合材料层压板和蜂窝夹层结构的挖补、贴补修理进行了深入研究,对层压板冲击损伤的注射修理进行了探索性研究,完成了 T300/5405、T300/QY8911、J116、J159 和 SP9 等修理材料的初步评定。但限于经费较少,复合材料构件的修理研究工作只在修理方法方面对国外技术进行了跟踪研究,没有新的突破,而且加筋结构修理问题也未涉及,没有盒段级试验,验证试验性不强,修理材料的性能有待进一步提高、来源有待发展。

目前,国内研究和生产中使用的外场修理用设备及专用工具大多是进口产品,修理材料品种少,且基本上没有进行修理适用性研究。复合材料修理没有主要用于复合材料构件修理的原材料(预浸料),从现有可供选择的修理材料来看,品种太少,对于耐高温双马树脂基复合材料来讲,无本体修理材料可选;其他体系复合材料也是仅有制造用预浸料和胶黏剂,而没有进行修理适用性研究和相关数据,不能直接用作修理材料。航空材料手册中所列胶黏剂,也只有少数几个被提及用于复合材料构件的修理。修理工艺与技术还不成熟,目前外场修理主要是针对划伤的贴补与蜂窝结构的树脂注射修补,都是装饰性修补,尚未考虑结构强度恢复程度。

可见,国内在复合材料结构损伤的常规修理技术方面已具有一定的研究基础,实验室研究了修理用新材料,材料的基本性质与结构明确,但尚未形成材料标准与工艺规范,没有对承力件进行过修理,也没有对承力件修补技术进行过系统研究和强度评估,用于承力件修理的技术成熟度仅达到2~3级。

8.2.1 电子束固化修复技术

电子束在工业上的实际应用最早始于19世纪30年代初,一项用电子束干燥油类产品的技术获得了专利。此后电子束还在复合纸、压敏胶、短纤维制品、电线电缆连接和镀膜纸等工业生产中得到使用。70年代,法国宇航公司(Aerospatiale)开始研究复合材料的电子束固化技术,以降低复合材料的制造成本,并于1990年用该技术制造出全尺寸火箭发动机机壳。该技术很快引起美国、加拿大等国的重视。美国于90年代中期从以下两方面着手进行该领域的研究。一方面,在与法国宇航公司进行技术协商的同时,由美国空军和DARPA资助进行航天结构电子束工艺的技术可行性和成本降低潜力的论证。另一方面,由美国能源部Oak Ridge国家实验室领导,组成了一个有10个研究机构构成的电子束技术研发集团CRDA(cooperative research and development agreement),分工合作,分别开展以下研究工作:研发树脂,对引发剂、增韧剂和模具材料进行评定,复合材料基本数据,经济性评估,电子束在RTM和VARTM上的应用,材料规范,结构件制造,成本分析,树脂评定,夹层结构一次成形工艺,低成本模具,多种材料装配技术,阳离子及多官能环氧树脂,B阶段及无模具固化,共固化发动机进气道和油箱的低成本制造。

到目前为止,所有的研究结果表明,电子束固化技术在航空航天工业中,无论是制造还是修理,都具有应用潜力。在飞机结构修理方面,与热固化技术相比,它具有固化温度低、固化速度快、材料易在室温下长期存放和不同种材料间的共固化等优点,但该技术尚处于应用研究阶段,还不成熟。

电子束固化工艺用电子加速器产生的高能电子引发适当的树脂基体发生聚合和交联反应。这类树脂或胶黏剂中含有光引发剂或光敏基团,可在辐射作用下引发自由基反应或阳离子反应,与增强材料一起形成修补层和胶接接头,对损伤结构进行补强。

与传统加热固化相比,电子束固化技术用于飞机结构修理具有以下优势:

(1) 在环境温度下快速固化,通常需电热毯加热几小时的固化过程可在几分钟内完成。因材料 T_g 值更高,可产生更耐温的接头。

(2) 热应力变形极小,尤其在金属材料胶接时,接头内应力小,不会引起薄壁金属结构的变形。

(3) 可对选定区域固化,解决对非开放结构及大热容量结构加热困难的问题。

(4) 无材料存放期限制,因为是靠辐射引发聚合反应,材料易于室温存放,适用期长,便于在外场运输、存放和使用。

(5) 高能电子束具有穿透厚壁制件进行固化的能力。

电子束固化存在的问题有以下几方面:

(1) 纤维-基体界面较弱,造成剪切强度低,解决办法有纤维上浆和调整工艺改善树脂流动性,以提高表面浸润性。

(2) 工艺质量控制有待提高,以降低孔隙含量。

(3) 电子束固化材料与已有复合材料间的相容性。

(4) 长期使用下的老化。

(5) 大幅提高树脂和胶黏剂的性能。

电子束固化树脂主要有自由基反应型和阳离子反应型两种类型。自由基反应型树脂最早由法国宇航公司开发成功,为丙烯酸酯类树脂,使用较多的牌号有预浸树脂 RB47 和树脂传递模塑(RTM)用树脂 RB48,并用于火箭发动机机壳的缠绕成型。这类树脂固化收缩率高,T_g 值较低,力学性能接近中温环氧 3501-6 树脂的水平。在最近几年里已开发出很多有前途的电子束固化树脂体系,通过对大量树脂进行了评定,其中大部分是阳离子反应改性环氧树脂,如环氧丙烯酸酯、环脂环氧等,一般含有 1%~3% 的光引发剂,如二芳基碘盐,较好的电子束固化树脂的性能已达到 977-2 高温树脂的水平,其 T_g 值可高达 390℃,但面内剪切和 90°剪切强度偏低。电子束固化胶黏剂对金属的剪切强度在 15~20MPa。

在法国、美国、加拿大等国已有多种型号的电子束固化设备用于科研工作的生产和研究,目前可用于修理的电子加速器功率 0.3kW,电子能量在 1.5~

9MeV。据报道,美国波音公司正在进行电子束固化修理的验证工作。

电子束固化技术在国外已发展了二十多年,开发树脂几百种,进行了全面的应用研究,设备开发已近成熟,制造和修理技术已开始进入实际工程应用阶段。

8.2.2 微波固化技术

微波在材料领域中的研究和应用起始于 20 世纪 80 年代,1992 年在荷兰召开的首届国际微波化学学术会议展示了微波在有机合成、超导材料、陶瓷材料尤其是复合材料领域的研究成果。

国外在微波固化方面已经进行了广泛的研究,主要集中在微波固化处理、工艺过程、微波器设计及相关基础理论研究。T. Chaowasakoo 采用加热和微波固化方式制备复合材料,并研究其力学和结构性能,发现加热固化 70℃/80min 或微波固化 240W/18min 均能得到完全固化材料,且微波固化复合材料的冲击强度高于加热固化复合材料。E. Marand 等研究了 DGEBA/DDS 的微波固化过程,认为在固化反应前期,微波可以提高反应速率,但由于微波诱导的快速交联反应生成的分子链很刚硬,它能圈住未反应的基团,从而使得在后期降低反应速率,并最终导致固化度的下降。目前微波固化对复合材料界面性能的影响研究较为活跃。D. A. Papargyris 分别采用加热成型和微波成型方法制备出碳纤维/环氧树脂复合材料,发现采用微波成型复合材料与加热成型相比,固化时间缩短了 50%,层间剪切强度提升 9%,玻璃化转变温度提升 15℃。Thostenson 比较了玻璃纤维增强环氧复合材料中,由于从外至里的固化,导致了可见裂纹;热在微波固化中,未发现裂纹,且固化时间明显缩短。此外,国外还将微波应用于 RTM 加工方面,显示出热固化无法替代的优越性。然而,利用微波固化复合材料贴片修复装备损伤国外的研究未见报道。

8.2.3 真空辅助成型工艺修复技术

真空辅助成型工艺(VARI)开始于 20 世纪 80 年代,但是在 1990 年的早期才有第一个 VARI 的专利申请。它是一种先进的模具成型工艺,允许制造大尺寸的制件,并且经济、安全。第一种工艺叫 SCRIMP(seemann composite resin infusion molding process),它是由 Seemann Composite 公司的 Bill Seemann 女士研究发明的。在国外,VARI 已经进行了近二十年的研究,并且已经形成了许多各具特点的工艺方法;如 SCRIMP 成型工艺、VARTM(vacuum assisted resin transfer molding)成型工艺、RTI(resin transfer infusion)成型工艺等。近几年,VARI 已经在复合材料工业中应用越来越广泛。

　　VARI 是在单面刚性模具上以柔性真空袋薄膜包覆、密封纤维增强材料,然后在真空负压下排除模腔中的气体,利用树脂的流动,渗透实现对纤维及其织物的浸渍,并在室温或加热条件下固化成型的一种工艺方法。作为一种先进的液体模具成型工艺,VARI 的主要优点是:成本低,特别适合大尺寸、大厚度结构件的制作,还可以在结构件内表面嵌入加强筋、内插件和连接件等;工艺稳定性好;制品纤维体积含量高(最高可达 70%～85%)、空隙率低,性能与热压罐工艺接近;闭模成型,比较环保。

　　VARI 和传统的工艺相比,不需要热压罐,仅在真空负压下成型;也无需加热,可在室温下固化,经处理后可在较高的温度下使用;也比手糊方法制造的制件孔隙率低、性能好、纤维含量高。

　　VARI 对树脂流动的控制、白斑的防止、树脂/纤维比例是研究的课题。国内 VARI 用树脂基体品种较少,尤其是高性能 VARI 专用树脂基体缺乏,远不能满足国防军事装备发展的需求。

8.3　修理后结构完整性评价及寿命预测技术

8.3.1　修理后评估技术

　　复合材料的损伤评估是检测和修理之间的一个中间阶段,评定的内容包括决定是否对损伤的结构修理和如何修理、修理的性质(永久或临时)以及在所修理结构剩余寿命期之后所需的检测等。主要考虑损伤对结构性能、飞行安全性的影响和研究(静强度、刚度和疲劳寿命的降低)。

　　目前主要通过两类手段评估损伤及被修补结构的强度和刚度。第一类是采用传统单元的有限元法(FE)。第二类是基于 Goland 和 Reissner 的解析分析方法。有限元分析方法适用范围较广,对结构形状和补片的铺层没有限制,并且计算精度较高,在飞机结构的实际胶接修补分析中普遍采用。解析法计算时间短、费用低,在研究各个参数的变化对胶接修补效果的影响时非常方便。但对补片的参数有很大的限制:计算精度低,且误差分析困难。

　　对于带有类似裂纹的切口和受拉伸载荷的复合材料断裂问题,目前已经建立了许多模型和方法,包括 Mar-Lin 模型、应变软化方法、R-曲线方法等。Gary Savage 介绍了本田 F1 车队通过:①损伤的识别;②损伤状态的完整评估;③损伤应力状态分析;④修补方案的设计;⑤修补部位的拆除或处理;⑥加工修补补丁;⑦实施修补方案;⑧修补后结构完整性检验;⑨制定修补文件;⑩修补后状态监控等 10 个步骤,对 F1 赛车复合材料受损底盘的修理过程、成功经验及注意事项。A Barut 等基于最小势能原理分析了圆形或椭圆形孔洞通过粘贴补强板修补后的结构应力状态。

8.3.2　国外研究现状

从 20 世纪 70 年代起,国外对于不同修理手段修复后结构的完整性和寿命预测进行了大量研究工作。目前通用的修补方式一般为机械连接和胶接修补两种。

胶接修补后的复合材料结构在受载时主要的失效模式为胶接区发生剥离失效,最终导致结构破坏。因此在对胶接修补的结构进行性能评估时,多集中对胶接区的力学试验与模拟分析。Renton 和 Vinson 在 1977 年对胶补搭接区的应力状态进行了分析,指出胶补在受载时由于胶接区存在偏心载荷使得胶接区产生弯曲导致发生剥离失效。Paul 和 Jones 在 1989 年对含损伤的复合材料结构进行数值模拟时,考虑了损伤区的分层损伤且有限元模型采用三维模型。Hunter 在 1990 年对中心含孔的石墨/环氧复合材料进行胶补修补试验并进行有限元数值仿真,定义胶接层的单元为弹簧单元,试验值与树脂的结果吻合较好。1993 年 Tvergaard 和 Hutchinson 提出混合 EPZ 模型(embedded – process – zone)来模拟胶接层的断裂行为,且提出胶接层的 traction – separation 法则。在 ABAQUS 有限元软件中,对胶接区采用了 Cohesive 单元来模拟其力学行为,试验与数值仿真结果吻合较好。

螺栓紧固件连接是复合材料结构修理连接的另外一种重要方式,一般采用多排紧固件连接。但由于孔的存在,使得孔边存在应力集中,复合材料结构的载荷主要通过螺栓的剪切应力传播,因此螺栓紧固件连接主要考虑的是挤压设计应力。螺栓修补后的复合材料结构在受载时主要的失效模式为孔边由于应力集中而出现失效或在原有缺口裂纹的基础上继续扩展。在对螺栓紧固件修补的复合材料结构性能进行试验评估时,主要集中在复合材料铺层、孔径、螺栓接头等因素对孔边应力分布的影响。在数值模拟时,主要基于 Whitney – Nuismer 点应力失效准则或者渐进损伤分析模型来模拟螺栓连接修补后的复合材料结构在单向载荷下的力学响应。

1989—1995 年,波音公司与 NASA 签订开展了 ATCAS(advanced technology composite aircraft structure),Oregon State University 作为 ACTAS 计划的参与单位,花费 2.5 年的时间对含缺口损伤复合材料元件、机身结构件采用螺栓连接修补后在单向、复杂载荷下力学响应、剩余强度等方面的试验和有限元模拟理论分析,研究了修补后复合材料结构的寿命。

8.3.3　国内维修技术的研究应用现状

西北工业大学的姚磊江、童小燕等进行了含孔洞型穿透性损伤的复合材料曲板在胶接修补后的性能研究。首先,通过元件级试验数据和三维有限元模拟结果的比较,验证其"三实体模型"的可靠性。然后,通过建立的曲板修补模型,分别计算了结构在承受外载荷作用下,补片的尺寸(周向和轴向)、厚度、补片楔形角、铺层比例、曲率半径和修补方式对修补效果的影响,得出了上述参数的最佳取值范围。

南京航空航天大学的陈普会等建立了一种预测胶接修补复合材料层合板的损伤演变与剩余强度的 PDA-CZM 方法。该方法应用三维渐进损伤分析(PDA)方法和粘聚区模型(CZM)分别模拟复合材料层合板和修补胶层的失效过程。对修补层合板的纤维断裂、基体开裂、层间分层以及胶层脱胶等损伤的萌生和扩展以及它们之间的耦合作用进行了研究。

孙良新、刘英卫等将 Nuismer-Whitney 针对开孔板剩余抗压强度的平均应力准则以及特征长度的概念应用到受冲击损伤结构,对已有多种材料体系的层压板受冲击后的抗压强度的试验与分析值进行比较,结果吻合较好,可以将其作为剩余强度的下限。

崔海坡、温卫东等针对复合材料层合板的冲击和冲击后的拉伸过程提出了一种全程分析方法。该方法应用三维逐渐累计损伤理论对层合板的冲击及冲击后含损伤层合板在拉伸载荷下损伤破坏的全过程进行分析,同时开发了模拟程序,该程序可以预测任意铺层角度、铺层厚度的层合板在冲击载荷及冲击后拉伸载荷下的冲击损伤破坏过程和最终失效载荷。

陈汝训在渐进均匀化方法的基础上,通过层合结构的均匀化基元,建立相应的有限元方法,对层合板进行了损伤刚度分析。与其他方法及实验结果的比较显示该方法具有良好的精度和直观方便的优点。

航天材料及工艺研究所的李瑞杰等以战时雷达天线罩的快速抢修为背景,利用室温快速固化胶黏剂 J-232、补片材料对雷达天线罩可能出现的战时损伤进行了模拟修补和试验验证。

北京航空材料研究院在 20 世纪 90 年代,就对复合材料的修理技术进行了研究,与欧洲空中客车公司进行技术合作,建立了复合材料修理站,取得了国内 CAAC 及欧洲 JAA 的维修许可证,开展了民机大型复合材料部件修理/改装业务,进行了大量的修理实践,成功地为服役的歼击机雷达罩、陆航直升机涵道垂尾,民航 A300、A600 雷达罩,波音 737 升降舵等复合材料件进行了修理,研制的 SY-20C 等材料被某承制单位用来对制造过程中产生缺陷的飞机复合材料构件进行了尝试性修理,并发展适合飞机大修用的各种修补材料及修补工艺。近年来,对某大型雷达罩复合材料制件进行了无损检测与评价以及修补,包括对涂层的去除及再涂敷等,该技术也已广泛应用于其他飞机复合材料制件以及其他类型复合材料雷达罩的修理。范金娟等撰写的《聚合物基复合材料构件失效分析基础》和翻译的《夹层复合材料结构与失效机制》均包含了复合材料制件损伤的检测、表征、破坏模式以及寿命评估的技术与方法。

北京航空材料研究院及复合材料部件制造厂也或多或少地对生产中的复材制件进行了一些应急修理,但都没有系统化。同时,在对承力复合材料构件的修理方面,进展不甚理想,主要原因在于对构件修复后的强度及其分布、剩余寿命等缺乏深入系统的研究。

北京航空航天大学的程小全教授对复合材料构件的修补进行了大量的工作,得出一些系统的研究成果,包括修补胶层厚度对性能的影响,修理工艺对性能的影响等。发现修补时胶层的厚度一般控制在一个很小的范围内,通常为0.12~0.25mm。胶层厚度太小,胶层表现为脆性,并在补片端部或贴补孔周围应力较高,容易引起剪切破坏,进而导致整个胶接面破坏;如果胶层厚度太大,胶层表现为塑性而不能有效地把载荷传递到补片上,从而使修理效率降低。拉伸载荷作用下,挖补修理碳纤维复合材料结构的胶层破坏载荷随着挖补角的增大而减小,结构破坏载荷随着挖补角的增大而增大。压缩载荷作用下,挖补角小于8°时,胶层和结构的破坏载荷都随着挖补角的增大而减小,结构失效与胶层失效几乎同时发生;挖补角大于8°时,胶层和结构破坏载荷随挖补角的变化规律与拉伸载荷情况一致。如果综合考虑工艺因素以及修理后结构的拉伸、压缩性能,最佳挖补角应选为6°。韧性胶黏剂的修理效果优于脆性胶黏剂,且在保证韧性的前提下,胶黏剂的模量越大越好。修理后结构的冲击发生在补片中央时,损伤主要是胶接面分层损伤,以及冲击背面原结构局部损伤,损伤严重。与无修理结构相比,补片胶接面的胶层有效阻止了损伤向原结构扩展,冲击后拉伸强度显著下降(约35%),但冲击后的压缩强度却不会明显下降。虽然冲击发生在补片边缘时结构的损伤并不最严重,但修理后结构的拉伸与压缩性能下降却最大,因此是低速冲击的危险位置。湿热对胶层性能影响较大,尤其是胶层自由边处。但湿热环境可使挖补结构的初始损伤提前发生,但对结构的最终性能影响不大。为此,可在结构表面用一层超薄铺层覆盖住胶接线,阻碍胶层的吸湿。挖补修理结构疲劳性能的恢复与胶黏剂材料相关。胶接面失效是疲劳失效最主要的形式之一,胶层疲劳性能的提高对整体疲劳性能的提升有重大意义,因此应选用抗疲劳的胶黏剂,挖补角越小,疲劳寿命越长。

参考文献

[1] 范金娟,程小全,陶春虎. 聚合物基复合材料构件失效分析基础[M]. 北京:国防工业出版社,2011.

[2] 汪源龙,程小全,侯卫国,等. 挖补修理复合材料层合板拉伸性能研究[J]. 工程力学,2012,29(7):328-334.

[3] 程小全,赵文漪,高宇剑,等. 胶粘剂性能对挖补修理层合板拉伸性能的影响[J]. 北京航空航天大学学报,2013,39(9):1144-1149.

[4] 范金娟,赵旭,陶春虎,等. 平面编制复合材料层压板低速冲击后的压缩失效[J]. 高分子材料科学与工程,2010,26(5):108-110.

[5] 万蕾,孙璐,李晶,等. 蜂窝夹层结构基板脱粘问题分析[J]. 失效分析与预防,2015,10(1):36-40.

[6] 刘颖韬,温磊,郭广平,等. 蜂窝夹层结构胶接面树脂堆积的红外热像检测[J]. 无损检测,2012,34(5):28-32.

[7] 王东升,杨党纲,刘颖韬,等. 复合材料多轴联动超声 C 扫描检测技术评述[J]. 测试技术,2014,24(3):6-10.

[8] 陈新文,傅向荣,王翔,等. 芳纶/聚合物基复合材料层间剪切性能研究[J]. 失效分析与预防,2013,8(3):226-231.

[9] 焦婷,杨胜春. 复合材料粘接修理分析与验证技术研究[D]. 第 17 届复合材料会议论文,北京,2012:762-765.

[10] 郑立胜,李远才,董玉祥. 飞机复合材料粘接修理技术及应用[J]. 粘接,2006,27(2):51-53.

第9章

隐身涂层材料的失效行为与修复

9.1 隐身涂层材料简介

隐身材料是指在一定探测环境中控制目标的各种特征信号(含无源或有源特征),实现其低可探测性和低截获概率,使其在一定范围内难以被发现、识别和攻击的一类功能材料。隐身材料按其控制的信号特征可分为声隐身材料、雷达隐身材料、红外隐身材料、可见光隐身材料等;按照材料形式可分为涂层材料、结构材料、泡沫材料等。目前国内应用研究较为深入,并且部分应用于装备的隐身材料是雷达吸波涂层和红外低发射率涂层这两种隐身涂层材料。

9.1.1 雷达吸波涂层材料

雷达吸波涂层材料是应用最为广泛的一种涂层类隐身材料,涂覆于目标载体表面,能够有效吸收入射雷达波从而显著降低目标雷达散射截面(radar cross section,RCS)、减弱回波信号实现雷达隐身。目前已应用于战斗机、舰艇、导弹、战车等装备上,已成为武器装备最重要的战技指标之一。

雷达吸波涂层材料的工作原理是:当一束平面波垂直入射到雷达吸波涂层表面,在自由空间与涂层界面会发生反射、透射和吸收现象。通过调整和优化涂层的电磁参数可以使入射电磁波与涂层阻抗匹配,也就是最大限度地进入材料内部被吸收,而不是在其表面直接反射。进入材料内部的电磁波通过介质损耗转化为热能或其他形式的能量而消散掉,从而实现电磁波的吸收。雷达吸波涂层的主要成分包括吸收剂与胶黏剂,吸收剂用于衰减电磁波,通过其电磁参数的控制可以实现电磁波的阻抗匹配与衰减吸收。胶黏剂则提供力学性能和耐环境性能等。

1) 吸收剂

吸收剂是一类提供雷达吸波涂层电磁性能的材料,一般为粉体、短纤维等。

雷达吸波涂层的电磁性能主要取决于吸收剂的电磁参数。由吸收剂的衰减原理可知,如果仅从介质对电磁波吸收的角度考虑,在 μ' 与 ε' 足够大的基础上,μ'' 与 ε'' 越大越好,但过大的介电常数又会带来阻抗匹配问题,因此,吸收剂的电磁参数应相互匹配以减少电磁波的界面反射。从现有吸收剂的电磁参数来看,主要希望介电常数与磁导率的实部、虚部及其模值尽可能大。

从应用角度来说,吸收剂还应保持较低的密度,以降低武器装备涂覆雷达吸波涂层后的增重,这对武器装备机动性能、作战半径具有一定的影响。武器装备应用过程中所面临的复杂环境对吸收剂的耐环境性能、耐溶剂性能、耐热性能等也提出了明确的要求。目前应用的吸收剂按损耗方式可分为:电损耗型、磁损耗型与电磁损耗型。

(1) 电损耗型吸收剂。电损耗型吸收剂的主要特点是其介电常数实部 ε' 和虚部 ε'' 较高,其介电损耗角($\tan\delta_E = \varepsilon''/\varepsilon'$)也较大。电损耗型吸收剂主要包括碳系吸收剂(石墨、炭黑、碳纤维、碳纳米管、石墨烯等)、无氧陶瓷型吸收剂(SiC、Si-C-N、TiN、AlN 等)、导电聚合物(聚苯胺、聚吡咯等)、介电氧化物(ZnO、MnO_2、SnO_2、TiO_2等)等。

碳系吸收剂是目前使用最多的一类吸收剂,具有较低的密度、优秀的化学稳定性和良好的导电性能等特点。由于其导电性较好,磁导率相对较低,制备的雷达吸波涂层往往具有较好的阻抗匹配性能,而且添加量较少,自身密度也较低,这就在一定程度上降低了雷达吸波涂层材料的重量。但是采用碳系吸收剂制备的雷达吸波涂层其吸收峰大都表现为窄带尖峰吸收,需进一步拓宽其吸收带宽。另外,无氧陶瓷型吸收剂、导电聚合物、介电氧化物等吸收剂也可作为吸收剂制备雷达吸波涂层材料,但成熟度较低,应用较少。

(2) 磁损耗型吸收剂。磁损耗型吸收剂主要包括磁性金属粒子、铁氧体、磁性金属晶须或纤维等。其作用原理是利用涡流效应、磁滞损耗及共振损耗等效应对电磁波进行吸收损耗。采用磁损耗吸收剂制备出的雷达吸波涂层厚度较薄,电磁波衰减性能较好,所以是目前应用最为广泛的一类吸收剂。但是由于其密度较大,化学稳定性较差等特点,在使用过程中往往容易出现失效现象,目前雷达吸波涂层修复技术主要就是针对此类涂层的材料特性开展的。

磁性金属粒子一般指 Fe、Co、Ni 及其合金粉,这些粉体往往具有较高的磁导率,其磁导率实部与虚部相对较大,其中又以羰基铁粉的应用范围最广,羰基铁粉是指由羰基铁(一般为 $Fe(CO)_5$)分解得到的铁粉,一般为球状、片状或银元状。羰基铁粉非常活泼,化学稳定性较差,需进行钝化处理,包括表面微氧化与表面硅烷偶联剂包覆,一方面降低其化学活性,另一方面降低其介电常数,实现较好的阻抗匹配。目前采用羰基铁粉制备的雷达吸波涂层在常温条件下使用,170℃左右会发生氧化,在300℃左右剧烈氧化,其磁性能大大降低,雷达吸波性能大大降低。虽然目前有研究通过对羰基铁粉进行一定的改性可以提高其耐热性能,但是提升程度有限,因此发展了 Fe-Si-Al、Fe-Si-Cr 等耐高温磁性合金粉。但是这些耐高温磁性合金粉相比羰基铁粉而言,吸收频宽较窄,并且吸波能力也较低,所以高性能耐温吸收剂也是目前重点研究的一个方向。

铁氧体是指铁族元素与其他一种或多种金属元素形成的复合氧化物,也是目前使用较多的一类吸收剂。铁氧体的电阻率较高,可改善阻抗匹配性能,但其磁导率性能不如羰基铁粉高,所以往往与其他磁损耗型吸收剂混合使用来调整电磁参数,展宽吸收频带。

磁性金属纤维由于其电磁参数具有显著的各向异性,因而提供了不同于各向同性介质的损耗机制。在纤维长度方向上具有很高的有效磁导率,摆脱了球状颗粒对有效磁导率的限制,因此可以在吸收剂体积比较低的情况下获得较高的磁导率。同时,可以通过调节纤维的直径及长径比实现对其电磁性能的调控,从而应用于不同的频率范围。

（3）电磁损耗型吸收剂。单一电损耗或者磁损耗吸收剂不能满足隐身材料"薄、轻、宽、强"的要求,因此发展出了一类兼具电损耗与磁损耗的复合吸收剂。其中比较典型的是对碳纳米管、石墨烯等碳系吸收剂进行表面磁性微粒负载,一方面降低碳系吸收剂的导电性,增加其在隐身材料中添加量,另一方面通过磁性微粒的负载提高其磁导率,实现较好的阻抗匹配。复合吸收剂在一定频段内改善了电磁波损耗的效果,但仍摆脱不了碳系吸收剂窄带尖峰的吸收特点,目前这部分工作基本属于实验室研究阶段,实际应用还需一定的时间。

2）胶黏剂

胶黏剂是雷达吸波涂层的成膜物质,它决定了材料的力学性能、环境适应性以及耐溶剂性能等,同时还应具有与吸收剂的良好相容性。目前用于雷达吸波涂层的胶黏剂主要有环氧树脂、聚氨酯树脂、有机硅树脂等以及改性产品。环氧树脂及其改性产品一般具有较好的附着力、化学稳定性较好,但存在柔韧性较差、固化时间长等缺点;聚氨酯及其改性产品具有较好的力学性能,固化工艺简单,但存在化学稳定性不佳等缺点;有机硅及其改性产品往往用于耐温型雷达吸波涂层的制备,虽然在耐热性方面有较好的性能,但是其固化条件较为苛刻,限制了其应用范围。从目前雷达吸波涂层的发展现状来看,单一种类的树脂不能满足雷达吸波涂层对于高填料比、高强高韧、高附着力、耐环境的要求,均是有针对性地对树脂进行改性,提升树脂的综合性能。对于维修用雷达吸波涂层来说,因为其需要在维修后快速固化,所以还发展了可电子束辐照固化、紫外固化、红外固化和 γ 射线辐照固化等快速固化的一些新型胶黏剂。

9.1.2　红外低发射率涂层

随着红外探测技术的不断发展,业已成为继雷达探测技术以外对武器装备威胁最大的探测手段。鉴于此,红外隐身技术也已成为目前研究较多的方向。红外低发射率涂层就是其中研究较深入、应用最广泛的红外隐身材料。红外低发射率涂层的作用原理是基于斯蒂芬-玻耳兹曼定律(式(9-1))。通过在武器装备表面涂覆具有较低红外发射率的涂层来减少目标的红外辐射能量,从而降低被红外探测设备发现、识别和跟踪的概率,实现红外隐身功能。其优点是不影响装备气动性能,不增加额外设备,可以替代普通飞机面漆,同时兼顾防护和红外隐身的功能,不会带来额外的质量增加。

$$M = \varepsilon \sigma T^4 \tag{9-1}$$

式中:M 为物体总辐射出射度;ε 为物体的发射率;T 为物体的表面温度;σ 为斯蒂芬-玻耳兹曼常数。

红外低发射率涂层材料的主要成分包括低发射率的功能填料与胶黏剂,功能填料主要为导电性较好的粉体,以片状金属粉体、半导体粉末、导电氧化物等为主。与雷达吸收剂相同,部分功能填料也较为活泼,化学稳定性较差,在使用时需进行一定的改性处理。胶黏剂的作用同样也是提供力学性能、环境适应性、耐溶剂性和防护功能,使用的胶黏剂同样也以环氧树脂、聚氨酯树脂、有机硅树脂以及其改性产品为主。

9.2　隐身涂层材料的失效

隐身涂层材料的失效是量变到质变,包含诸多因素、相当复杂的过程。涂料在涂装施工、基材表面预处理、底漆面漆配套性及涂层固化这些过程中,任意环节出现问题都有可能导致隐身涂层失效。隐身涂层材料的失效与常规涂层失效类似,与其使用的吸收剂(或功能填料)和胶黏剂密切相关,但是由于隐身涂层材料在材料结构上具有一定的特殊性,所以其失效情况也有自身特点。

9.2.1　涂层脱落

隐身涂层脱落是与附着力缺失相关的一类灾难性失效,尤其以厚度较大的雷达吸波涂层容易发生。涂层脱落主要发生的位置是基底与底漆、底漆与吸波涂层之间,如果基底未清洗干净,存在灰尘、油污等污染物,其上的涂层会脱落;如果底漆与吸波涂层不配套,或底漆存在污染物,则会导致吸波涂层脱落,图 9-1 是典型的雷达吸波涂层脱落现象,部分脱落会导致后续的大面积脱落,或脱落部分受外力影响脱离基底。涂层脱落将会使吸波性完全丧失,若涂敷在武器装备的一些关键部位,如进气道内的吸波涂层脱落还可能造成武器装备的重大安全事故。

图 9-1　雷达吸波涂层脱落

9.2.2　涂层开裂

一般隐身涂层根据开裂程度的不同可分为:

(1) 表面开裂:以厚度较大的雷达吸波涂层最为常见。如图 9-2(a)所示,涂层表面出现裂纹,但是并不贯穿至涂层底部或基材,这主要是由于雷达吸波涂层在涂覆过程中一般分多次涂覆,如果时间间隔较长,或固化工艺不匹配,表面容易出现一定的应力集中导致开裂现象的发生。此开裂现象一般不影响涂层的雷达吸波性能,但是后续使用中可能会存在一定的隐患。

(2) 完全开裂:如图 9-2(b)所示,涂层出现裂纹,并且裂纹延伸至基底材料表面。这一般是由于胶黏剂失效引起的,胶黏剂的失效导致涂层内聚强度不足,后续导致的就是涂层的局部脱落或整体脱落。

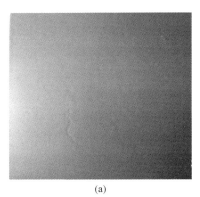 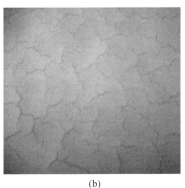

(a)　　　　　　　　　　　　　　　　(b)

图 9-2　雷达吸波涂层开裂

(a) 表面开裂;(b) 完全开裂。

9.2.3　隐身性能下降

隐身涂层出现开裂、脱落等物理破坏时,其隐身功能必然受到一定的影响。这些缺陷往往可以通过人工或检测仪器及时发现,但是有时涂层外观未出现明显的变化,其隐身性能却出现了下降,比如雷达吸波涂层由于高温、化学腐蚀等导致雷达吸波性能下降;红外低发射率涂层由于高温、污染等导致红外发射率急剧上升等。这一类隐身涂层失效的原因较为复杂,在实际使用过程中虽然暂时不会出现的防护和安全问题,但是均存在一定的隐患,而且性能的严重下降也使得隐身涂层材料失去了其本来的功能,也就失去了其使用的意义。

9.2.4　失效原因分析

造成隐身涂层失效的原因较复杂,外力作用、内应力变化、热效应及化学反应等都有可能造成涂层的失效,而且往往是几种因素同时作用的结果。本章节对造成涂层失效影响最大的原因进行了简单的分析。

1) 力学作用造成的涂层失效

武器装备在服役过程中,隐身涂层会受到外力作用或内应力集中而导致其外观、附着力及隐身性能出现损伤。外力作用影响一般较易判别,如设备或工具碰撞、跌落造成的开裂、凹陷或脱落。内应力集中造成的损伤往往不易发现,隐患较大,而且出现的失效现象多是大面积脱落、严重开裂等灾难性事故。发生隐身涂层内应力集中最主要的两个过程就是涂层固化过程以及应用中的高低温交变。

(1) 涂层固化。涂层在固化过程中会发生体积收缩,雷达吸波涂层较常规涂层厚度更大,收缩更为明显。在固化前期,聚合物链具有足够的活动空间允许其体积收缩。随着溶剂的挥发、交联反应的进行,体系的黏度升高,聚合物链的移动性下降,聚合物很难填补溶剂挥发导致的空缺,体系的体积收缩受到限制,这样就产生了内应力。当交联速率上升时,由于没有足够的时间让聚合物释放应力,内应力持续增加。当内应力增加到一定的程度,如果内应力没有一个安全的方式得以释放,则会有下列三种情况:第一种情况,如果涂层与基材的附着力良好,但是内聚强度较低,则收缩造成涂层龟裂;第二种情况,如果涂层附着良好,并且内聚强度高,将会产生永久性内应力,如果再受外部应力作用,可能会导致涂层失去附着力脱落,属于存在隐患状态;第三种情况,如果涂层附着力差,内聚强度也较低,就会造成涂层的大面积脱落现象,造成严重后果。还有一种较为极端的情况,如果涂层与基材附着力太高,且基材较薄、硬度较低时,会造成基材的严重变性,如薄铝板发生弯曲等现象。

（2）应用过程中的高低温交变。高低温交变也会使涂层产生一定的内应力，但其内应力与模量在温度变化下的影响关系较为复杂。研究表明，附着力低于5MPa，隐身涂层与基材的结合力较差，在薄基材上受到的高低温冲击程度大，涂层与基材易发生脱落。附着力在10~16MPa的涂层，其刚性增强，在厚基材上的变化不明显，在薄基材上则易发生开裂。当涂层附着力超过17MPa后，涂层内应力急剧增高，释放应力需求迫切，在温度交变作用下发生开裂的可能性更高。

综上所述，涂层内应力对隐身涂层的功能性影响较大，产生内应力的根本原因主要是涂层体积的变化和胶黏剂链段的运动程度。涂层的厚度、施工工艺过程、材料的物理化学性能等都会对内应力的产生带来一定的影响。因此在隐身涂层的设计中，应采用低交联度树脂，降低因固化反应带来的内应力增加；通过减薄增韧，减少涂层在高低温交变下产生的应变。另外，对于高含量、大厚度的雷达吸波涂层来说，吸收剂随着涂层的固化，其分布状态会发生变化，也会导致涂层内应力升高。所以在雷达吸波涂层配方设计中，可选用片状轻质吸收剂，这种吸收剂填充到胶黏剂中呈疏松状，疏松体积比大，压实体积比小，也能缓解一定的内应力集中。

2）热效应造成的涂层失效

过高的温度容易造成隐身涂层的性能下降。高温会对吸收剂（或功能填料）和胶黏剂均产生影响，严重会出现涂层开裂、鼓泡甚至脱落等失效现象。较轻的虽然涂层外观未发现明显损伤，但是其吸波性能严重下降。

目前应用最广泛的雷达吸波涂层以磁性金属粉和铁氧体作为其吸收剂，磁性金属粉和铁氧体对温度的敏感程度存在一定的差别，图9-3是采用羰基铁粉制备的吸波涂层分别在25℃、80℃及120℃条件下测得的雷达反射率曲线，从结果可看出涂层吸波性能随温度变化不大，曲线变化的趋势基本相同。在羰基铁粉中添加一定含量的铁氧体，同样将制备出的吸波涂层在25℃、80℃及120℃条件下测量雷达反射率，从图9-4中可以看出雷达吸波涂层随着温度的升高吸波性能显著下降，说明采用铁氧体吸收剂制备的吸波涂料的吸波性能随温度变化较大。铁氧体在微波频率下介电常数实部为5~7，虚部近似为0，且两者随温度变化不大，因此吸波性能的下降主要源自温度对复数磁导率的影响。铁氧体是一种亚铁磁性氧化物，其饱和磁化强度来源于未被抵消的磁性次格子中的磁矩，磁性能与金属离子的分布情况关系非常密切，随着温度的升高，由于分子热运动加剧，材料的自发磁化强度降低，引起铁氧体磁导率幅值的降低，使铁氧体吸波材料的吸收率下降和吸波频带变窄。但当温度恢复至常温时，铁氧体的磁导率得到恢复，吸波性能又可以变好。磁性金属粒子的晶格结构相对于铁氧体比较简单,由于没有铁氧体中磁性次格子之间磁矩的相互抵消,磁性一般较铁氧体强,在未出现氧化时磁导率随温度变化不大,制成的吸波涂层性能随温度变化不大。

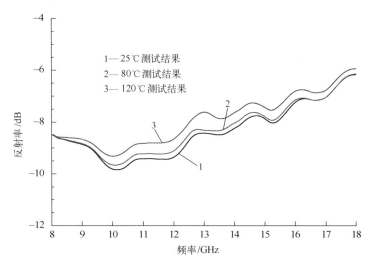

图 9-3　羰基铁粉吸收剂制备的吸波涂层在不同温度下的反射率曲线

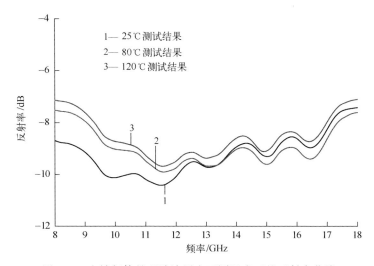

图 9-4　含铁氧体的吸波涂层在不同温度下的反射率曲线

上述实验的温度条件远远低于吸收剂的居里温度,吸收剂未出现严重的氧化现象,故采用羰基铁粉制备的雷达吸波涂层的性能变化并不明显。但是,当外界环境温度太高,已经引起了磁性金属粉的氧化,就会使得磁性金属粉的磁性能出现明显的下降,如果外界温度高于吸收剂的居里温度,则吸收剂的磁性能将出现不可逆的急剧降低。图9-5是采用磁性金属粉制备出的雷达吸波涂层在热环境中的变化情况,可以看出在高温气氛下,涂层的雷达吸波性能明显变差,且温度越高磁性金属粉氧化越严重,吸波性能降低的程度越严重。

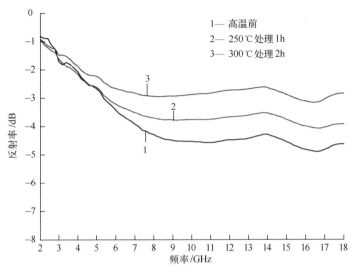

图9-5 吸波涂层温度作用前后性能对比

3) 化学反应造成的涂层失效

化学反应造成的涂层失效主要是由隐身涂层在使用过程中与环境中的紫外线、盐雾、降水等因素引起的光降解、氧化降解、热降解等化学变化。太阳光中紫外线波长很短,能导致高分子链上各种化学键断裂。大气中氧的存在也会促进光降解这一过程,所以隐身涂层的光降解过程可以看成光-氧化降解过程。高温在一定程度上促进了上述老化反应的进行。温度升高,聚合物分子的热运动加速,一旦超过化学键的离解能,涂层将发生降解。涂层表面微孔和层间结构排布不紧密也会造成化学作用的进一步老化。涂层采用多层涂装工艺后,如果各喷涂工序的溶剂挥发不充分,未挥发的溶剂在涂层固化过程中会形成贯穿性微孔,腐蚀介质能够渗透涂层达到基材底部。例如,水通过微孔渗入到涂层内部造成内部的一些水溶性物质溶解,导致涂层的老化。酸性气体中的 SO_4^{2-},海水环境中的 Cl^- 也会通过涂层表面的微孔形成渗透体系进入到涂层内部,使涂层脱离底层,产生鼓泡和锈蚀等老化现象。

9.3 隐身涂层材料修复技术

隐身涂层材料的失效直接影响武器装备作战出勤率和作战效能,影响其在战场上的突防和生存能力,而执行任务过程中进气道用雷达吸波涂层材料的脱落甚至会直接威胁到武器装备和飞行员的安全。因此,隐身涂层材料的修复技术业已成为影响和确保隐身武器装备作战能力和效率的关键问题,隐身涂层材料全寿命周期的修复技术问题亟待解决。

隐身涂层材料全寿命周期的修复技术问题是从发现问题、解决问题到验证结果的一体化技术手段,涵盖了隐身涂层材料缺陷检测、缺陷去除、修复用隐身材料研制、修复工艺技术和修复后性能表征在内的一个完整的修复体系。通过隐身涂层材料快速修复技术、修补用材料、工艺技术的研究,以及相应软、硬件技术的研发,才能为先进武器装备用隐身涂层材料的全寿命周期修复提供技术保障。

9.3.1 隐身涂层材料缺陷检测

隐身涂层材料在施工和使用过程中出现的开裂、脱落、起泡等外部物理缺陷可由目测的方法进行检测并及时采取修复等措施,但材料内部出现脱粘时目测方法无法发现。基于此,下面介绍的红外热成像无损检测技术和超声无损检测技术,这两种方法均适用于隐身涂层材料内部缺陷的检测。

1) 红外热像无损检测技术

红外热像无损检测技术的理论基础是热辐射的普朗克定律,采用的是主动式热激励的方法。当被测物体受到热激励时,热量将在其内部进行传递。当物体内部存在缺陷时,就会改变物体表面的热传导特性,从而导致物体表面的热分布发生变化。用红外热像仪测出物体表面的这种温度差异,即可判断被测试样当中缺陷存在的位置和尺寸。

红外热像无损检测系统主要由高能闪光灯、红外热像仪、信息采集、计算及输出系统组成。高能闪光灯是热激励装置,通过脉冲加热给予待检测样品一定的能量;红外热像仪高速记录被测物体表面温场变化,缺陷部分和非缺陷部分由于热导率的不同,温场变化存在一定的差异,红外热像仪正是通过探测这种差异,并将信号传送给计算机,由计算机进行数据采集控制和处理,最终确定缺陷的大小和位置,整个测试过程只有几十秒,非常适用于涂层材料缺陷的快速检测。

北京航空材料研究院验证了该方法对于检测雷达吸波涂层内部缺陷的可行性。首先预制了带有缺陷的雷达吸波涂层,然后采用红外热像检测设备进行无损检测,观察最终得到的测试结果是否和预制的缺陷相一致。图 9-6 是材料脱粘缺陷设计示意图,共制备了三种缺陷,分别是中心位置缺陷,贯通式缺陷和边界缺陷。图 9-7 是带缺陷材料试样截面示意图,制备方法是将预制的厚度为

1.5mm 的雷达吸波涂层粘在金属基材表面,缺陷部分未涂胶,形成内部脱粘效果的缺陷。图9-8是带缺陷材料试样实物照片,外观上无法识别出内部的缺陷。

图9-6　材料脱粘缺陷设计示意图

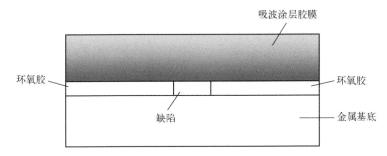

图9-7　带缺陷材料试样截面示意图

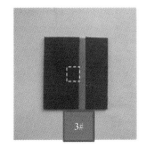

图9-8　带缺陷材料试样实物照片

采用红外热像无损检测技术对试样进行了测试,图9-9中清晰地显示了测试结果与设计的缺陷完全吻合,这正是由于缺陷导致了涂层受热激励后热量在内部传导出现不一致,热场的不同导致了试样表面温度的差异。图9-9中还发现缺陷区域边界不规则,主要原因来自于粘结预制涂层胶膜的环氧胶在制样过程中受压后面积的扩延。同时结果中也出现了非缺陷部位的亮区,这些亮区是涂环氧胶时胶层厚度不均匀带来的。

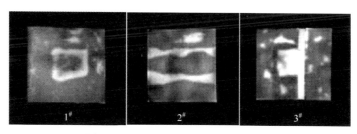

图 9-9 三种带缺陷试样的热像照片

该方法同样适用于红外低发射率涂层内部缺陷的检测。红外低发射率涂层是一种对电磁波具有较强反射的功能涂层,能够大量反射测试过程中高能闪光灯提供的能量,热源闪光灯的大部分热量被涂层所反射,如果闪光灯的能量不足以传导到涂层内部,就很难探测到涂层的内部缺陷。图 9-10 为含内部缺陷的红外低发射率涂层外观及热像检测结果。如图 9-10(a)所示,6 个样品在可见光下呈现出相同的外观,基本没有区别。然而,从图 9-10(b)的样品红外图像上可以看出,涂层内部缺陷与周围完好部位差别明显,和设计缺陷的位置与尺寸完全一致。这是因为,尽管涂层具有很高的反射率,但是未被反射的电磁波穿过涂层并传导至整个样品,缺陷区域和正常区域具有不同的热传导率,因此它们显示不同的温度。

(a)   (b)

图 9-10 含内部缺陷的红外低发射率涂层外观及热像检测结果
(a) 试样外观;(b) 热像检测结果。

2)超声波无损检测技术

超声波无损检测技术的工作原理是基于超声波脉冲反射,当探头发射的超声波脉冲通过被测物体到达材料分界面时,脉冲被反射回探头。由于超声波在缺陷涂层中传播和在正常涂层中传播不同,通过检测回波可精确检测吸波涂层内部缺陷。

同样的,北京航空材料研究院对超声波无损检测技术探测隐身涂层内部缺陷的可行性进行了验证。预制了含有内部缺陷的雷达吸波涂层,缺陷部位涂层和基底中间为空气层,模拟涂层和基材的脱粘现象。图 9-11(a)为试样缺陷位置示意图,缺陷区域的尺寸分别为 19.8mm×19.6mm,9.6mm×9.7mm 和 9.7mm×9.8mm。图 9-11(b)为含有人工缺陷的吸波涂层试样外观,目测无法判别内部缺陷位置和大小。

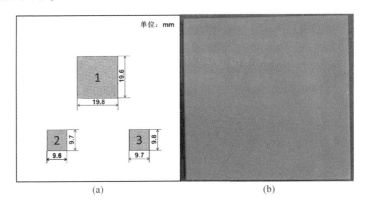

图 9-11　含内部脱粘缺陷吸波涂层试样

(a) 缺陷位置示意;(b) 试样外观。

图 9-12 是采用超声波无损检测技术测试上述试样得到的结果,结果显示缺陷位置与设计位置基本吻合,验证了这一方法对内部缺陷检测的可行性,但缺陷边界不够清晰,其准确性还有待进一步提高。根据课题组的经验,结合雷达吸波涂层结构的材料特点,可以通过对探头检测频率、阵元数量、孔径大小、聚焦方式、焦距、楔块类型以及扫描步进等参数的合理配置,可以提高吸波涂层内部缺陷检测的准确性。

图 9-12　超声波无损检测技术测试吸波涂层内部缺陷结果

3）两种无损检测方法适用性分析

根据以上对红外热像无损检测技术和超声波无损检测技术的原理分析及验证结果，并结合我们对隐身材料研制多年的工作经验，认为两种方法对装备上使用的隐身涂层的适用范围略有不同。由于整个红外热像检测系统需要同时有热激励源、高能闪光灯及箱罩，系统体积相对庞大，很难做到小型化，因此红外热像无损检测技术适于快速大面积检测装备外表面隐身涂层的缺陷，不太适宜进行如飞机进气道等狭窄部位或大曲率部位的检测。而超声波无损检测系统可进行小型化和便携化设计，超声探头也可设计为小面积形状，适于狭窄和大曲率的部位测试，两种无损检测技术相配合，并结合一套科学完整的无损检测工艺过程，能够实现武器装备用隐身涂层的无损检测。

9.3.2　隐身涂层材料缺陷去除

在识别出缺陷位置及尺寸之后，就需要对缺陷部位进行去除，目前使用最多的涂层去除工艺是脱漆剂退漆和人工打磨，脱漆剂适用于金属零件表面的涂层去除，优点是操作相对简单，去除效率高，涂层去除彻底；缺点是不易控制，环境不友好，不适用于在装备表面进行涂层的局部去除。人工打磨虽然能在一定程度上控制去除精度，但效率较低，打磨的粉尘对人体也会造成伤害。激光定位烧蚀技术和高压喷射磨损技术是两种新型的涂层去除技术，也是目前隐身涂层材料去除技术研究较热的两个方向。

1）激光定位烧蚀技术

激光定位烧蚀技术是采用专用的激发设备，在一定的功率和能量下利用激光将基底表面的涂层烧蚀，具有定位准确、去除效果好、环境友好等特点。激光定位烧蚀技术采用的激光器一般有脉冲式 YAG 激光器和 CO_2 激光器。脉冲式 CO_2 激光器的脉冲式为长微秒级，热量积累比较多，在去除过程中可能造成基材的损伤，因此不适合复合材料或非金属基底的样品。脉冲式 YAG 激光器脉冲宽度为纳秒级，能用光纤传输，较之 CO_2 激光器具有更好的适应性。北京航空材料研究院对于采用激光定位烧蚀技术去除隐身涂层材料的可行性进行了验证。图 9-13 是实验室采购的法国 QUANTEL 公司研制 laserblast 1000 型激光定位烧蚀设备以及设备现场操作图。

北京航空材料研究院采用激光定位烧蚀技术去除了 4 种涂层材料（表 9-1），1 号是采用碳黑制备的 2.0mm 厚度的涂层，可以被激光快速烧蚀，且不伤铝合金基材。2 号和 3 号是采用铁粉制备的雷达吸波涂层材料，厚度分别为 1.0mm和 0.5mm，结果显示去除效果较差，需要长时间对涂层进行烧蚀才能够减薄涂层，经过课题组的分析以及与设备厂家的交流，主要是因为 laserblast 1000 型激光定位烧蚀系统的功率较小,不足以烧蚀铁粉含量较高的涂层,但是通过调整激光发生功率,可以提高去除效果,这一部分工作课题组还在继续开展相关工作。4 号试样是采用金属铝粉制备的红外低发射率涂层,由于涂层较薄,只有 0.03mm,因此去除效果非常明显,去除时间短,去除干净且不伤基材。激光定位烧蚀技术在隐身材料去除领域尚属比较前沿的研究,北京航空材料研究院目前持续在该方向开展研究工作。

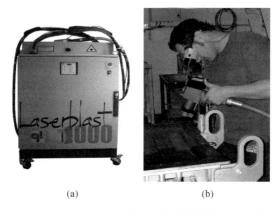

(a)   (b)

图 9-13   laserblast 1000 型激光定位烧蚀设备及现场操作图

表 9-1   激光定位烧蚀技术对涂层的去除效果对比

样 品 编 号	基 材	厚度/mm	胶黏剂种类	吸收剂种类	去 除 效 果
1	铝合金	2.00	环氧树脂	碳黑	好
2	铝合金	1.00	聚氨酯	铁粉	差
3	铝合金	0.50	聚氨酯	铁粉	差
4	铝合金	0.03	聚氨酯	铝粉	好

2）高压喷射磨损技术

高压喷射磨损技术是利用高压水流或固体微粒强烈的冲击性对目标进行冲击磨损或剥离,从而达到去除效果,针对较大面积的涂层去除效率较高,效果明显。缺点是不易控制,容易对未发生破损的涂层产生一定的影响,但是可以通过对设备进行改造在一定程度上解决这一问题,通过对喷射压力、流量、功率、时间等因素的调节可以控制涂层去除效果。还可将设备部件进行优化改装,如将枪头改装为适合于如进气道等狭小空间的短枪,使之能够满足特殊部位的特种作业要求。

北京航空材料研究院对于采用高压喷射磨损技术去除隐身涂层进行了可行性验证试验(图 9-14),采用高压水流对 0.5mm 厚度的雷达吸波涂层进行了去除,采用的工艺参数为:输出压力 220MPa、流量 15L/min,并采用气动旋转枪,在 10min 内除去了面积为 180mm×180mm 铝合金基材表面的吸波涂层。

图 9-14　高压喷射磨损去除过程

9.3.3　缺陷修复材料及工艺

隐身涂层缺陷修复材料及工艺涵盖三方面的内容:第一部分内容是对缺陷进行何种级别的修复手段进行判断;第二部分内容是修复用隐身材料的研制、选择及应用;第三部分内容是隐身涂层快速修复工艺技术,包括相关的工艺方法及相应设备。

1) 隐身涂层修复方案判断

参考武器装备目前使用的常规涂层的修复情况及周期,并结合隐身涂层的修复特点和技术现状,可将维修级别分为三种:现场级、基地级和工厂级。

(1) 现场级。现场级一般针对裂纹、缝隙、孔洞等小面积的损伤,时间以小时为单位计算。采用的修复用材料为腻子、隐身胶带、压力喷罐等。一般由装备使用维护人员进行,工艺简便,技术要求不高,维修周期短。一般采用砂纸、铲刀等工具将损伤失效部位清理干净,刮涂吸波腻子、粘贴吸波胶带、或喷涂、刷涂快速固化的吸波涂料对缺陷部位进行修复。维修人员为一般工作人员,稍加培训即可完成涂层维修。值得注意的是,上述维修仅适用于雷达吸波涂层的维修,对于红外低发射率隐身涂层而言,不能进行局部维修,目前只接受整体去除、整体喷涂的维修方式。

(2) 基地级。基地级一般针对隐身涂层小面积剥落、起泡等缺陷,时间以天为单位计算,采用的维修材料为快速固化的隐身涂料、腻子、隐身胶带等。维修工艺较为复杂,技术要求较高,需要专业的技术人员进行。一般采用气动打磨机、抛光机等专用工具将损伤和失效吸波涂层清除干净,另外为提高修复涂层的可靠性,还需对受损吸波涂层进行扩大边沿处理(一般扩宽2~5cm),然后采用喷涂和刷涂吸波涂料相结合的方式修复受损失效部位,对于局部流挂等不平整部位,采用吸波腻子修补。

(3)工厂级。工厂级为隐身材料出现了大面积失效或脱落,需要进行整体大修,应在专业飞机维修车间进行,时间以周或月为单位计算的情况,隐身材料可选修复用材料或原用隐身材料,相当于隐身材料的重新施工。工厂级维修需专业的涂装施工场地与设施,其维修工艺要求严格,技术要求高,维修周期长,维修施工人员需经过专业培训,持证上岗。工厂级维修一般是将涂层失效的零部件或装备送往维修工厂,采用脱漆剂、喷砂、打磨等方法彻底清除吸波涂层,并严格按照吸波涂料涂装与施工工艺要求进行,按照部件或装备的制造与验收规范对修复的吸波涂层进行验收。

2)修补用隐身材料

针对不同的隐身材料损伤情况及修复等级,需要使用不同类型的修复用隐身材料。针对雷达吸波涂层材料来说,目前国内采用的修复用隐身材料多为快速固化型雷达吸波涂层、吸波胶带及吸波腻子。针对红外低发射率涂层,修复使用的材料有快速固化型红外低发射率涂层、红外压力喷罐等。

对于修复用隐身材料,很重要的一个要求就是材料应能在一定条件下快速固化,短时间之内获得一定的力学性能,可以满足装备的搬运、运输、组装等工作,完全固化后应具备与原有雷达吸波涂层同样的力学性能、耐环境性能和吸波性能。另外,为适应外场级、基地级别的维修条件,应尽量减少或免去压缩空气喷涂工艺,应采用更为便捷的维修方式,推荐使用维修更为简便的吸波胶带、吸波腻子等材料,或者通过调整隐身涂料的配方,或采用多组分注胶枪等技术以减少或不使用溶剂。

目前国内北京航空材料研究院、成都电子科技大学均有部分较为成熟的产品。北京航空材料研究院针对目前装备使用的雷达吸波涂层,研制了QRC系列的快速修补用雷达吸波涂层材料,能在室温条件下快速固化,性能基本满足装备对于雷达吸波涂层的要求。

为验证北京航空材料研究院制备的QRC系列修补用雷达吸波涂层的修复性能,北京航空材料研究院开展了针对性的试验。如图9-15所示,300mm×300mm的铝合金基材中心位置留出边长为Xmm的空白区域,此区域不喷涂雷达吸波涂层,用于模拟涂层脱落造成的缺陷,其他部位喷涂0.5mm厚度的雷达吸波涂层。

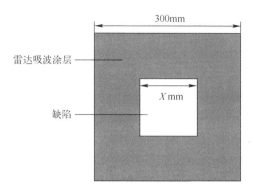

图 9-15　带缺陷的雷达吸波涂层试板设计示意图

X 共取了 5 组尺寸,使得缺陷面积占整个基材面积的 0%(也就是无缺陷),
5%,10%,15%和 20%。首先测试了 5 组试样的雷达反射率,用于比对不同缺陷
面积造成的雷达吸波性能的下降,然后采用北京航空材料研究院研制的 QRC-
A 快速修补用雷达吸波涂料对缺陷位置进行了修复,修复方法是采用压缩空气
喷涂工艺,将 QRC-A 修补涂料喷涂到中心空白缺陷区域,完全固化后 QRC-A
的涂层厚度为 0.55mm 左右,通过打磨使其与周围原涂层保持一致。图 9-16
是修复前后试样的对比照片。修复前试样的中心位置是裸露的铝基材,修复后
中心位置为修复用涂层,由于修复用涂层和原始涂层配方不一致,因此涂层颜
色上有差异,由于雷达吸波涂层在实际使用过程中表面会喷涂飞机蒙皮涂料,
因此目前的颜色差异不会影响涂层的使用。

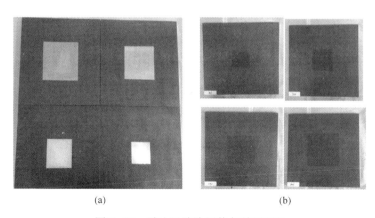

(a)　　　　　　　　　　(b)

图 9-16　雷达吸波涂层修复前后对比
(a) 修复前,中心空白缺陷;(b) 修复后,中心修复涂层。

我们测试了修复后试样的雷达反射率性能,与修复前和没有缺陷的试板之间进行了比对(图9-17)。从结果中可以看出,有缺陷的涂层的雷达吸波性能产生了下降,并且随着缺陷面积的增加,性能下降的程度加剧。采用 QRC-A 雷达吸波涂层进行修复后,试样的雷达反射率基本恢复到原始涂层水平,获得了较好的修复效果。北京航空材料研究院研制的 QRC-B 和 QRC-C 修复用雷达吸波涂层分别用于修复 0.5mm 厚度的耐中温雷达吸波涂层和 1.0mm 厚度的常温用雷达吸波涂层,同样能够使修复后的雷达吸波涂层的雷达反射率恢复到原始涂层的性能,取得了较好的修复效果。

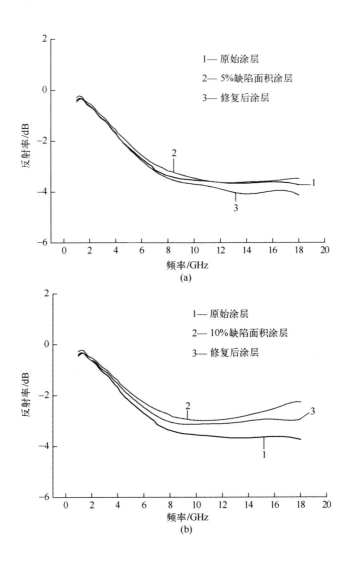

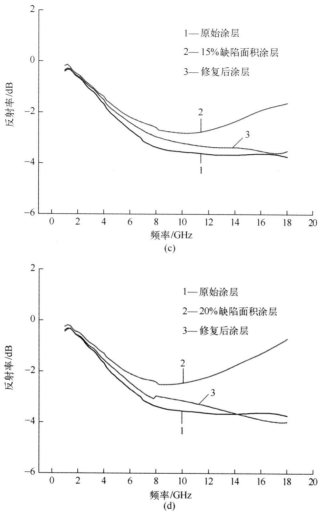

图 9-17 原始涂层、缺陷涂层与修复后涂层的雷达反射率测试结果对比

（a）缺陷面积 5%;（b）缺陷面积 10%;（c）缺陷面积 15%;（d）缺陷面积 20%。

3）快速修复工艺技术

武器装备使用的环境往往差异较大,维修环境条件也大不相同,如高纬度地区气温较低,冬季处于零下状态;而低纬度地区则高温、高湿。在要求修复用隐身材料适应性较强的同时,也可采用一些辅助固化工艺来完成维修过程。如短波红外加热辅助加热工艺、紫外线固化工艺等。为材料的快速固化提供额外的帮助,缩短维修周期。另外,对于材料研制部门来说,针对制备出的修复用隐身材料,应对其温度、时间、涂覆方式等因素对材料隐身性能、力学性能和耐环境等性能的影响进行研究,给出固化特性-温度-时间-性能的特性曲线,这样可以使材料使用单位根据实际现场情况选择固化条件。

北京航空材料研究院在涂层快速固化工艺方面开展了部分研究工作,将短波红外加热技术应用于雷达吸波涂层制备工艺过程中。与普通红外加热工艺相比,短波红外加热技术适合厚度较大的吸波涂层的固化,它能对涂层进行由里及表的加热,并且升温速度快,温度均匀性好。表9-2和表9-3是前期试验结果,结果表明:引入短波红外加热技术可以在保证吸波涂层质量和性能的基础上大大缩短材料的固化时间。使用短波红外加热新工艺可操作性强,克服了烘箱加热传统工艺停留在烘烤实验室样件无法应用于外场的弊端。

表9-2 短波红外加热与烘箱加热结果比较

项　目	短波红外加热	60℃烘箱加热
隐身涂层厚度/mm	0.5	0.5
固化时间/h	4	24
附着力/MPa	14.6	13.6
柔韧性/mm	15	15
耐冲击性/cm	50	50

表9-3 短波红外加热工艺下吸波涂层固化时间及性能

涂层厚度/mm	固化方式	固化时间/h	主要力学性能		
			附着力/MPa	柔韧性/mm	耐冲击性/cm
0.5	短波红外加热	4	14.6	15	50
1.0	短波红外加热	7	10.3	15	50

9.3.4 隐身涂层材料修复结果表征

在完成了隐身涂层的修复后,要对修复部位进行性能表征,以检验修复后结果。结合目前国内测试手段的研究现状,应对涂层的厚度、附着力、雷达吸波涂层的反射率、红外低发射率涂层的发射率等参数进行测试,表9-4列举了上述测试方法的配套设备。

表9-4 涂层修复效果表征设备

性　能	仪器名称	备　注
厚度	超声波测厚仪	通过观察波形可以定性检测涂层的缺陷
附着力	拉拔式附着力测量仪	破坏性测试方法,测试对象应为随炉件
雷达反射率	雷达反射率外场测试仪	工作频率2~18GHz,反射率测量范围0~-20dB
红外发射率	红外发射率外场测试仪	工作波长3~5μm,8~14μm

9.4　修复技术展望

在现代信息化战争条件下,隐身涂层材料在武器装备上的应用越来越广泛,有效地提高了装备的作战效能和生存能力,由于在武器装备使用过程中受到多因素影响,涂层隐身性能下降,所以在实际使用过程中,必须对涂层采取有针对性的防护及修复措施。目前,各装备用隐身涂层材料的维修措施和维修方法向着原位快速修复的方向发展,采用快速固化工艺和人工智能操作实现对涂层修复的精确控制,这种维修方式不仅快捷有效,而且适应了现代高技术局部战争战场抢修的理念。为适应装备隐身技术发展,满足装备隐身涂层修复方便快捷、工艺简便、可操作性强等要求,还需要在以下几个方面加强研究:

(1)隐身涂层损伤机理及其损伤规律研究。分析在典型地域及其气候条件下隐身涂层组分和结构的微观变化情况和损伤机理,掌握隐身涂层的物理化学性能和隐身功能的损伤规律,为装备隐身涂层修复提供理论依据。

(2)进一步开展隐身涂层快速修复材料及工艺研究。开发有针对性的适用于维修用的快速固化的隐身材料体系,如快速修补用雷达吸波涂层材料、快速修补用红外低发射率涂层材料等,并研究相应的快速涂装工艺和设备,满足装备战场快速抢修的要求。

(3)隐身涂层性能快速无损检测技术研究。隐身涂层涉及的性能很多,目前能够在外场或基地等环境下完成准确测试的技术及设备较少,部分性能测不准甚至不能测。因此急需针对隐身涂层维修的测试技术和设备的研制工作,实现材料的准确无损检测。

参考文献

[1]　邢丽英. 隐身材料[M]. 北京:化学工业出版社,2004.

[2]　赫丽华,刘平桂,王晓红. 雷达吸波涂层的失效行为[J]. 失效分析与防护,2009,4(3):182-187.

[3]　刘鹏瑞,肖圣荣,张桐,等. 红外热成像技术在功能涂层缺陷研究中的应用[J]. 航空维修与工程,2014,(04):49-51.

[4]　王智勇,刘颖韬,王小虎,等. 红外热像检测技术在吸波涂层缺陷研究中的应用[J]. 航空材料学报,2012,32(3):91-95.

[5]　郑国禹,陈亮,刘彬. 浅谈隐身涂料及涂层维修技术[J]. 四川兵工学报,2006,27(6):21-23.

[6]　郑国禹,陈亮. 雷达吸波涂层失效分析及修复技术研究[J]. 表面技术,2011,40(6):

91-93.

[7] 王新坤,封彤波,吴灿伟,等.雷达吸波涂层失效模式及原位修复[J].表面技术, 2011,40(4):72-75.

[8] 杨亮,王亦菲,张彦素.雷达吸波涂层损伤及修复研究进展[J].新技术新工艺,2009 (1):97-99.

[9] 张洪彬,闫杰,王忠.国内外隐身涂层环境适应性研究发展现状[J].环境适应性和可 靠性,2011:33-37.

[10] 殷宗莲,周学梅,王俊芳.吸波涂层失效因素研究[J].表面技术,2015,44(7): 76-80.